最強技法

職人級中式點心

全圖解

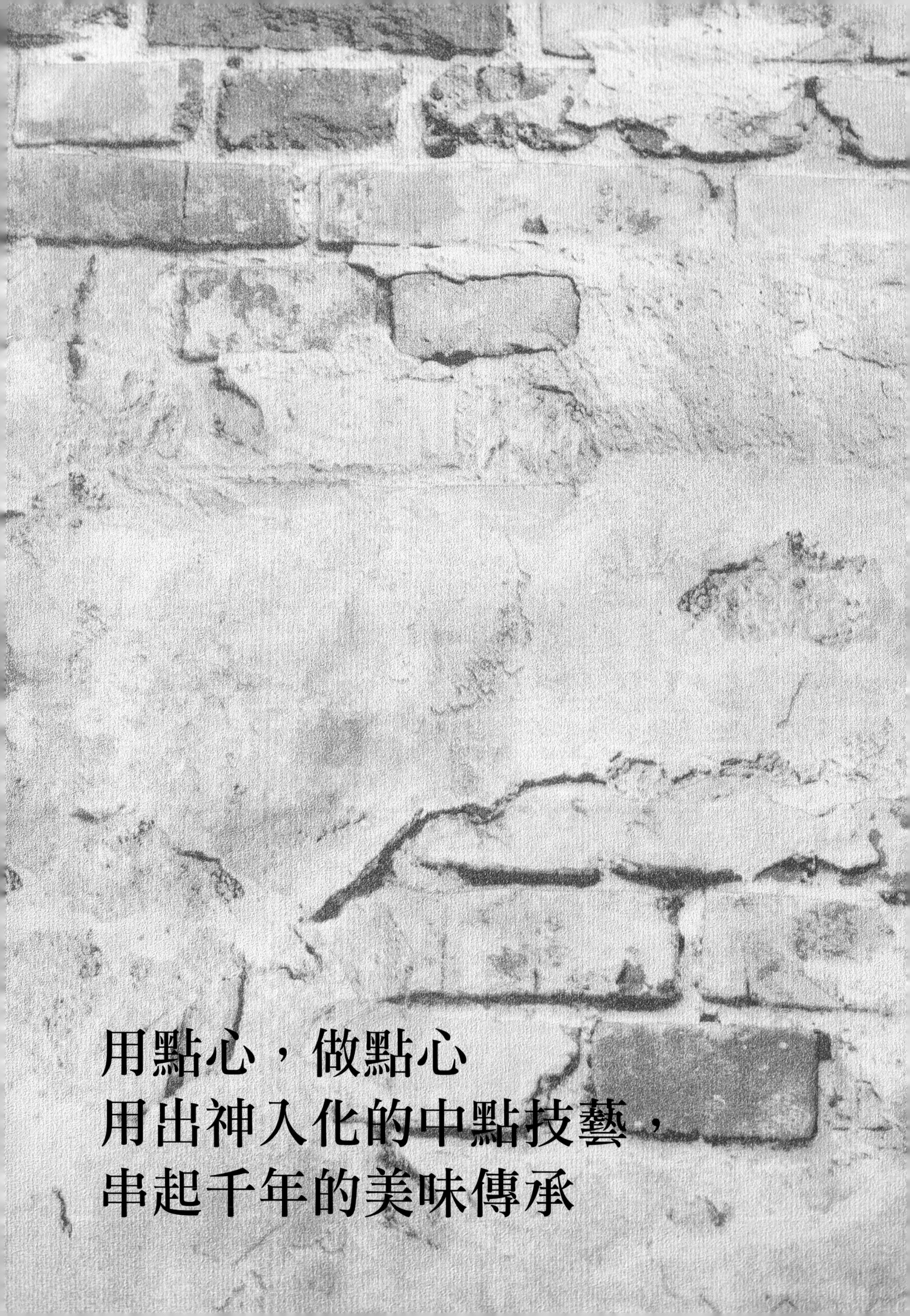
用點心，做點心
用出神入化的中點技藝，
串起千年的美味傳承

2017年起，我們陸陸續續出版了《做甜點不失敗的10堂關鍵必修課》、《金牌團隊不藏私的世界麵包全工法》、《料理不失敗10堂必修課》三本暢銷書，也應出版社的邀約，出版了教科書《西餐烹調實習》，從甜點、麵包、中餐、西餐各個領域，都秉持著我們不曾改變的理念與精神，不藏私地分享開平餐飲的教學祕訣，期望能夠將正確的餐飲觀念、知識與技藝，透過各領域，傳遞至每一個人的生活與心中。

今年，我們正式推出中式點心的著作，與如今盛行的西式烘焙相比，中式的點心不僅同樣具有精緻的外形和鮮明的色彩，更具備傳承千年的文化底蘊，博大精深，種類及工法繁多，我們將所有類型的點心依照「食材 + 工法」進行分類，並佐以經典的產品進行詳盡的示範，以「先見林再見樹」的方式，讓讀者能更先廣泛了解中式點心的範圍與概念，進而深入到每個作品的細節，詳細拆解各式點心的皮、餡及烹調法，搭配詳盡圖解、易學易懂，想要居家實做或是專業精進，都可以滿足需求。

開平餐飲學校深耕餐飲教育多年，不僅獲得國際餐飲教育的認可，我們更是相信不教食譜，我們教的是能夠掌握料理的工法及知識概念、原理原則，只要能夠融會貫通、就能靈活應用於料理之中，擁有職人的專業。因此，一系列的專業餐飲書籍，都傾注我們主廚之家團隊的心力，不是教導制式的料理操作步驟，而是不藏私的傳授工法精髓，讓閱讀此書的讀者，能夠學習到關鍵技巧，進而領略烹飪的樂趣，打造屬於自己的美味生活！

學習中式點心，不僅是視覺和味覺的雙重挑戰，透過不同的溫度、原料和配方，我們更能領略到傳統麵點包羅萬象的深厚底蘊，期待您與我們一起走一趟中點美食的創作之旅，一起穿越千年文化，串起美味傳承。

開平餐飲學校 校務發展主任委員 夏豪均

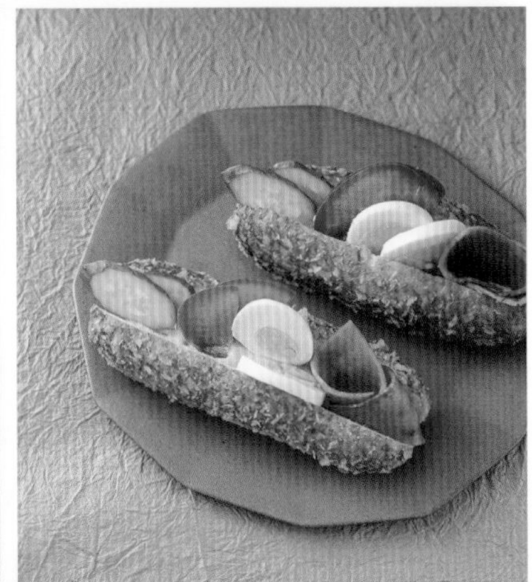

Contents

PART 2
發麵類麵點最強配方

PART 3
酥油皮、糕漿皮麵點最強配方

PART 4
米粒、米漿類點心最強配方

PART 5
澄粉類、油炸類、甜品＆湯品類

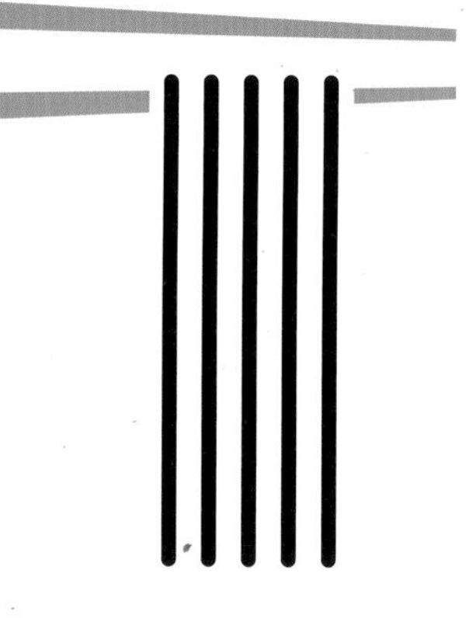

INTRO

基礎觀念與知識指南

中式麵食米食有這些分類，你知道嗎？

原料選用與必備的用料認識

器具選用與必備的工具

麵食類 5 種麵皮製作流程

調製基本餡料 4 個必學配方

份量精準掌握的方式

正確保存法＆正確覆熱的方式

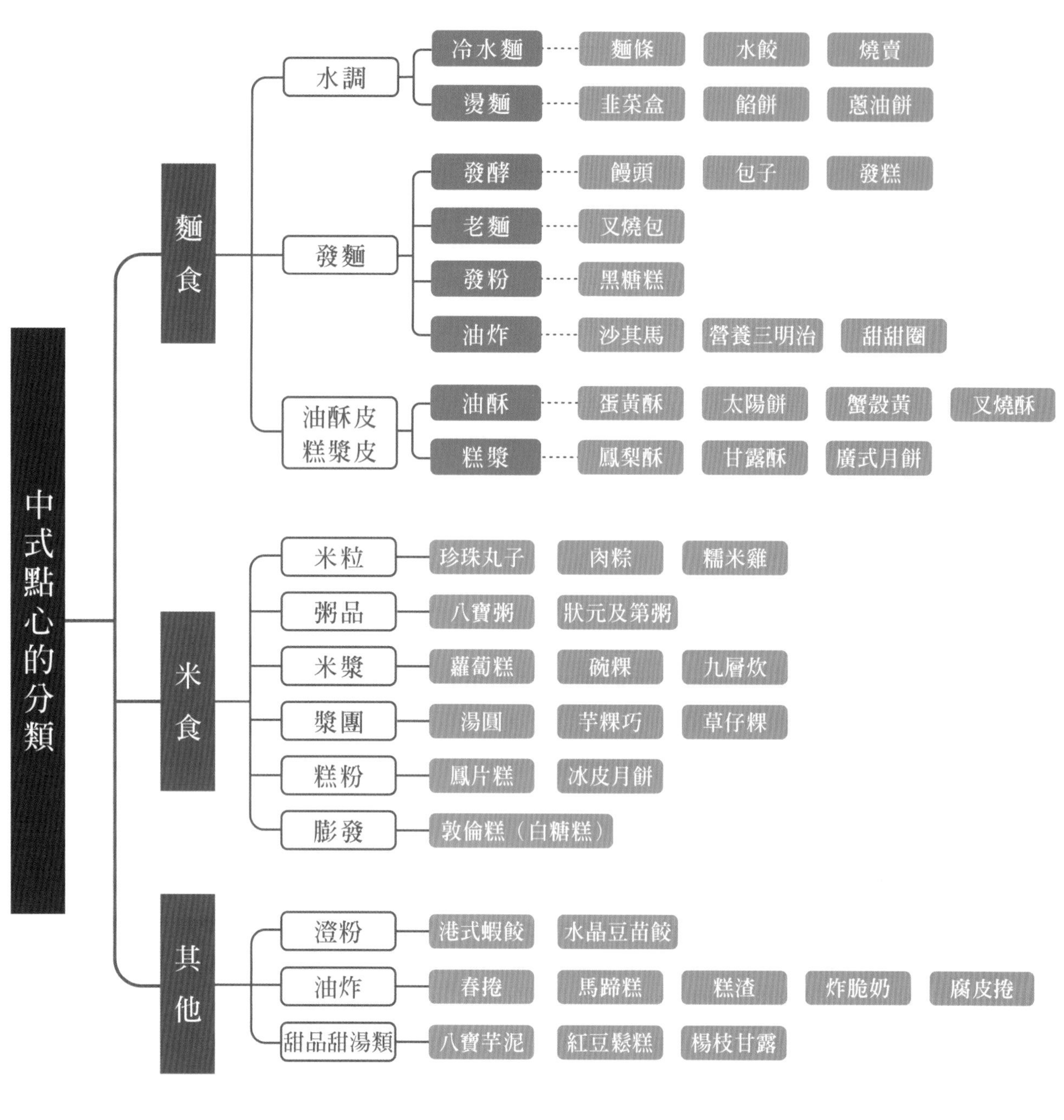
中式點心的分類
麵食
水調
冷水麵
麵條
水餃
燒賣
燙麵
韭菜盒
餡餅
蔥油餅
發麵
發酵
饅頭
包子
發糕
老麵
叉燒包
發粉
黑糖糕
油炸
沙其馬
營養三明治
甜甜圈
油酥皮
糕漿皮
油酥
蛋黃酥
太陽餅
蟹殼黃
叉燒酥
糕漿
鳳梨酥
甘露酥
廣式月餅
米食
米粒
珍珠丸子
肉粽
糯米雞
粥品
八寶粥
狀元及第粥
米漿
蘿蔔糕
碗粿
九層炊
漿團
湯圓
芋粿巧
草仔粿
糕粉
鳳片糕
冰皮月餅
膨發
敦倫糕（白糖糕）
其他
澄粉
港式蝦餃
水晶豆苗餃
油炸
春捲
馬蹄糕
糕渣
炸脆奶
腐皮捲
甜品甜湯類
八寶芋泥
紅豆鬆糕
楊枝甘露

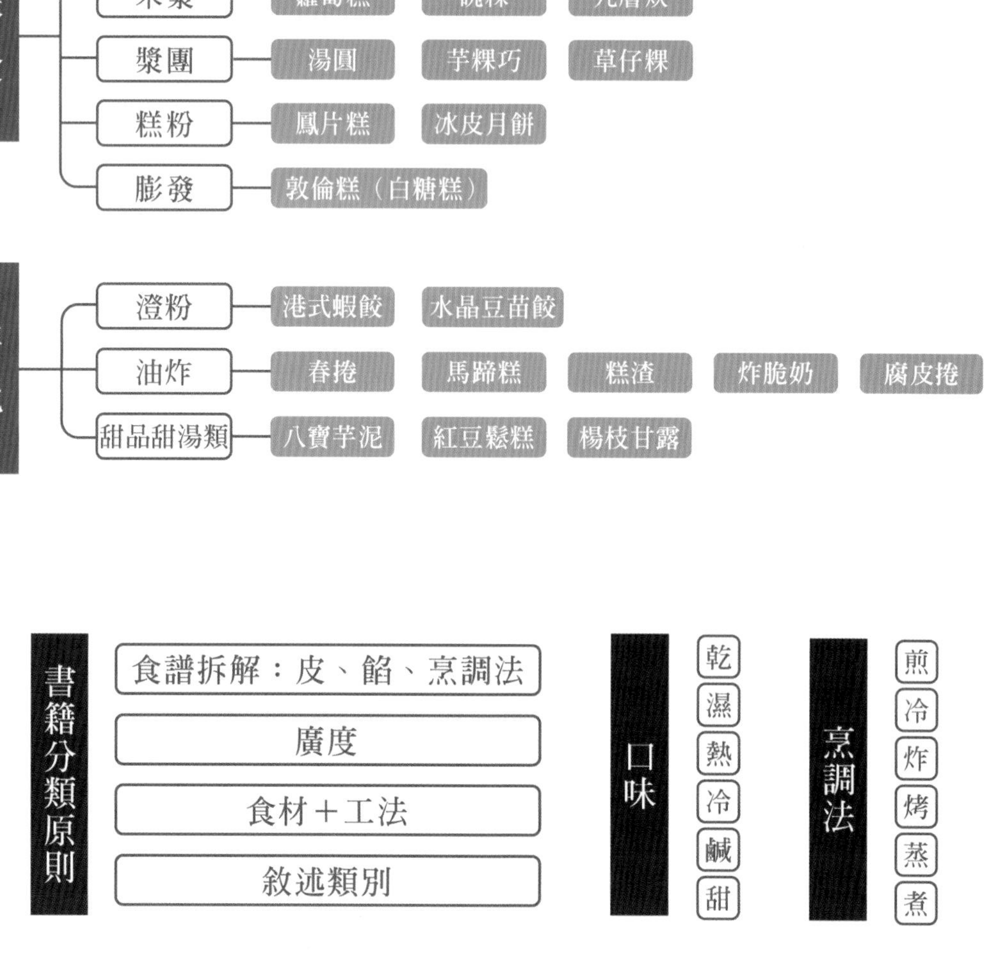
書籍分類原則
食譜拆解：皮、餡、烹調法
廣度
食材＋工法
敘述類別
口味
乾
濕
熱
冷
鹹
甜
烹調法
煎
冷
炸
烤
蒸
煮

中式點心的歷史演進

中式點心在經過數千年的演變後，在不同地方各自形成不同特色及區域性，可分為「麵食」、「米食」和「其他」三大類。「麵食」可分為：水調類、發麵類、油酥油皮；「米食」又分為：米粒、米漿、熟粉、漿團等等；其他類的範圍則包括了：地方特色、傳統點心、平民小點、甜湯等等。但中式點心到底是從什麼時候形成的呢？

〈遠古時期到春秋戰國〉

從遠古時期，甚至追溯到距今數千年的殷周時代，在當時學會了麥、穀等作物種植並且可以製作簡單的麵食，之後才慢慢的開始麵食的製作技術，到了西周，由於五穀等原料更加充裕，小麥種的更多，且隨著石磨、蒸鍋等製作及烹煮器具更為完善，因此到了戰國初期，其實已經研發出二十多種的麵點。

〈秦漢唐宋時期〉

據説當時已經懂得發麵的技巧，且蒸籠的材料選用以及製作技巧上已經到達爐火純青的地步，利用清蒸、粉蒸、扣蒸等等不同的蒸煮方式，開啟了麵點新的里程碑。

到了唐宋時期，麵點種類可説非常豐富，不僅有基本的水調麵、發酵麵，同時也出現了像是油脂、鹽、雞蛋等等多元配料。

在製作方法上更為多元，除了蒸、煮之外，還有煎、烙、烤、炸等等熟製法。口味上有甜、鹹、酸；餡料上有生餡、熟餡等區別，讓中式麵食有著更多樣且千變萬化的面貌。

〈元明清時期〉

到了元朝，各式麵食作坊紛紛出籠，為麵食奠定穩固基礎；明、清時期更發展出各種精緻麵食，有不少驚豔的麵食趣味，令人目不轉睛、應接不暇。漫長的歷史發展，反映出歷代社會經濟、飲食文化、生活習俗特色及不同飲食文化的寫照，先民流傳下來的珍貴文化資產，不僅心懷感恩，更需要發揚光大及傳承給下一代。

讓製作過程更順手的必備工具

秤量工具

量杯＆量匙

通常用來秤量粉類，最好選擇有刻度的量杯。秤量時，要刮平多出來的粉類，測量才會準確。量匙可以秤量較小的單位的材料。秤量液體材料時，最好選擇玻璃材質，用來微波加熱才會更方便。若食譜配方以cc為單位，則要使用透明、刻度清楚的量杯。

磅秤

磅秤現在單位以公克居多，但要製作麵點的話，建議備有可以測到 0.1 公克的微量秤（測量糖、鹽、酵母等少量材料），以及能夠測到 5kg 的大規格秤。

整形工具

擀麵棍、切麵刀

選擇擀麵棍時以用起來順手的產品即可。擀麵棍不適合碰水，使用完必須擦乾、乾燥保存。切麵刀是用來切割麵團的必備工具。市面上有很多種類，可以選擇自己用得順手的即可。本書在製作時，會另外使用到多輪伸縮刀等輔助工具。

烹調工具

烤箱、蒸籠

烤箱分家用跟商用。商用烤箱又可分成一層式、兩層式、三層式，再依爐的不同分成石板爐、紅外線、二合一站爐等。本書中使用的是二合一的紅外線石板烤箱，保溫性好而且上色均勻，但一般家庭可以使用家用烤箱，只要具備調整上下火的功能，大小至少比微波爐大即可。

篩網

用來過篩的工具。通常以目來區分孔洞粗細，有 12 目、24 目等，數字越大表示孔越細，能讓粉類結塊篩細、鬆散、細緻，較易攪拌，或用來濾除雜質和蛋液泡沫。

鋼盆

需要準備大、中、小不同尺寸的鋼盆。市售鋼盆有分好壞，建議購買有拋光、去黑油的產品。如果買到沒有先做好去黑油處理的鋼盆，必須先泡醋洗淨。

攪拌機

一般攪拌機可分成家用與商用兩種。以鋼的容量去算，可攪打多少公斤的麵團。3公斤以下為家用，市面上常見的KitchenAid或KENWOOD，就是屬於家用攪拌機。超過3公斤的則是商用。本書因為在專業教室拍攝，使用的是大型的商用攪拌機，但設計食譜時，配方大多以1～1.5公斤為主，使用一般家用攪拌機也可以。

其他

包餡匙

用來挖起餡料後包入麵團中的工具。

橡皮刮刀

通常有兩種規格，一種是可以耐熱、耐高溫可以到200℃，使用這種耐熱型刮刀，在煮醬料時使用。另外一種則是不耐熱的，則要避免用在高溫攪拌，以免釋出有毒物質。

毛刷

毛刷常用來刷上蛋汁，也可用來為麵糰、烤模刷油，在材質上，羊毛的刷子因為比較細，柔軟好刷且刷過會比較漂亮，建議選擇比較不會掉毛日本製的烘焙專用羊毛刷子會比較好。

打蛋器

可以分為手動打蛋器、電動打蛋器跟桌上型攪拌機三種。如果攪拌少量材料，如打蛋或把材料拌勻可以使用，選購時，以鐵條較密為佳。

溫度計／計時器

製作麵包時，溫度和時間的管控相當重要。建議準備一支探針溫度計，以及電子計時器，用來探測麵團中心溫度，並測量時間。除此之外，也可以準備一個發酵專用的溫濕度計。

原料選用與必備的用料認識

麵食與米食可說是家家戶戶餐桌上的主要食物，包括以麵粉類製作的包子、饅頭、水餃、各式麵點，還是以米粒、米漿製作的粽子、碗粿、蘿蔔糕等等都不乏他們的足跡，但做這些點心要用中筋、低筋還是高筋麵粉？製作發酵類的麵點，要選擇泡打粉、酵母？總是困擾著你嗎？現在就讓我們一起來認識，製作時必須具備的原料與配料吧！

粉類〈Flour〉

麵粉是由小麥所製成，其主要的原料是蛋白質、澱粉、少許礦物質，將其與水攪拌在一起就會變成麵糊，是製作發麵類不可缺少的材料。麵粉中的蛋白質含量，會決定發麵類體積的大小與麵團吸水性。麵粉依分類主要可分為高筋麵粉、中筋麵粉、低筋麵粉，不同的麵粉適用於製作不同的麵點。

中筋麵粉

絕大部分的中式麵點配方，都以中筋麵粉為主。例如麵條、饅頭、包子等等。

中筋麵粉因蛋白質的含量適中，筋度及黏度也較為均衡，所以適用範圍非常廣泛。有些沒有特別指明麵粉種類時，大多都能以中筋麵粉來進行。有些市售外包裝並不會標示中筋麵粉，而是直接寫著粉心粉，它就屬於品質較高的中筋麵粉。

在製作過程中，有些為了要做出更為鬆軟的口感，會搭配少量的低筋麵粉一起操作來降低麵粉筋度。

TIPS 什麼是筋度？

麵粉的主要成分為蛋白質，而蛋白質吸水後會膨脹，形成海綿狀結構，也就是「麵粉的筋度」。所以中筋、低筋、高筋麵粉因所含蛋白質不同，在口感上也會有所差異，麵粉中蛋白質的含量愈多，筋度就愈大，吃起來口感也愈有勁，相反的，蛋白質含量越少，筋度就愈低，吃起來的口感也就愈鬆軟。

高筋麵粉

利用高筋麵粉來製作的麵食，韌性較夠，部分的酥油皮類點心會使用到。不過在操作上的技巧難度比較高，一不小心過度攪拌，就會使得麵粉筋度過高，造成口感過於堅硬，因此如果是新手，要避免完全以高筋麵粉來取代中筋麵粉。

使用前一定要先篩過，讓空氣進入麵粉中，做出來的成品會較鬆軟，而為避免麵粉的筋度出現，在攪拌麵粉時輕輕攪拌即可。

TIPS 麵粉要這樣保存

購買時最好少量購買，選擇有效日期愈遠的愈好。尤其高筋麵粉更是怕濕氣、容易酸化，如果能放入密閉容器內儲存最好。也由於麵粉怕溼，保存時要儘量保持乾燥，通風設備良好且要避免貼靠牆壁。

低筋麵粉

大部份的甜點大多以低筋麵粉來製作，比如叉燒包、馬拉糕、餅乾等等，因為其所含的蛋白質是所有麵粉中最低的，因此筋度、黏度也相對為低，製作出來成品口感較為鬆軟膨鬆。

麵粉挑選 3 個重點

挑選麵粉時有 3 個重點要注意，「看一看」、「聞一聞」、「選一選」，才不會挑到劣質麵粉，不但吃壞肚子又傷身得不償失。

❶ 看一看：購買麵粉時，要仔細看包裝上的生產日期、原料，要挑沒有加「漂白劑（過氧化苯甲醯）」的麵粉，通常沒有加漂白劑的產生，包裝上都會特別標示。但是在購買散裝的麵粉時要特別注意，因為看不到裝袋，所以要慎選。

❷ 聞一聞：打開麵粉時聞一聞，若是能聞到受潮霉味，就是麵粉已經過期了，千萬不要購買！

❸ 選一選：不同的麵粉，適用於製作不同的點心，在挑選時一定要注意，例如使用高筋麵粉來製作中點，那製作出的口感肯定不佳，所以一定要特別注意！

在來米粉

在來米粉能與水氣均勻凝結，蒸熟後滑順爽口，是廣式點心中用來製作蘿蔔糕的主要原料，也是中式小吃中的碗粿、肉圓的主要材料。

糯米粉

糯米粉黏性較強，許多製作中式點心加入澱粉成分高的糯米粉，蒸熟後較軟黏且具張力，不僅可以增加黏度，更能改變整體口感，讓成品的口感更綿密、彈牙。大多用來製作各式糕粿點心或年糕。一般市售若無特別註明，多是生糯米粉。

玉米粉

具有很好的凝結作用，與麵粉一起拌合後做來的煎餅，口感比只利用麵粉煎製而成的麵餅口感更為滑順、細緻，此外，也可用來取代太白粉。

太白粉

加入適量的太白粉與麵粉一起拌勻後，可大大提高麵糊的黏稠度，與麵粉充分拌合後，可讓做出來的煎餅口感更Q，且看起來更有光澤，但太白粉不能直接加熱水調拌，它會立即凝結成塊而無法煮散。

澄粉

澄粉是製作蝦餃或水晶燒賣皮的主要原料，它是高筋麵筋經揉洗沉澱後所產生的粉料，正因缺乏筋度，所以黏合力差，必須加入熱水讓部份澄粉中的澱粉糊化，才能和其他粉料進行結合。

醣類〈Sugar〉

搓揉麵糰時加入糖，不僅可增加香甜的口感，更可利用糖類黏膩的特性，使糕點成品避免乾硬，保有一定的溼度及水分，但不同的糖作用也不一樣，購買前先來理解一下。

固體類的糖

糖是風味的來源，也是讓成品上色、口感不老化的關鍵素之一。糖的種類很多，經常用到的有細砂糖、糖粉、紅糖等，在製作過程中加入，具有增加甜味、色澤、柔軟度以及加強脆度、保留水分的功能。其中又以細砂糖最常使用且溶解速度較快。砂糖如果再磨成細末就是糖粉，又稱霜糖，主要用於成品完成後的表面裝飾。至於紅糖則含有糖蜜、蜂蜜的味道，適合用在強調具有獨特風味的甜點、甜湯中。

液體類的糖

常見的液體類的糖有玉米糖漿、蜂蜜以及葡萄糖漿、麥芽精等等，具有保水性。尤其是蜂蜜，因為具有特殊的甜味及香氣，所以可以讓做出來的點心光澤度更好，風味更為香醇，但用量上還是必須依照食譜的配方而定。

另外，麥芽精可以增添色澤，提供麵團養分、促進酵母發酵力，讓色澤更好。

油脂類〈Oil Fats〉

油脂類包含的種類非常多，例如白油、沙拉油、奶油、酥油等等，每一種油脂的用途及用法有很大的不同，所以使用前必須先充分了解，這樣才能選對油，並且製作出最對味的點心。

無鹽奶油、有鹽奶油

市售奶油可分為：有鹽跟無鹽兩種。不管是有鹽奶油還是無鹽奶油，皆屬於乳製品的一種，也都是從牛奶中分離出來的，乳脂含量約85%，而水分的含量大約在15%，被大量用在烘焙產品上，例如塔派、奶酥餡等等。

有鹽奶油因為含有鹽分，大多用在餅乾或是帶有鹹味的糕餅上，這類的奶油，含水量比無鹽奶油稍高，所以使用時必須先看一下食譜配方，平常需放在冰箱保存。

發酵奶油

這類的奶油是在奶油加入乳酸菌發酵後產生的特殊風味，因此具有乳酸發酵的微酸香味，它的保濕性極佳，比一般奶油更具有濃烈天然的乳脂香味。

豬油

豬皮經過油炸之後所產生出來的油質，融點很低，且帶有特殊香氣，所以像是太陽餅、牛舌餅等等大多用使用豬油來製作。

白油

是白色固態油脂，大多用來取代奶油或豬油，也稱為化學豬油，打發好的白油，在製作蛋糕時有時也能看到白油的蹤影。

液態油

例如橄欖油、沙拉油這類的液態油，不用煮融就可直接操作。

酵母〈Yeast〉

在製作發麵類的中點時，酵母是不可缺少的材料之一，因為它可以幫助麵團膨脹。酵母依分類主要可以分為乾酵母、溼酵母、天然酵母這幾種，使用時要特別注意，乾酵母、溼酵母要儘量避免與鹽巴、糖、冰塊攪拌在一起以免影響發酵作用。

乾酵母

新鮮酵母經乾燥後呈休眠狀態，就被稱為乾酵母，坊間常見的速發乾酵母、即溶快速酵母都屬於乾酵母。乾酵母在加入麵團前，必須先用溫水（大約 27 ～ 28 度）攪拌將酵母溶解後，再倒入與麵團攪拌，這樣的用意是將其活化，使酵母菌從休眠狀態中醒來。

平時可將乾酵母儲存於陰涼乾燥的地方，這樣大約可保存半年。開封後的乾酵母，則要密封後放入冰箱冷藏，3-4 個月使用完畢。

新鮮酵母

使用時直接放入攪拌鋼與麵團一起攪拌即可，但必須放置在冰箱冷藏保存，而且最好在 2 個星期內使用完畢。若是放於冷凍庫保存，大約可保存 2 個月左右，取出後回溫到軟化狀態即可使用。但是長時間放置的酵母，酵母菌活力一定會受影響稍微減少喔！

穀類〈Cereals〉

米飯是我們每天都在吃，但從米衍生出來的副產品真是琳瑯滿目，像是珍珠丸、粽子、飯、筒仔米糕，到磨成米粉，製成各種鹹、甜粿、年糕、米台目、湯圓等，真是應有盡有；所以想習得一身好手藝的讀者們，就必須先瞭解米。

糯米

由於外型上的差別，糯米又分為長糯米，外型細長、顏色粉白，且米粒呈不透明狀和；圓糯米的外型圓短、整齊，米粒的顏色潔白、不透明。不論是圓糯或長糯，口感皆十分黏軟香滑，大多用來製作成粽子、八寶飯、湯圓等中式點心。

在來米

在來米的外型細長、米粒扁平，煮熟後的黏性弱，但脹性較蓬萊米大，口感較為乾硬，所以要製作粉漿類的點心，像是蘿蔔糕、碗粿等等，現在多以磨成粉狀的在來米粉來進行。

PART 1

水調類麵點最強配方

什麼是水調麵？
水調麵有哪些分類？

由水與麵粉調製而成的就稱為水調麵。不管是熱呼呼的小籠包、蒸餃；咬勁十足的麵條，還是香氣誘人的餡餅，或是鮮嫩多汁又漂亮的冰花煎餃，這些從擀麵皮開始的中式點心，只要在製作上掌握好基本要領，在麵粉裡加入適量的水再揉拌均勻，就可以端出千變萬化的美味。

製作時可直接用冷水和麵，讓麵團有彈性，可運用在製作麵條、水餃皮等的冷水麵；其次也可加入熱水成燙麵，使麵團的口感更軟且易熟，例如做蔥油餅、蒸餃、韭菜盒等，另外就是燒餅類。

水調麵主要取決於水溫的高低，會影響到麵粉的吸水量、糊化程度以及成品的口感，所以，只要掌控好水的溫度，就能製作出口感度不同的水調麵。

水調麵的分類及製作重點

水調麵可分為冷水麵、燙麵、燒餅類以及油炸類。所謂的水調，可以想見就是麵粉加上水加以調和，差別在於水的溫度。如果是以常溫水做調和的，稱為冷水麵；以100℃以上的滾水去調和麵粉的，稱為燙麵。而燒餅類、油炸類是在此基礎上，進行不一樣的料理製法。以下，針對冷水麵、燙麵進行更深入的說明。

冷水麵

口感特性：筋性好、彈性強、勁力與拉力大，口感爽口、有筋性。

應用範圍：水餃、麵條、餛飩、煎餃、捲餅、餡餅等。

所謂的冷水麵是用中筋麵粉加入約30℃的溫水調製而成，水和麵粉的比例大約是1：3，調勻後再進行反覆的搓揉，一直到麵團呈現光滑狀為止。揉好的麵團要蓋上濕布，靜置約20分鐘以上進行鬆弛，如此一來麵團的表面才能更為光滑，成品的口感才會更好。

燙麵

口感特性：筋性差、彈韌與勁力和拉力也差，但可塑性良好，產品不易變形，成品色澤較深、略帶甜味、質地較軟。

應用範圍：最適合蒸類的製品，如蒸餃、燒賣等。

滾水跟冷水的比例，是影響口感的至要關鍵點，也可以自行調整。

燒餅麵食

製作燒餅時所使用的麵團，有冷水麵、燙麵麵團，還有發酵麵團，正因為所使用的麵團不同，因此也造就了別具風味的口感，像是糖鼓燒餅、蘿蔔絲餅等等。

完全破解！水調麵類麵點容易失敗的點 Q & A

Q1 為什麼做好的麵條容易沾黏成團？

A 做麵條或餃子皮這類的水調麵，在調製過程中加入的水比例上不能過高，要控制在 45% 以內。水分夠充足雖然對於揉製過程比較好操作，但就會讓做好的成品出現沾黏的情況，所以水分一定要確實掌握好。另外，完成的麵條可以撒些手粉在上面，如此一來較能避免沾黏，也是常用的方法之一。

Q2 為什麼擀好的餃子皮容易黏在一起？

A 雖然食譜中有標示麵粉量以及要加入的水量，但因為麵粉含水量會因為廠牌不同而會有所增減，因此，調製時，可分次加入，觀察麵團吸水程度再做調整，這樣擀製出來的麵皮，比較不會有沾黏的問題。其次，擀好的麵皮，不要全部疊在一起，先攤開平放，就能避免沾黏。

Q3 為什麼煮餃子時容易破皮？

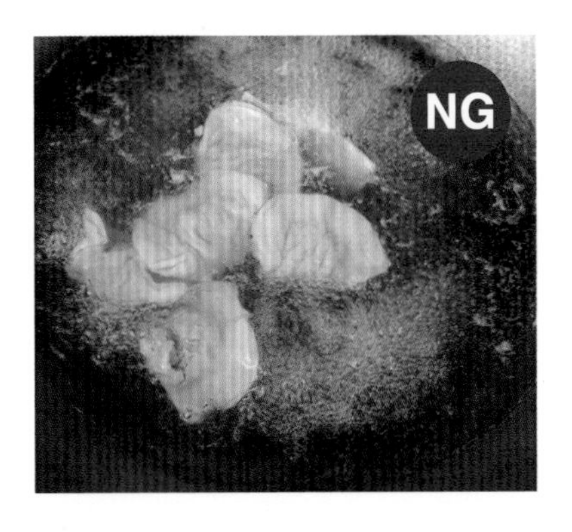

A 要預防煮水餃時破皮露餡，可以在水滾後加入適量的鹽以及油，再放入水餃。剛放入時，記得要攪拌一下，如果省略這個步驟，水餃會黏在鍋底，之後再攪拌就會把皮劃破，內餡就會露出，煮出來的成品自然不好看。另外，水餃煮到皮有點透時再蓋上鍋蓋，這樣有助於把內餡煮熟，水餃也不容易破皮。

如果是冷凍水餃，取出後千萬不能退冰，如果退冰後再水煮，就容易導致破皮。

Q4 蒸製好的小籠包為什麼會破底流出湯汁？

A 小籠包會破底流出湯汁，有可能是調製餡料時的水分或油分的比例過高，製作出來的小籠包就容易因為黏底而破皮流出湯汁。另外，在擀製麵皮時，標準作法應該是四周比較薄，中間較厚，這樣蒸製出來的小籠包就能避免破皮露餡的可能。

冷水麵食

01
酸辣翡翠麵

比起市售麵條，
自己做的手打麵咬勁可謂一絕
加上豐盛配料的酸辣湯，
絕對能讓你重塑對美味的定義！

份量：2 碗
使用器具：深鍋
最佳賞味期：室溫 1 小時

材料

| 麵條 |

中筋麵粉 … 200g
青江菜汁 … 80g
（燙熟青江菜與水以 1：1 的比例攪打均勻）
鹽 … 1g

| 配料 |

豬里肌肉 … 15g
太白粉 … 1 匙
水 … 1 大匙
豆腐 … 20g
鴨血 … 20g
筍子 … 20g
木耳 … 20g
紅蘿蔔 … 20g
水 … 4 杯
蔥 … 1 支
蛋汁 … 1/4 顆
香菜 … 5g

| 調味料 |

鹽 … 1 大匙
糖 … 1 大匙
烏醋 … 3 小匙
醬油 … 1 大匙
白醋 … 2 小匙
白胡椒粉 … 適量
辣油 … 1/2 匙
太白粉 … 1 大匙
水 … 1 匙

製作步驟

| 製作麵條 |

01 青江菜切除頭部，洗淨後、以滾水燙熟、撈出，與水以 1：1 的比例放入果汁機中攪打均勻成青江菜汁，再加入鹽拌勻備用。

02 將中筋麵粉倒入攪拌盆中，再把青江菜汁倒入❶，再均勻攪拌❷，在整型的過程中，可以邊壓邊揉❸，能讓成團速度更快，麵團揉到盆光、手光、麵團呈現光滑狀後即可❹，揉好的麵團要靜置鬆弛約 30 分鐘❺。

03 把鬆弛好的麵團取出，擀成厚約 0.1-0.2 公分的薄麵皮❻，先對折❼再折 2 折❽-❾，在擀壓的過程中，如果出現沾黏，可以適時的撒上手粉，這樣操作起來會更容易。

04 將折好的麵皮切成自己喜歡的寬度❿，細麵條或寬麵條皆可。

05 取一鍋熱水，將切好的麵條抓鬆後，放入滾水中煮熟⓫，即可撈至碗中備用。

製作酸辣湯

01 里肌肉先切片再切絲，加入太白粉、水抓勻⓬，靜置大約10分鐘。

02 將材料洗淨。豆腐、鴨血、筍子、木耳、去皮紅蘿蔔均切成細絲。

03 鍋中倒入適量的水煮滾，放入筍絲、木耳絲、紅蘿蔔絲汆燙一下，撈出後瀝乾水分⓭。繼續放入豆腐、鴨血、豬肉絲汆燙後，撈出，把水分瀝乾。

04 鍋中倒入4杯水煮滾，放入筍絲、木耳絲、紅蘿蔔絲後，依序加入鹽、糖、烏醋、醬油拌勻，繼續加入米酒、胡椒粉，湯汁再次煮滾，加入豆腐、鴨血、豬肉絲略拌⓮，淋入辣油⓯。

05 再倒入攪拌均勻的太白粉水⓰，加入芡汁後不要馬上翻攪⓱-⓲。

06 把蛋汁攪勻後淋入湯汁中並且略微攪拌後⓳，撒上蔥末後再放上香菜段⓴-㉑，熄火後淋在麵條上即完成。

零失敗筆記

1. 當我們在使用麵粉時，使用前一定要過篩，透過過篩這個動作，可使空氣進入麵粉，讓做出來的成品口感上會更好。
2. 倒入芡汁後需要馬上翻攪，以免芡汁出現結塊的現象。

冷水麵食

02 炸醬麵

具有代表性的國民美食之一，
非同時具有鹹香甜辣的炸醬麵莫屬
美味的關鍵在於醬汁以及食材比例的完美搭配！

份量：2 碗
使用器具：深鍋
最佳賞味期：室溫 30 分鐘

材料

| 麵條 |

中筋麵粉 … 200g
水 … 80g
鹽 … 1g

| 配料 |

小黃瓜 … 20g
（小黃瓜切絲）
紅蘿蔔絲 … 20g
（紅蘿蔔去皮、切絲）
小白菜 … 30g
豆芽菜 … 30g
（豆芽菜去除頭尾）

| 調味料 |

豆干 … 10g
豬絞肉 … 30g
冰糖 … 3g
老抽 … 2g
龜甲萬 … 2g
米酒 … 4g
黃豆瓣 … 3g
甜麵醬 … 6g
胡椒粉 … 0.5g
五香粉 … 0.1g
油蔥酥 … 4.5g
蒜酥 … 1g
辣豆瓣 … 2g
水 … 40g

製作步驟

|製作麵條|

01 將中筋麵粉倒入攪拌盆中，依序加入水及鹽❶，再均勻攪拌❷，在整型的過程中，可以邊壓邊揉❸，能讓成團速度更快，麵團揉到盆光、手光、麵團呈現光滑狀後即可❹，揉好的麵團要靜置鬆弛約 30 分鐘。

02 把鬆弛好的麵團取出，以擀麵棍擀壓❺-❻，在擀壓的過程中，如果出現沾黏，可以適時的撒上手粉，直到厚度約 0.1-0.2 公分的薄麵皮即可❼。

03 將麵皮先對折再折 2 折❽，這樣操作起來會更容易。

04 將折好的麵皮切成自己喜歡的寬度❾，寬麵條或細麵條皆可。

05 取一鍋熱水，將切好的麵條充分抓鬆後，放入滾水中煮約 6-7 分鐘至熟❿，即可撈至碗中備用。

TIPS：煮麵條的時間會因為粗細、口感而有所不同，較粗的麵條，可以增加烹調的時間。此外，也可以依照個人喜歡的口感加以增減，例如：喜歡入口硬一點的，可以縮短時間。

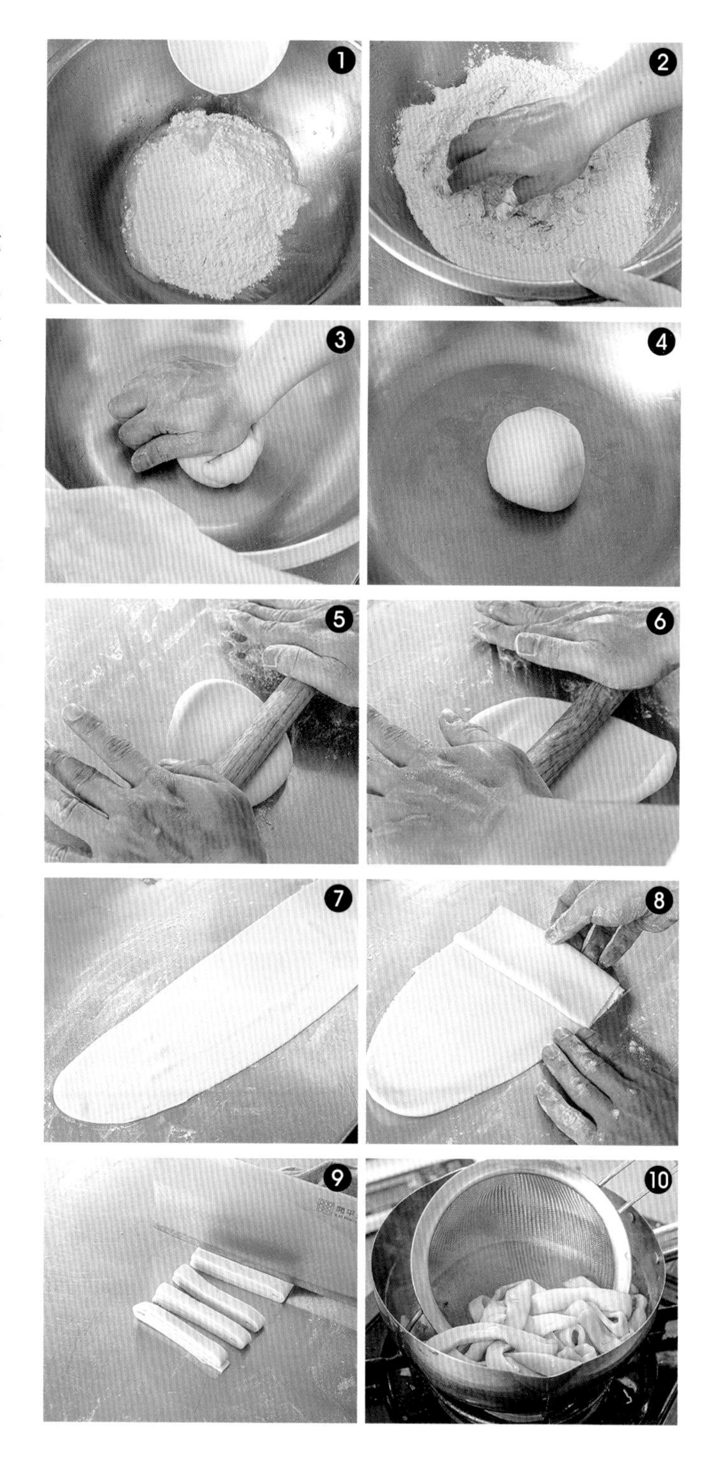

| 製作炸醬 |

01 材料洗淨。豆乾切成丁。紅蔥頭、蒜均去除頭尾、切末；絞肉剁成碎末；紅蘿蔔去皮，與小黃瓜均切成絲；小白菜切除根部後切段。

02 起一鍋熱油⓫，先將蒜、紅蔥頭炸到金黃色後撈出。繼續放入豆干炸至金黃後撈出、瀝乾油分⓬。

03 另起一鍋，放入辣豆瓣拌炒至香味逸出後⓭，盛出；繼續倒入絞肉，炒熟⓮取出。再加入冰糖及加沙拉油，炒至冰糖融化⓯-⓰。

TIPS：辣豆瓣一定要炒至變色，去除多餘的果酸味，再加入其他的調味料一起拌炒，才能做出香氣滿分的炸醬。

04 倒入醬油，起泡後趕快攪勻⓱，依序加入米酒、甜麵醬、黃豆瓣、加一些水煮滾後加入老抽再加一些水炒勻。⓲-⓳。

05 將所有材料全部放入⓴，拌勻後加入油蔥酥、蒜酥、胡椒粉、五香粉、豆干、絞肉，煮滾後開小火慢慢煨煮即為炸醬㉑。

06 最後將煨好的炸醬淋入麵中，再放上燙熟的小白菜、豆芽菜以及小黃瓜絲和紅蘿蔔絲即完成。

冷水麵食

03
水餃

餡料鮮美的湯汁，
緩緩入喉的滋味是水餃最迷人的地方
掌握黃金餡料調製原則，
在家就可以細細品嘗！

材料

份量：10 顆
使用器具：深鍋
最佳賞味期：室溫 30 分鐘
冷藏：3 天
冷凍：30 天

| 麵皮 |

中筋麵粉 … 150g
鹽 … 1.5g
水 … 75g

| 餡料調味料 |

高麗菜 … 76g
鹽 … 適量
蔥末 … 適量
薑末 … 適量
梅花豬絞肉 … 180g
白表 … 33g
鹽 … 1.6g
胡椒粉 … 0.1g
龜甲萬醬油 … 8.5g
薑 … 1.2g
香油 … 8.5g
蔥 … 6.3g
冰水 … 12.5g

製作步驟

| 製作麵皮 |

01 事先把鹽及水混合均勻，中筋麵粉築成粉牆，將水倒入❶，慢慢將麵粉由內往外與水拌勻❷，在整型的過程中，可以利用刮板將桌面麵團刮起❸，邊壓邊揉❹，能讓成團速度更快❺-❻，麵團揉到桌面光、手光、麵團呈現光滑狀❼，即可將揉好的麵團蓋上擰乾的溼布❽，要靜置鬆弛約 30 分鐘❾。

TIPS：揉好麵團後在擀麵皮前，一定要靜置放鬆至少 30 分鐘，讓麵團能鬆弛，內部達到均質化，經過鬆弛這個步驟，能在擀製麵皮時不會產生回縮，入口時的口感也會更好。

02 把鬆弛好的麵團取出，壓扁

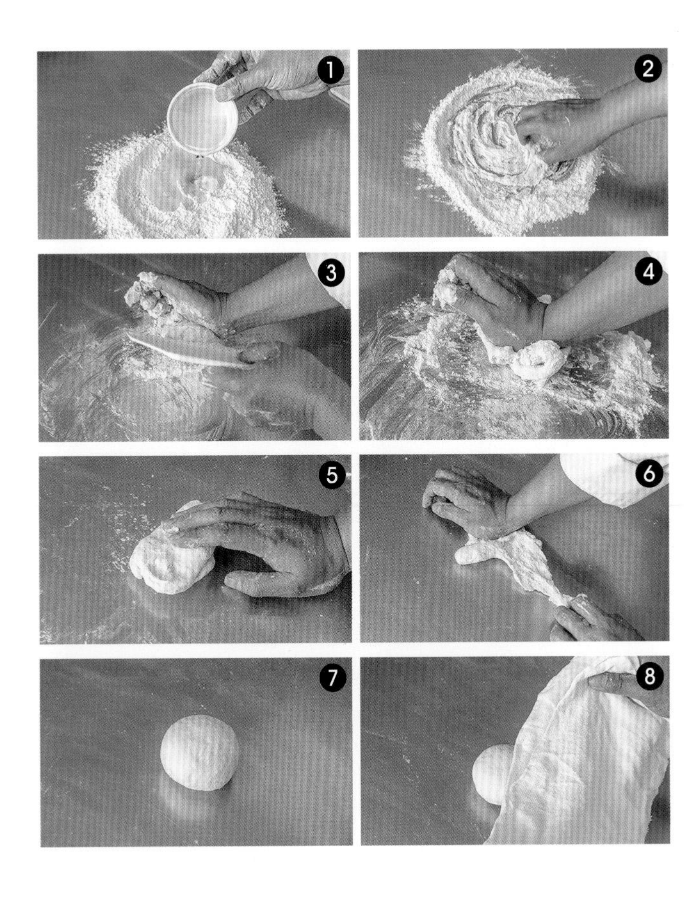

後，用刮板均切成兩等分 ⑩，每一等分再均切成六等分 ⑪-⑫。

03 先取一分麵皮後壓扁 ⑬，一手拿擀麵棍，一手旋轉麵皮 ⑭-⑮，慢慢擀成中間較厚，四周較薄的薄圓片 ⑯-⑱，其他麵皮依序完成 ⑲。

TIPS：擀成中間較厚、四周較薄的圓片麵皮，在包入內餡後比較不會破皮露餡。

| 製作內餡 |

01 材料洗淨。高麗菜切成 1 公分的小塊，梗的部分要特別切小一點，以免影響口感。抓鹽靜置 10-15 分鐘，直到出水，以清水將鹹味去除即可撈出，瀝乾脫水後加入香油拌勻備用。

02 絞肉再剁一下，放入鋼盆中 ⑳，加入鹽、胡椒拌勻後，摔打出膠質 ㉑，再加入薑末一起拌勻。

03 依序倒入醬油、水拌勻 ㉒-㉓，再加入白表一起攪拌均勻。

04 再將高麗菜、蔥花一起倒入 ㉔，再全部一起拌勻即可 ㉕-㉖，放入冰箱冷藏 20-30 分鐘備用。

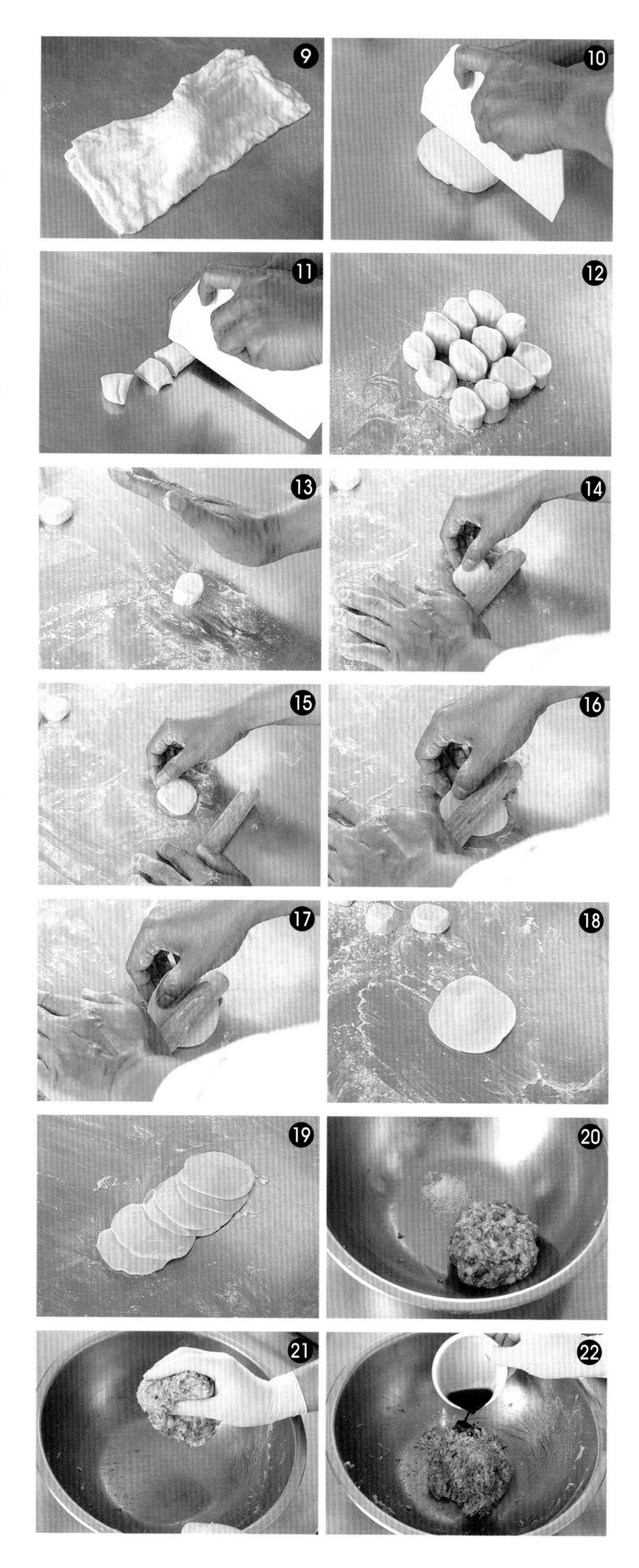

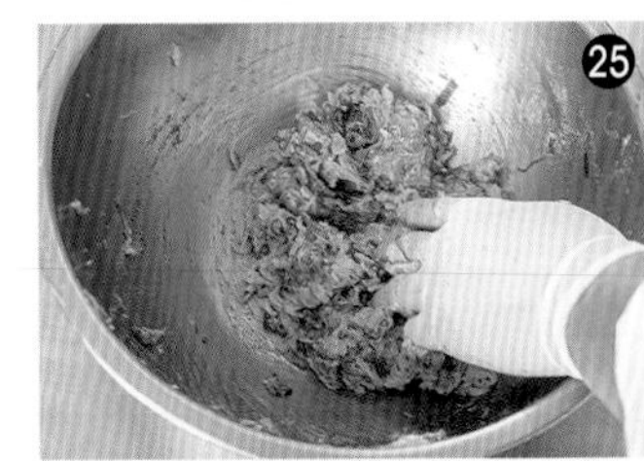

| 包餡料理 |

01 取一張麵皮，包入 15 克的內餡㉗，將兩端捏起包緊即完成㉘-㉙。其他麵皮與內餡依序完成㉚。

02 鍋中放入適量的水煮滾，放入水餃，並攪拌一下避免黏鍋，過程中加 2-3 次冷水，待水餃浮起，可以取其中一顆戳一下，確認熟成即可撈出、盛盤㉛。

TIPS：放入水餃後，記得要攪拌一下，讓水產生流動，不要放任水餃沉入鍋底，以免因黏鍋而破皮。另外，加入少許的油跟鹽，也可以避免破皮露餡。

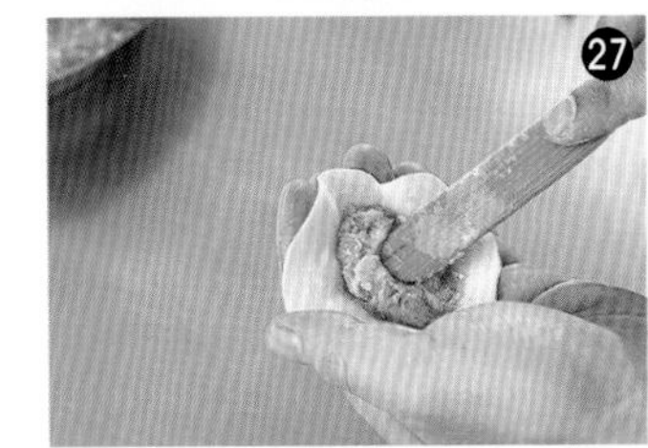

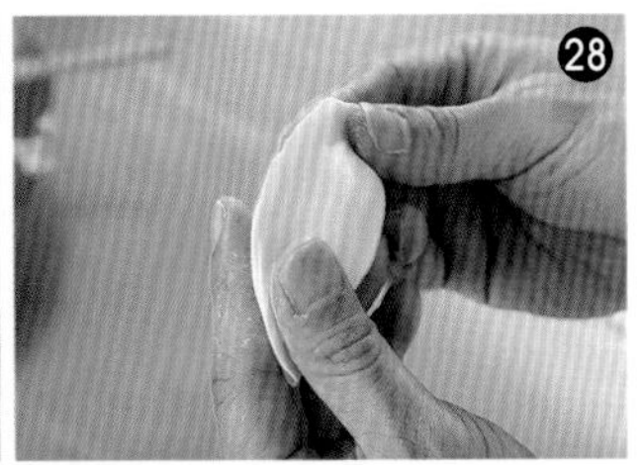

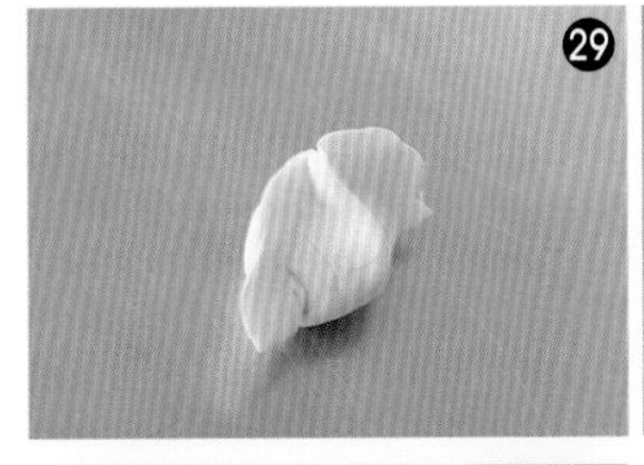

1. 以豬肉、牛肉做餃子的餡料時，記得要把買回來的絞肉再剁一下，剁過的吃起來的口感很不一樣。
2. 攪拌餡料時，記得要順同一個方向，讓肉的蛋白質釋出而成凝膠狀態，如此做出來的餡料會更加味美鮮嫩。

冷水麵食

04
鮮肉小籠包

皮很薄，餡很多，湯汁真的很鮮美，
正確摺好麵皮可以讓湯包更挺立，
餡汁完美鎖住！

份量：20 顆
使用器具：深鍋
最佳賞味期：室溫 30 分鐘
冷藏：3 天
冷凍：30 天

材料

| 皮凍 |

豬皮 … 150g
雞腳 … 50g
家鄉肉 … 10g
薑、蔥 … 適量
水 … 400g

| 麵皮 |

中筋麵粉 … 100g
鹽 … 1g
水 … 50g

| 餡料調味料 |

蔥白、蔥綠
水 … 16.5g
豬後腿赤肉絞肉 … 162g
白表 … 108g（剁碎）
皮凍 … 50g
蜆仔 … 27g
老薑 … 10g
蔥 … 8g
水 … 60g
太白粉 … 2g
小蘇打 … 1g
水 … 適量
糖 … 1.5g
鹽 … 2.5g
胡椒 … 2.5g
淡醬油 … 7g
香油 … 7g
美極 … 2.5g
醬油膏 … 5g
高粱酒 … 0.5g
小蘇打粉 … 0.5g

製作步驟

| 製作皮凍 |

01 豬皮汆燙後去除白色脂肪，切成約 1 公分的條狀；雞腳汆燙。將所有材料放入蒸籠蒸 3-4 個小時，取出後過濾放涼，放入冰箱至凝固即可使用。

| 製作麵皮 |

01 事先把鹽及水混合均勻，中筋麵粉築成粉牆，將水倒入❶，慢慢將麵粉由內往外與水拌勻，在整型的過程中，可以利用刮板將桌面麵團刮起，邊壓邊揉❷，麵團揉到桌面光、手

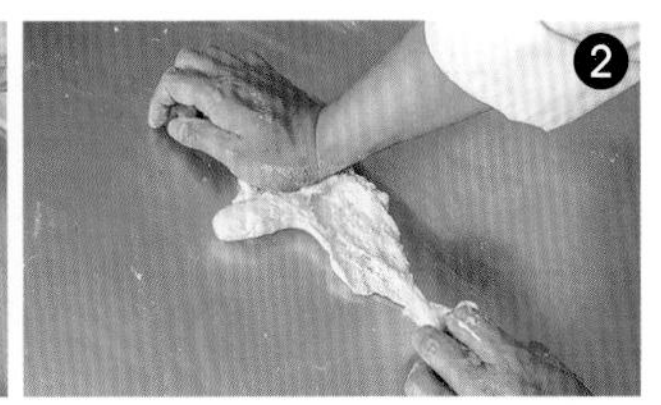

光、麵團呈現光滑狀，即可在揉好的麵團蓋上擰乾的溼布❸，靜置鬆弛約 30 分鐘。

02 把鬆弛好的麵團取出，邊滾邊整型成長條狀❹，握緊其中一端，用另一手掰下一段麵團，其他麵團依序掰成大小一致的小麵團❺-❼。

03 先取一分麵皮並壓扁❽，一手拿擀麵棍，一手旋轉麵皮❾，慢慢擀成中間較厚，四周較薄的薄圓片，其他麵皮依序完成❿。

｜製作內餡｜

01 材料洗淨。蔥白、蔥綠加入 16.5g 的水用果汁機攪打均勻細緻；老薑去皮洗淨後加入 16.5g 的水用果汁機打成薑汁。蜆加入 27g 的水後放入蒸籠蒸 15 分鐘，取出，過濾後備用。

02 後赤腿肉放入鋼盆中，加入鹽、胡椒粉⓫，略微攪拌一下，加入糖，充分攪勻⓬-⓮。

03 繼續加入小蘇打、高粱酒、醬油膏、美極、淡醬油充分拌勻，再分次加蔥汁、薑汁、蜆水⓯，攪拌到完全被絞肉吸收為止⓰。

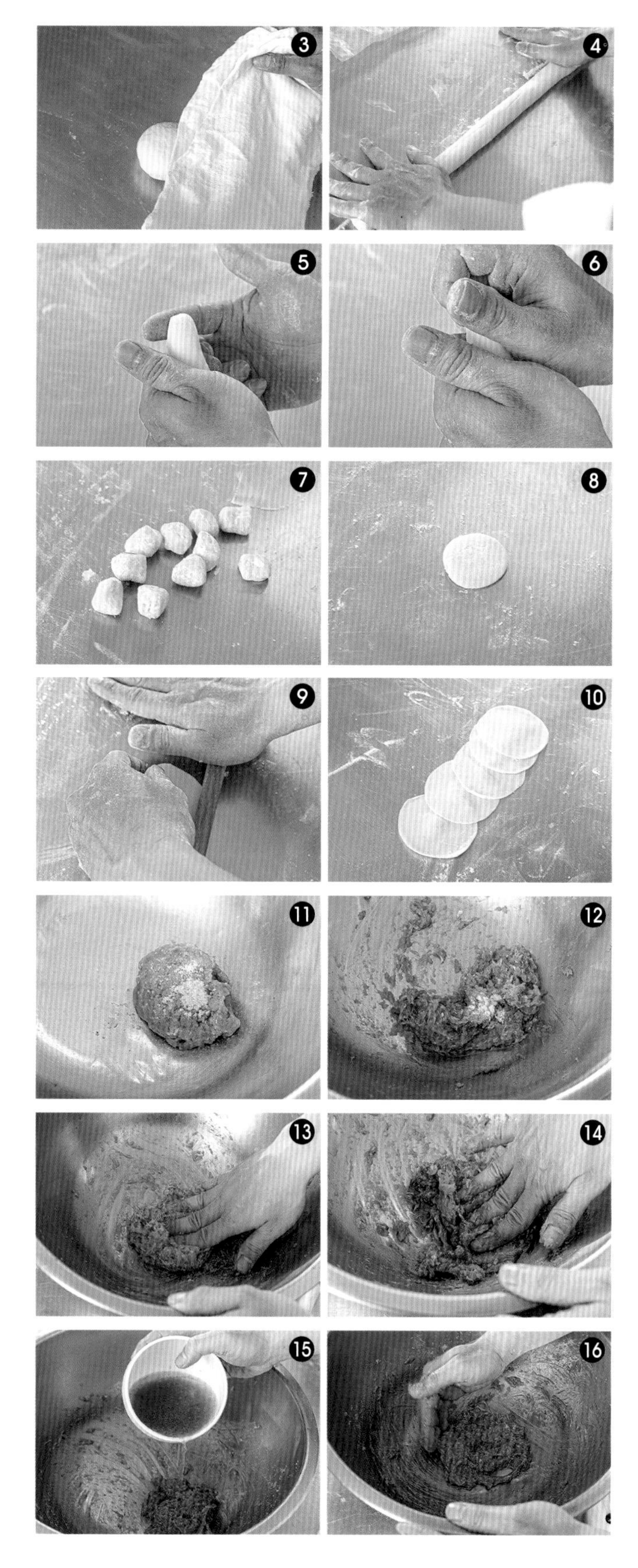

04 再放入表白，並且攪拌均勻 ⑰-⑲。加入切碎的皮凍⑳，最後加入香油再一起拌勻，放入冰箱冷藏 20-30 分鐘備用。㉑-㉒。

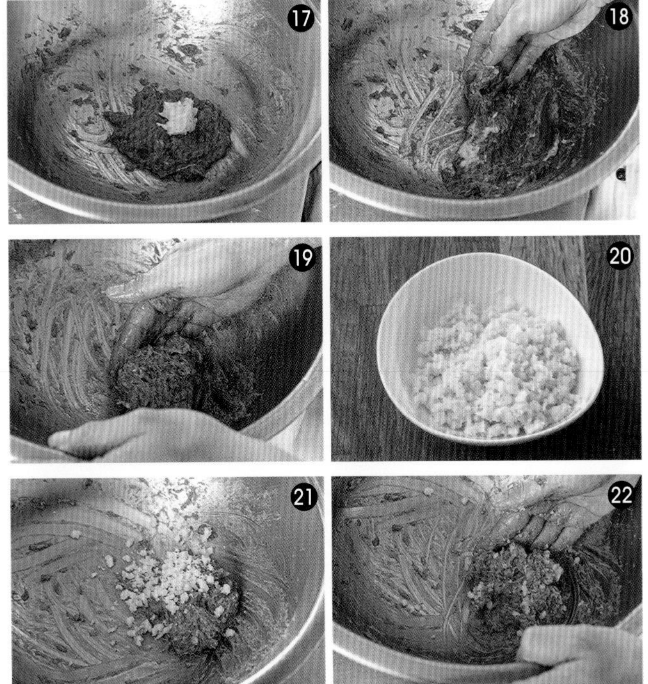

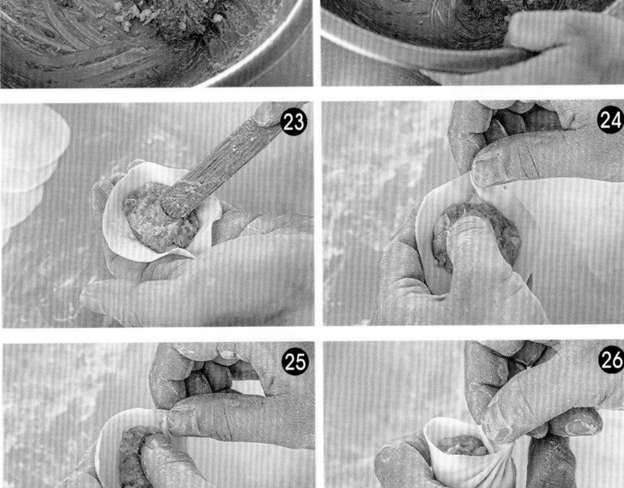

| 包餡料理 |

01 取一張麵皮，包入 18 克的內餡㉓，一手托好麵皮與餡料，同時也負責轉動麵皮，拇指則負責將餡料壓好，另一手則抓住麵皮摺出摺數，邊旋轉邊摺㉔-㉗。

02 最後將頂端的麵皮擰掉即可㉘-㉙，其他的小籠包依序完成，放入蒸籠中。

03 鍋中放入適量的水煮滾，放入蒸籠，以大火蒸 4 分鐘 30 秒即可取出。

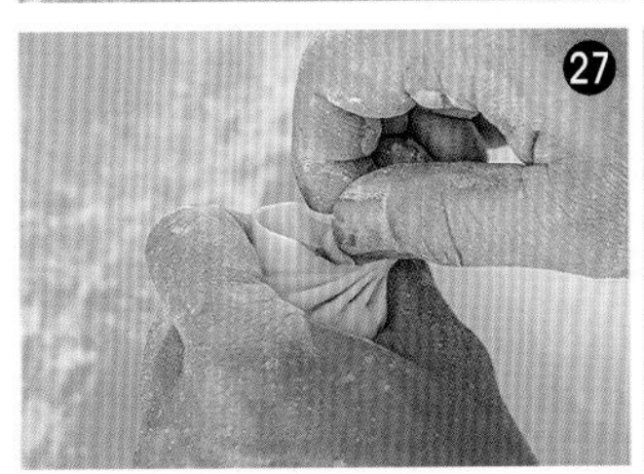

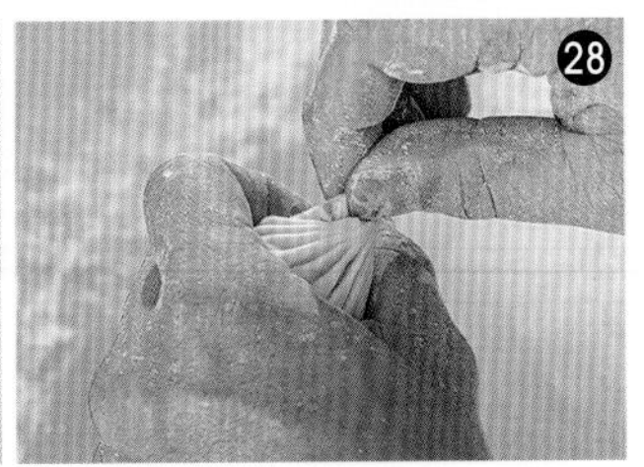

1. 所謂的白表，就是豬背厚油脂，也就是生豬油，可以在一般的超市購得。
2. 如果是買整塊的後赤腿肉，可以把筋膜修除，以免影響口感，並且加入 2g 的太白粉，1g 的小蘇打，以及適量的水稍微醃 20 分鐘再剁碎。

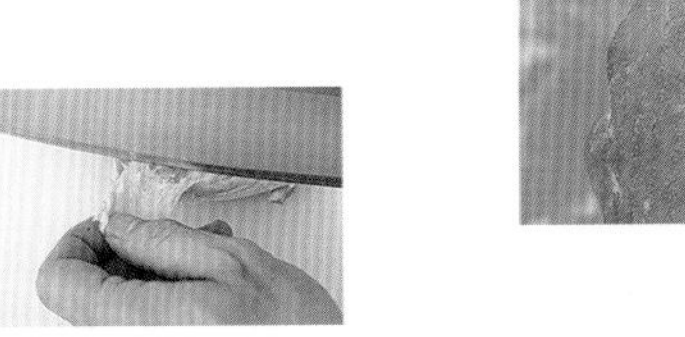

冷水麵食

05
月牙餃

外觀上呈現漂亮的月灣型，
一口咬下，可以吃到草蝦粒的鮮甜美味，
是調製餡料的原則！

材料

份量：15 顆
使用器具：蒸籠
最佳賞味期：室溫 30 分鐘
冷凍：30 天

| 麵皮 |

中筋麵粉 … 100g
鹽 … 1g
水 … 50g

| 餡料調味料 |

草蝦仁 … 190g
白表 … 7g
豬油 … 19g
香油 … 2g
鹽 … 1g
太白粉 … 3.5g
美極 … 1g
糖 … 5g
胡椒 … 0.2g

製作步驟

| 製作麵皮 |

01 事先把鹽及水混合均勻，中筋麵粉築成粉牆，將水倒入❶，慢慢將麵粉由內往外與水拌勻❷，在製作的過程中，可以利用刮板將桌面麵團刮起❸，邊壓邊揉❹，能讓成團速度更快❺-❻，麵團揉到桌面光、手光、麵團呈現光滑狀❼，即可揉好的麵團蓋上擰乾的溼布❽，要靜置鬆弛約 30 分鐘❾。

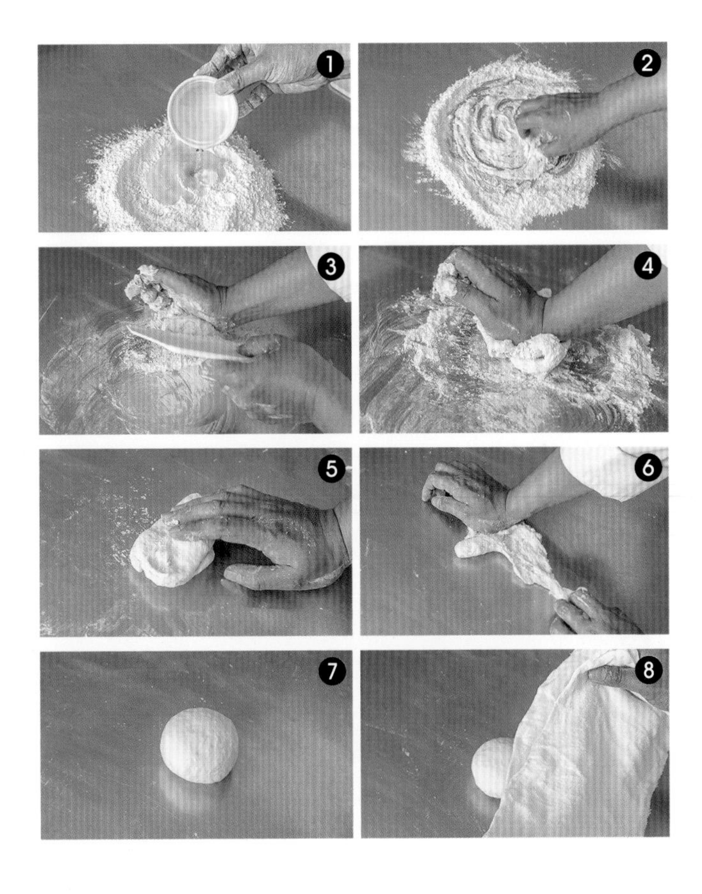

02 把鬆弛好的麵團取出，壓扁後，用刮板均切成兩等分 ⑩，每一等分再均切成六等分 ⑪-⑫。

03 先取一分麵皮後壓扁 ⑬，一手拿擀麵棍，一手旋轉麵皮 ⑭-⑮，慢慢擀成中間較厚，四周較薄的薄圓片 ⑯-⑱，其他麵皮依序完成 ⑲。

| 製作內餡 |

01 材料洗淨。蝦仁去除腸泥，以清水洗淨後，將水分完全擦乾後切碎，放入鋼盆中，加入鹽、胡椒、太白粉 ⑳，抓拌均匀 ㉑。

02 繼續放入美極、糖 ㉒，摔打出膠質 ㉓，繼續加入白表攪拌均匀 ㉔-㉕，最後加入香油、豬油打匀即可，放入冰箱冷藏 20-30 分鐘備用。㉖-㉘

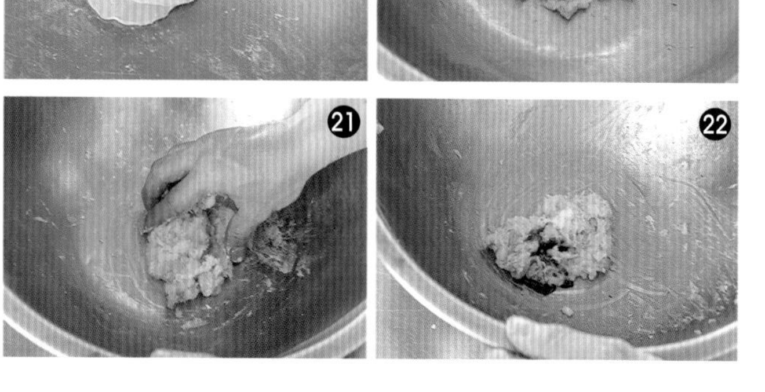

1. 製作餃子，除了會選擇豬肉或牛肉外，海鮮類的食材也是經常會拿來製作成蒸餃餡料的食材之一。
在製作這類食材的餡料時，如果想要吃到有蝦子口感的人一定要把握好細切粗剁的原則。
尤其在製作蝦仁、魚肉蒸餃，這類的食材組織纖維都非常鬆軟細緻，如果剁得太碎，很容易會讓鮮味物質及水分流失，失去了口感及鮮美滋味。

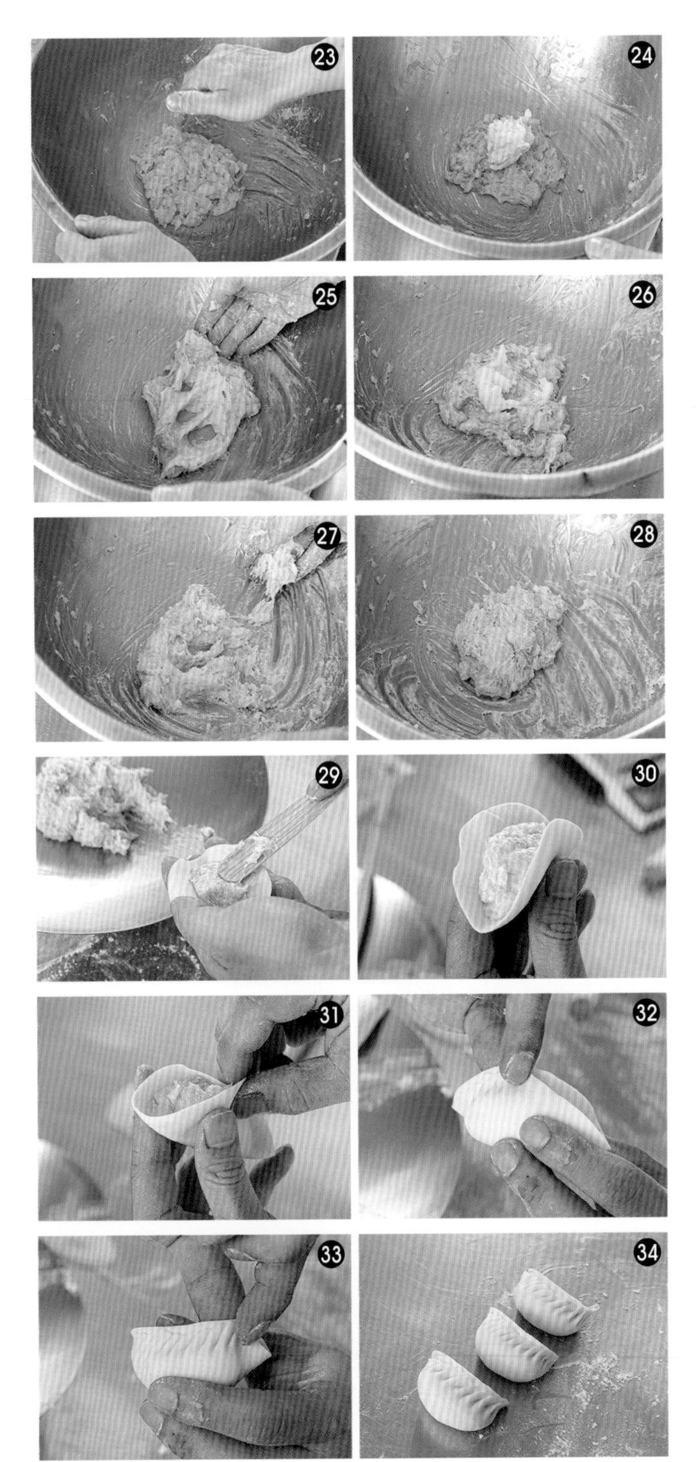

| 包餡料理 |

01 取一張麵皮，包入 15 克的內餡㉙-㉚，先將皮往中間對拉，形成彎月狀㉛，右邊先捏合一點，左手往右手推，右手負責摺出摺子，再從其中一端摺出摺痕㉜-㉝，直到兩端包緊成月牙狀即可。其他麵皮與內餡依序完成㉞，放入蒸籠中，放入時稍微有一點間隙。

02 鍋中放入適量的水煮滾，放入蒸籠，以大火蒸約 6 分鐘至熟即可取出。

冷水麵食

06 柳葉餃

對於喜歡海鮮口感的人來說，
充滿著鮮味的柳葉餃，
是絕對不能錯過的一道麵點！

材料

份量：　　顆
使用器具：蒸籠
最佳賞味期：室溫 30 分鐘
冷凍：30 天

| 麵皮 |

中筋麵粉 … 100g
鹽 … 1g
水 … 50g

| 餡料調味料 |

草蝦仁 … 190g
白表 … 7g
豬油 … 19g
香油 … 2g
鹽 … 1g
太白粉 … 3.5g
美極 … 1g
糖 … 5g
胡椒 … 0.2g

製作步驟

| 製作麵皮 |

01 事先把鹽及水混合均勻，中筋麵粉築成粉牆，將水倒入❶，慢慢將麵粉由內往外與水拌勻❷，在整型的過程中，可以利用刮板將桌面麵團刮起❸，邊壓邊揉❹，能讓成團速度更快❺-❻，麵團揉到盆光、手光、麵團呈現光滑狀❼，即可揉好的麵團蓋上擰乾的溼布❽，要靜置鬆弛大約 10 分鐘。

02 把鬆弛好的麵團取出，壓扁後，用刮板均切成兩等分 ❾，每一等分再均切成六等分 ❿-⓫。

03 先取一分麵皮後壓扁 ⓬，一手拿擀麵棍，一手旋轉麵皮 ⓭-⓮，慢慢擀成中間較厚，四周較薄的薄圓片 ⓯-⓱，其他麵皮依序完成 ⓲。

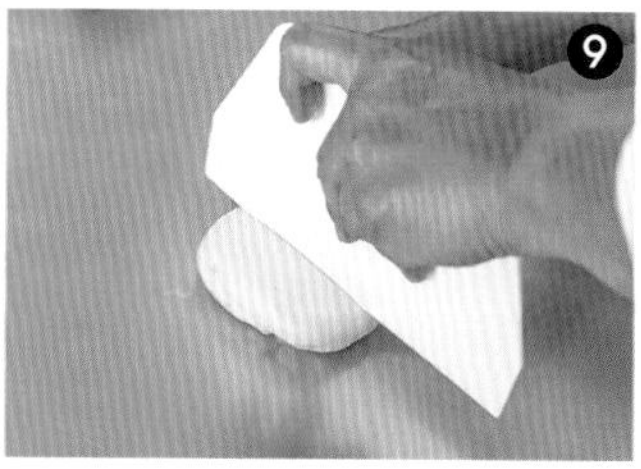

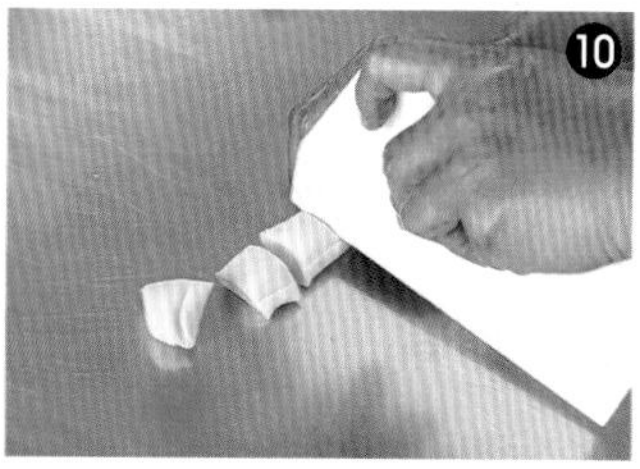

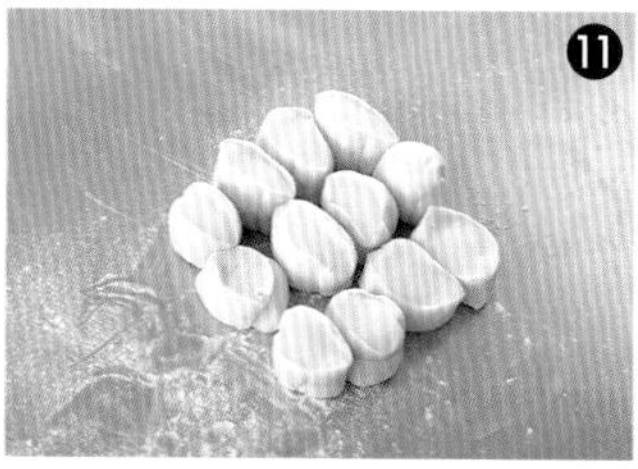

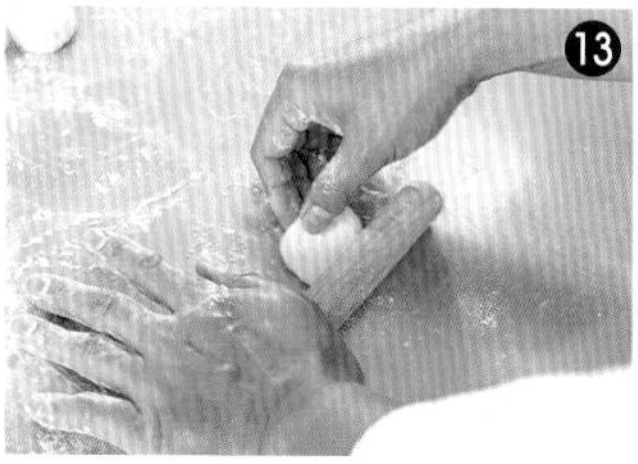

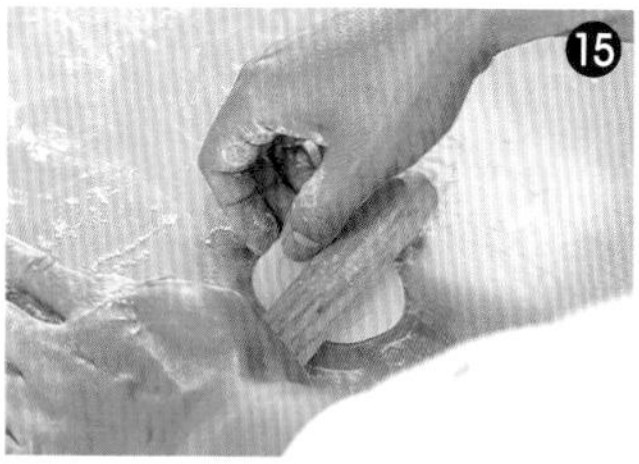

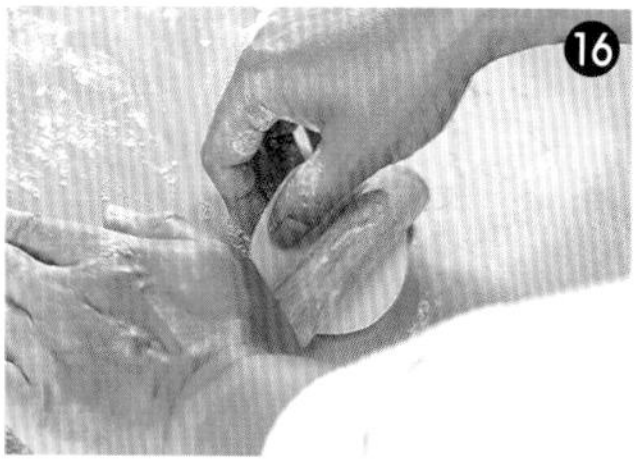

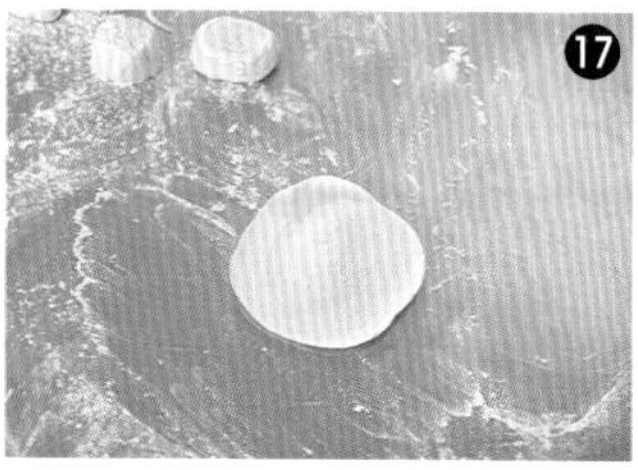

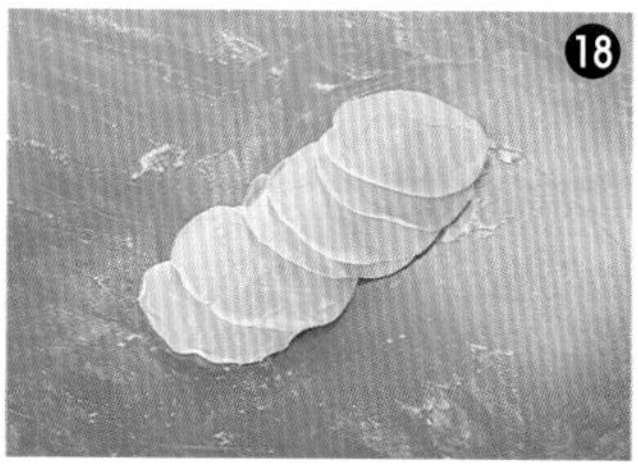

| 製作內餡 |

01 材料洗淨。蝦仁去除腸泥，以清水洗淨後，將水分完全擦乾後切碎，放入鋼盆中，加入鹽、胡椒、太白粉 ⓳，抓拌均勻 ⓴。

02 繼續放入美極、糖，摔打出膠質，繼續加入白表攪拌均勻，最後加入香油、豬油 ㉑ 打勻即可，放入冰箱冷藏 20-30 分鐘備用。

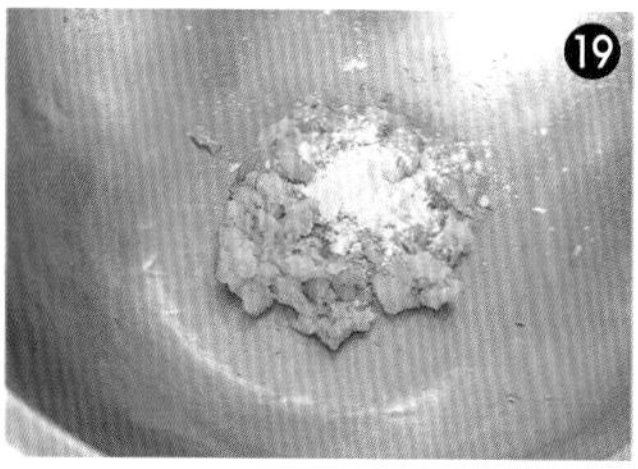

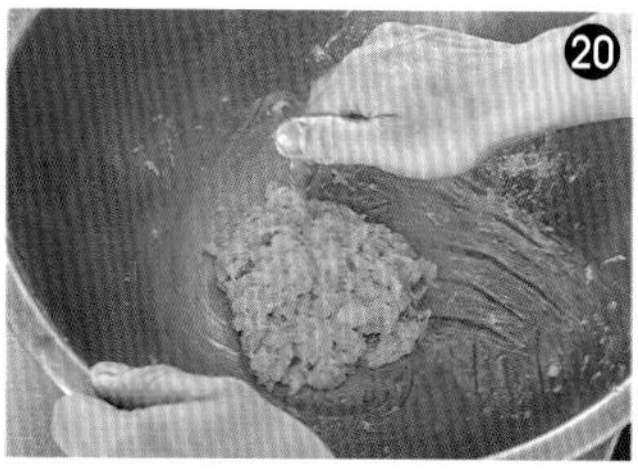

| 包餡料理 |

01 取一張麵皮，包入 15 克的內餡 ㉒，一手托著，另一手先將一邊捏合 ㉓，往前推疊，再將兩側麵皮捏合 ㉔，再往前堆疊，重複步驟，最後收尾 ㉕-㉘。其他麵皮與內餡依序完成 ㉙，放入蒸籠中。

02 鍋中放入適量的水煮滾，放入蒸籠，以大火蒸 6 分鐘即可取出。

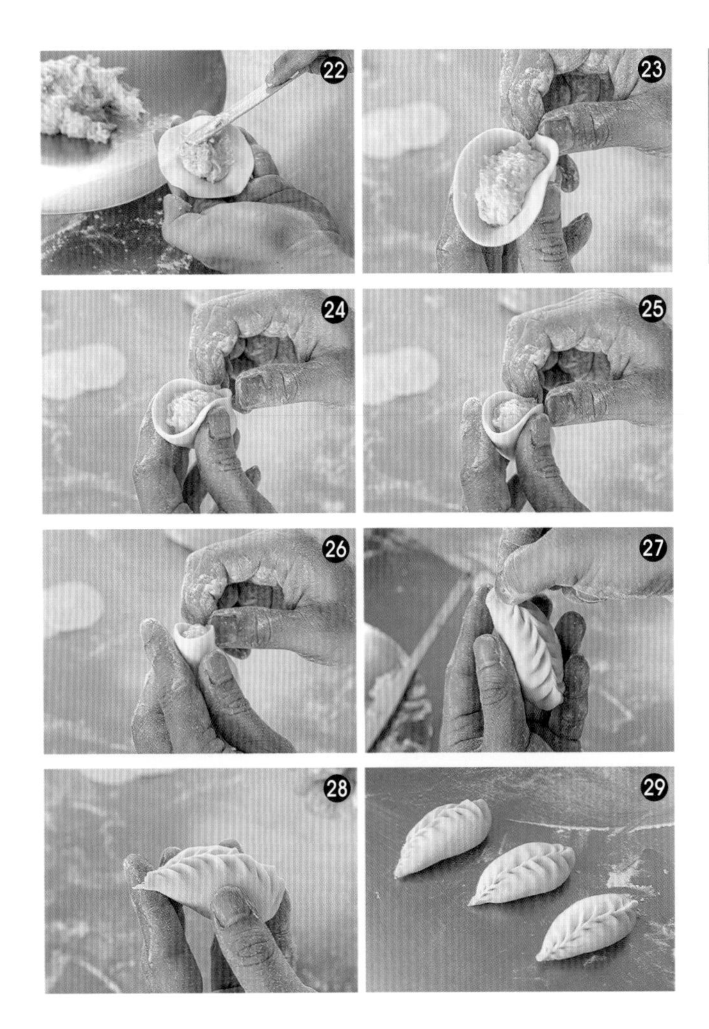

1. 製作海鮮類食材的餡料時，大原則是把握細切粗剁，尤其在製作蝦仁蒸餃或是魚肉蒸餃，這類食材的組織纖維都非常鬆軟細緻，如果剁得太碎，很容易造成鮮味及水分流失，而失去鮮嫩口感。

冷水麵食

07 四喜燒賣

色彩繽紛的模樣，讓人忍不住食指大動，
不僅可吃到完美的餡汁，更能吃進多種蔬食！

材料

| 麵皮 |

中筋麵粉 … 100g
水 … 50g
鹽 … 1g

| 餡料調味料 |

燒賣餡 … 適量
（作法參考 P.064）
黑木耳碎 … 適量
紅蘿蔔碎 … 適量
玉米筍碎 … 適量
蔥綠碎 … 適量

份量：15 顆
使用器具：蒸籠
最佳賞味期：室溫 1 小時
冷凍：30 天

製作步驟

| 製作麵皮 |

01 事先把鹽及水混合均勻，中筋麵粉築成粉牆，將水倒入❶，慢慢將麵粉由內往外與水拌勻，在整型的過程中，可以利用刮板將桌面麵團刮起，邊壓邊揉❷，麵團揉到桌面光、手光、麵團呈現光滑狀，即可在揉好的麵團蓋上擰乾的溼布❸，靜置鬆弛約 30 分鐘。

02 把鬆弛好的麵團取出，邊滾邊整型成長條狀❹，握緊其中一端，用另一手掰下一段麵團重量為 10g，依序掰成大小一致的小麵團❺-❽。

03 先取一個麵皮並壓扁❾，一手拿擀麵棍，一手旋轉麵皮❿，慢慢擀成中間較厚，四周較薄的薄圓片⓫，其他麵皮依序完成⓬。

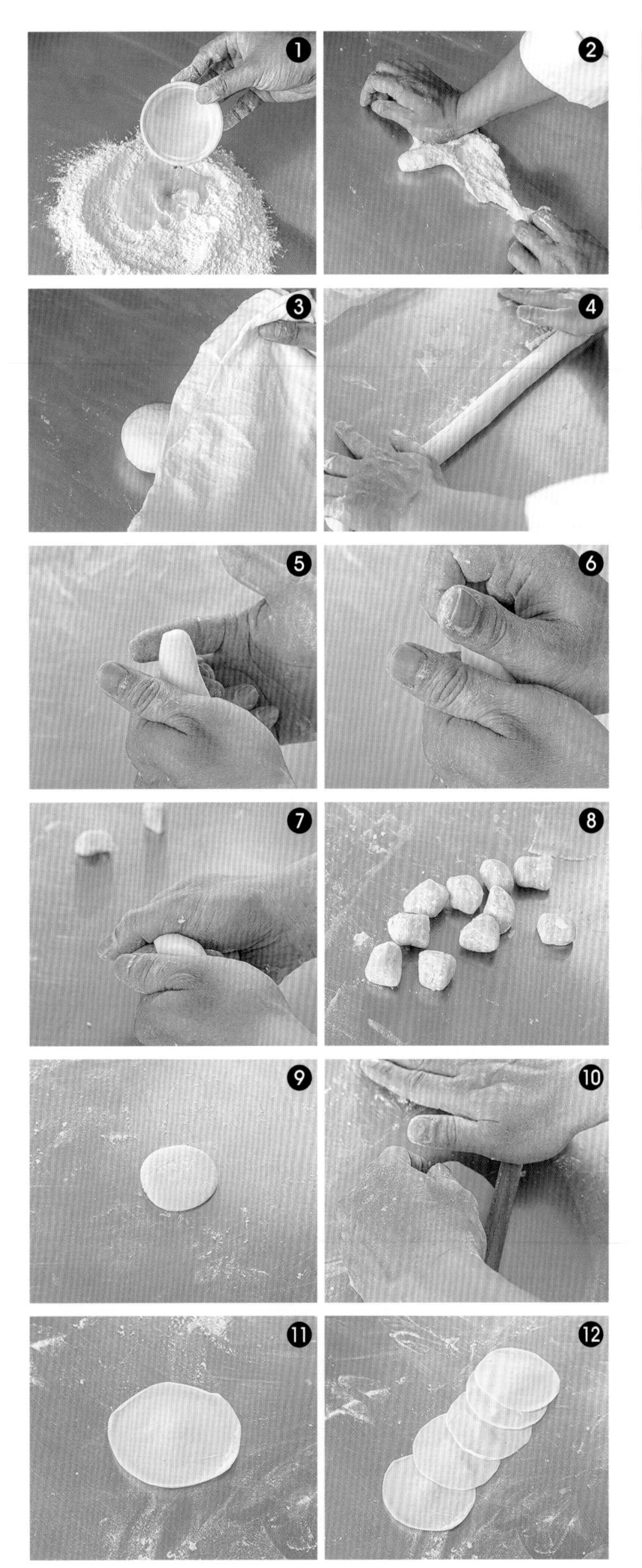

| 包餡料理 |

01 取一張麵皮，包入 15 克的肉餡後捏成四個洞⑬，一手在中間 1/3 處托住，另一手先從中間捏合，再將孔洞一一擴張，並在相鄰的麵皮邊緣抹上少許的水，然後捏合起來⑭-⑯。

02 在四個不同的孔洞，分別把黑木耳碎、紅蘿蔔碎、玉米筍碎、蔥綠碎一一填入⑰-⑲，再將邊緣四角分別捏緊，其他燒賣一一完成後放入蒸籠⑳-㉒。

03 鍋中放入適量的水煮滾，放入蒸籠，以大火蒸 5-7 分鐘即可取出。

1. 當我們要使用麵粉前一定要過篩，透過過篩這個動作，可使空氣進入麵粉，讓做出來的成品口感上會更好。
2. 蒸燒賣時，火力要夠大且在鍋裡的水一定要足夠，如果水不夠的話，容易造成水蒸氣不足，而影響到燒賣的熟成。此外，蒸籠一定要事先墊上蒸籠布或是防沾紙，可以避免蒸好的燒賣黏底，造成底部破損。

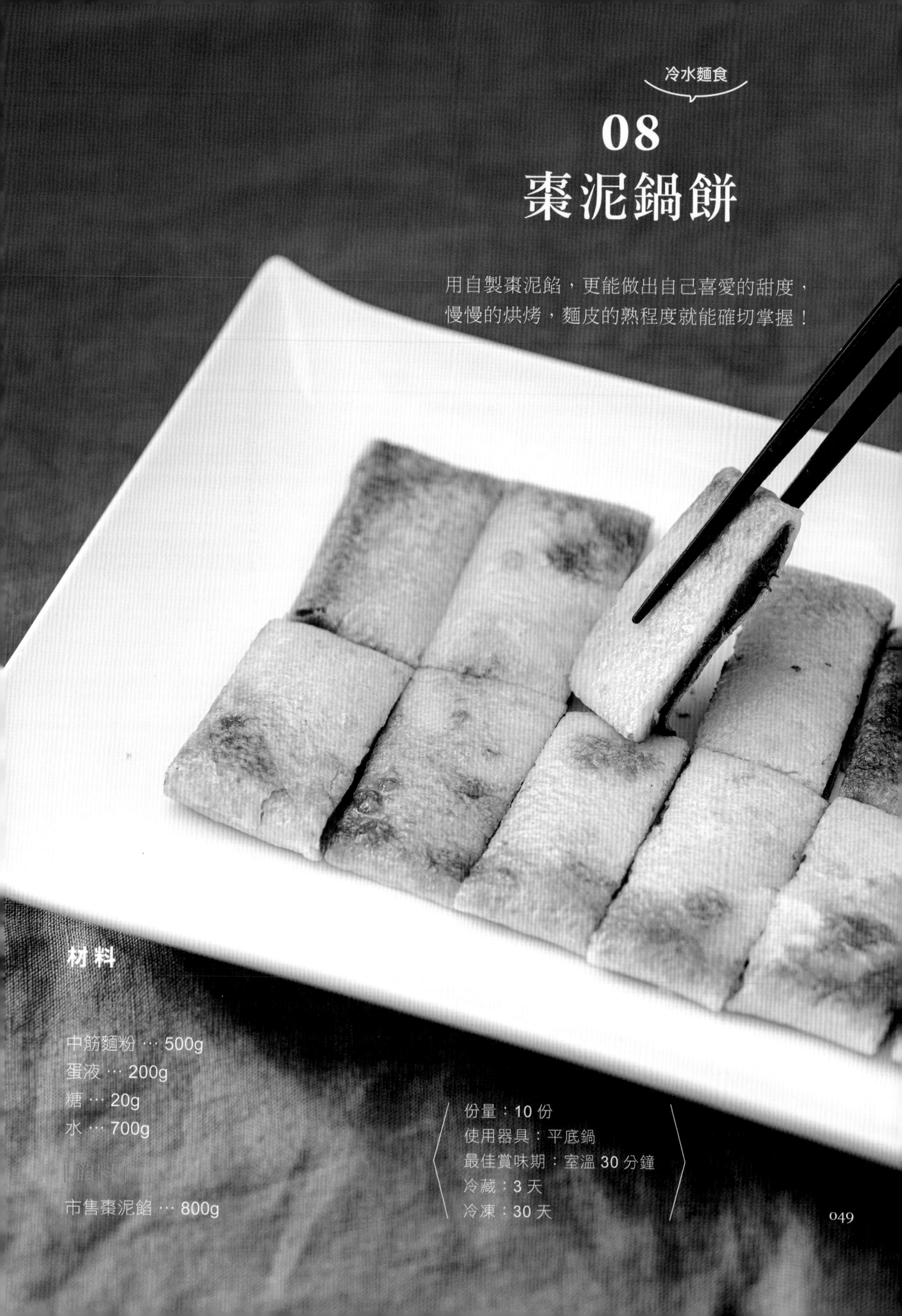

08 棗泥鍋餅

用自製棗泥餡，更能做出自己喜愛的甜度，
慢慢的烘烤，麵皮的熟程度就能確切掌握！

材料

中筋麵粉 … 500g
蛋液 … 200g
糖 … 20g
水 … 700g

｜餡料｜

市售棗泥餡 … 800g

份量：10 份
使用器具：平底鍋
最佳賞味期：室溫 30 分鐘
冷藏：3 天
冷凍：30 天

製作步驟

| 製作麵糊 |

01 將中筋麵粉放入鋼盆中，倒入蛋液，攪拌均勻❶-❸，加入糖後，分次將水倒入，攪拌成糊狀，鬆弛 20 分鐘備用❹。

| 製作內餡 |

01 取出 80g 的棗泥，放入塑膠袋中，用擀麵棍慢慢的上下滾動推壓，最後整型成長方形。❺-❻。

| 包餡料理 |

01 平底鍋用廚房紙巾擦上一層油❼，舀入適量的麵糊，旋轉一下鍋子，讓麵糊能均勻分布到整個鍋面❽-❾。

02 待麵糊表面略微凝固，即可放上一片棗泥❿，依序將四邊往內折起，翻面後讓餅皮烘烤上色即可取出、切塊⓫-⓬。

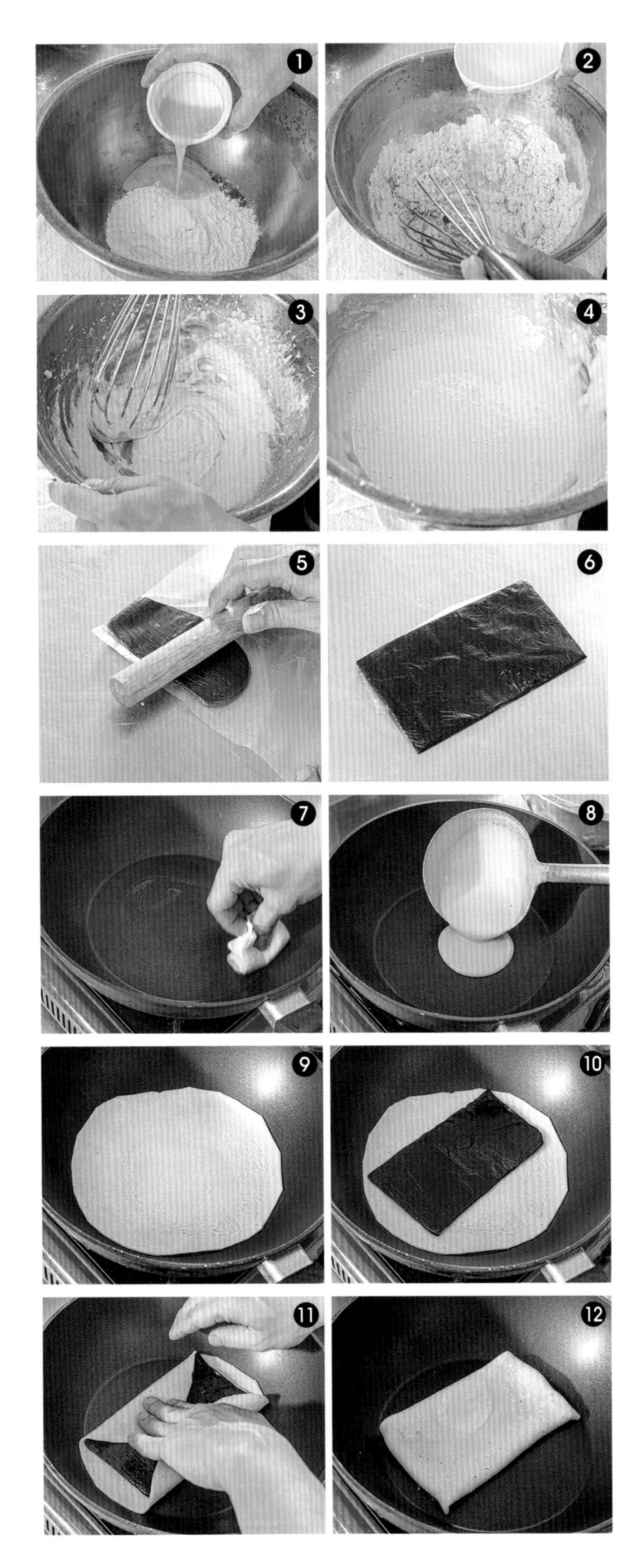

1. 製作這道麵點，記得不要倒入過多的油，而是要用廚房紙巾抹上薄薄的一層，再倒入麵糊，放入後鍋子要持續轉圈，才能讓麵糊平均分佈，以小火煎製，直到麵糊不會流動了為止。

冷水麵食

09 紅油抄手

獨門特調的辣油醬、內餡的肉質鮮甜、汁多滑嫩，
只要步步跟做，
就能品嘗到讓口感更加滿分的黃金比例醬汁！

材料

〈份量：20 顆
使用器具：蒸籠
最佳賞味期：室溫 30 分鐘
冷凍：30 天〉

| 麵皮 |

市售餛飩皮 … 20 張

| 餡料調味料 |

青江菜 … 126g
絞肉 … 126g
白表 … 28g
薑汁 … 16g
鹽 … 2g
糖 … 7g
胡椒 … 0.1g
香油 … 10.5g
蠔油 … 16g
米酒 … 5g

紅油醬

花椒粒 … 2g
蔥段 … 1.5g
蒜碎 … 1.5g
紅乾椒 … 5g
月桂葉 … 1 片
沙拉油 … 26g

抄手醬

黑豆瓣 … 8g
調味辣油 … 5g
白醋 … 1g
糖 … 1g
醬油 … 13.5g

調味辣油

辣油 … 10.5g
蒜泥 … 2.5g
（5g 的蒜頭加入少許水打成汁後用篩網過濾秤 2.5g 的蒜泥備用）
醬油 … 3g
老抽 … 3.5g
蠔油 … 2.5g
紅油醬 … 10g
白醋 … 3.5g

製作步驟

| 製作內餡 |

01 材料洗淨。將青江菜以滾水汆燙殺青，取出，泡入冰水中，取出、切碎，並且把水擰乾後備用。

02 絞肉放入鋼盆中❶，加入鹽、糖、胡椒、一起抓拌均勻❷。分次加入薑汁❸、米酒❹、蠔油❺，抓拌均勻後，加入白表、香油再次抓拌均勻❻-❽。

03 加入青江菜後拌勻即為內餡❾-❿，放入冰箱冷藏20-30分鐘備用。

| 製作抄手醬 |

01 鍋中倒入 1 大匙的油，放入花椒炒至香味逸出。繼續加入蒜末、蔥段、辣椒、月桂葉炒至辣椒顏色變黑，撈起後過濾，放涼後即為紅油醬 ⓫-⓮。

02 依序將辣油、蒜泥、老抽、醬油、蠔油、紅油醬、白醋放入攪拌盆中，一起攪拌均勻，做成調味辣油。

03 將黑豆瓣、調味辣油、白醋、糖、醬油一起攪拌均勻即可⓯。

| 包餡料理 |

01 取一張麵皮，包入 17 克的內餡⓰，將其中一角沾上少許的清水，幫助黏合。拉起另一端的麵皮與沾水處的麵皮貼合，取另一角的麵皮再沾一些水，再與另一端的麵皮黏合，做成馬蹄型即完成⓱-㉔。其他麵皮與內餡依序完成。

02 鍋中放入適量的水煮滾，放入抄手，攪拌一下避免黏鍋，過程中加 2 次冷水，待超手浮起，可以取其中一顆戳一下，確認熟成後即可撈出、盛盤，加入適量抄手醬即可。

燙麵麵食

10
薄片蔥油餅

製作過程可說零失敗率的薄片蔥油餅
只要按部就班混合食材、做成麵團、擀開、煎製就能完成！

材料

中筋麵粉⋯⋯600g
滾水⋯⋯400g
鹽⋯⋯11.25g
豬油⋯⋯56g
蔥花⋯⋯60g

份量：10 份
使用器具：平底鍋
最佳賞味期：室溫半天
冷藏：3 天
冷凍：30 天

製作步驟

| 製作調理 |

01 將中筋麵粉、豬油放入鋼盆中，依序倒入滾水及鹽❶，再以擀麵棍攪拌❷-❸，邊攪拌邊散熱，當略微成團且稍微降溫時，可以用手揉製成團❹。

02 加入蔥花，再與麵團混合均勻❺-❻，蓋上保鮮膜靜置鬆弛約30分鐘❼。

03 把鬆弛好的麵團取出，平均分割成每個重約200g的小麵團❽。

04 取出其中一個麵團，以擀麵棍先前後擀壓❼，再慢慢擀壓成圓形薄片狀，蓋上塑膠袋鬆弛一下❿-⓫。

05 鍋中放入少許的油燒熱，放入麵皮，煎至兩面呈現金黃色，即可取出⓬。

1. 中筋麵粉因為有適量的麵筋，用燙麵方法製作出來的口感為軟中帶韌，因此較為適合。
2. 麵皮要達到柔軟而光滑的狀態，鬆弛的時間就要足夠，至少要30分鐘以上。

燙麵麵食

11 厚片蔥油餅

對於喜歡入口時能帶有厚實感的人來說，
厚蔥油餅包餡、捲折、滾捲煎製
而成金黃香氣絕不能錯過。

材料

中筋麵粉 … 400g
滾水 … 200g
冷水 … 70g

蔥 … 300g
鹽 … 7g
胡椒粉 … 適量
香油 … 30g
豬油 … 適量

份量：6 片
使用器具：平底鍋
最佳賞味期：室溫半天
冷藏：3 天
冷凍：30 天

製作步驟

| 製作麵皮 |

01 將中筋麵粉、豬油放入鋼盆中，依序倒入滾水及鹽❶。

02 再以擀麵棍攪拌❸，邊攪拌邊散熱，❷，當略微成團且稍微降溫時，加入冷水，改用手揉製成團❸，麵團平均分成6顆，每個重約111g。

03 取其中一個麵團，抹上豬油〈份量外〉，將麵團先上下擀開❹，再慢慢擀壓成長方形薄片狀❺-❽。

| 製作內餡 |

01 鋼盆中放入蔥花、鹽、胡椒粉，抓拌均勻❾-❿。

02 再拌入香油及豬油⓫。

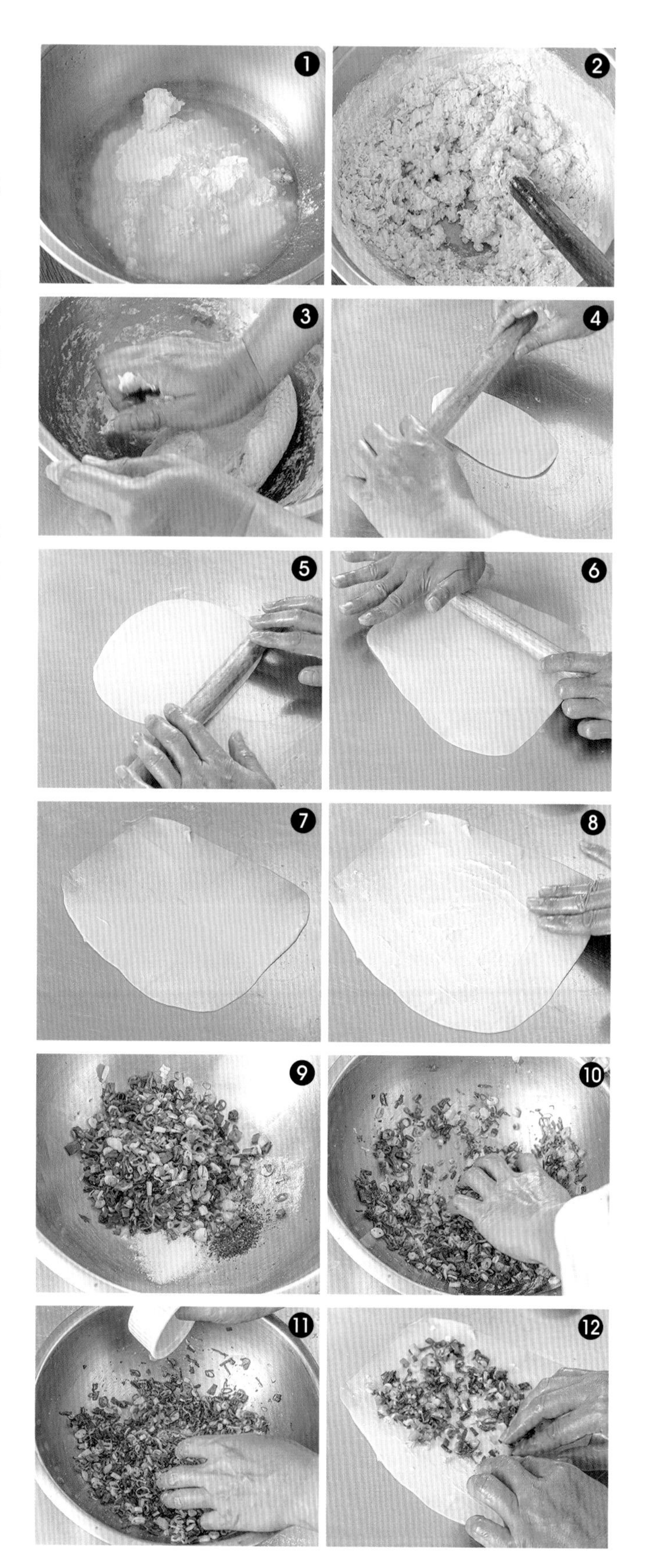

｜包餡料理｜

01 將 55 克的內餡均勻鋪放在麵皮中間⓬，四周留下大約 2 公分寬不要鋪上蔥花，將內餡整理成分布均勻⓭。

02 從麵皮的一側開始慢慢捲折，直到全部捲完⓮-⓰，再從一側滾捲到底，其他麵團依序包餡、捲折、滾捲一一完成，以保鮮膜包覆後靜置鬆弛約 30 分鐘⓱-⓴。

03 將鬆弛好的麵團一一擀開成圓形狀。㉑-㉒

04 鍋中放入少許的油燒熱，放入麵皮，以小火慢慢將兩面煎至金黃，即可取出㉓。

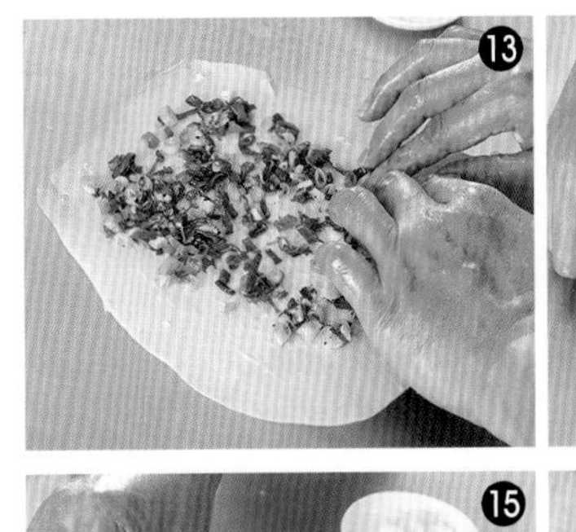
⓭

⓮

⓯

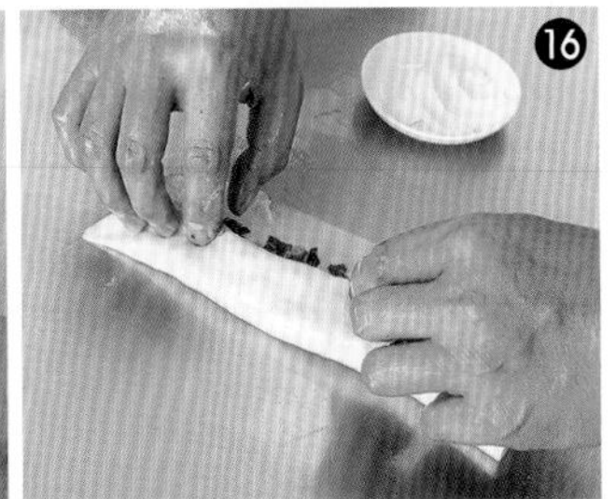
⓰

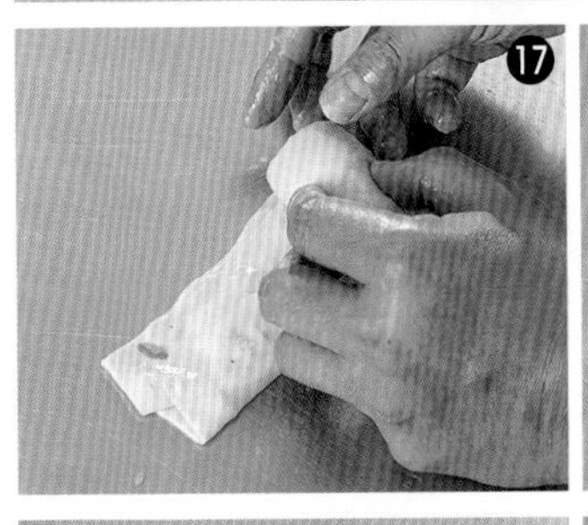
⓱

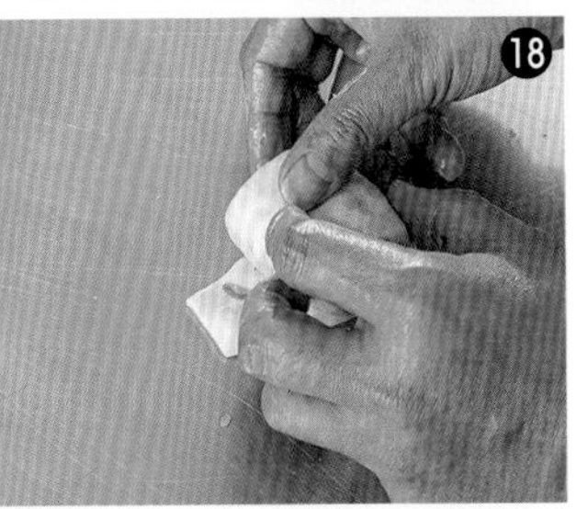
⓲

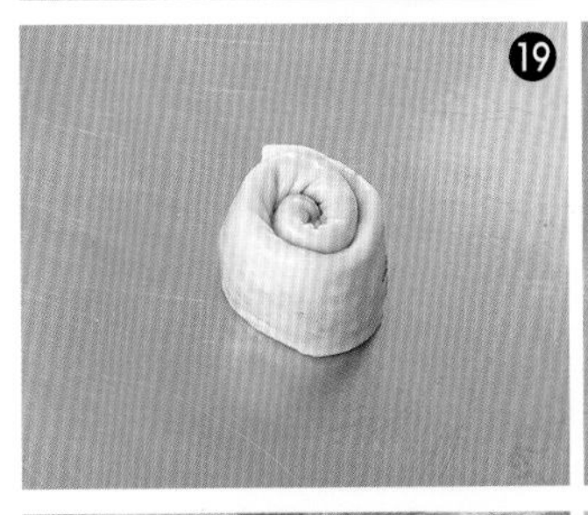
⓳

⓴

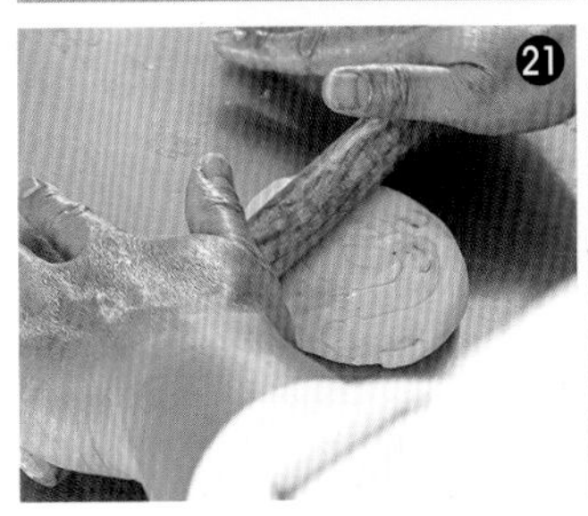
㉑

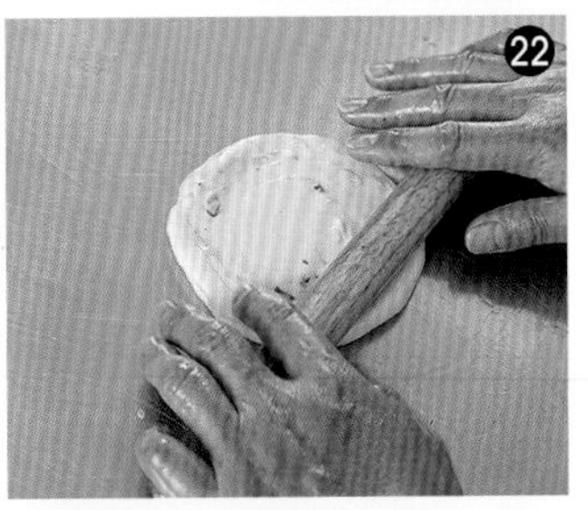
㉒

㉓

1. 製作厚蔥油餅時，是在中筋麵粉裡先加入滾水，攪拌後加入冷水調整到適合的軟硬度，再進行揉製成光滑麵團。
2. 以燙麵方式製作出來麵點，因為加入滾水的關係，麵粉裡的但蛋白質被燙熟，因此口感上會比較沒有咬勁。

燙麵麵食

13 鮮蝦韭菜餅

對於喜歡韭菜口味的人來說，
絕對不能錯過這道一口咬下
有著滿滿韭菜與鮮蝦的美味

材料

份量：20 片
使用器具：平底鍋
最佳賞味期：室溫半天
冷藏：3 天
冷凍：30 天

| 麵皮 |

市售大白皮 … 20 張

| 餡料調味料 |

蝦餃餡 … 240g（作法參考 P.064）
韭菜 … 120g
（韭菜切小段）
開陽 … 4g
（開陽泡水，取出後瀝乾）
米酒 … 4g
油蔥酥 … 8g
鹽 … 1.5g
糖 … 6.2g
胡椒粉 … 0.3g
素調粉 … 0.3g
胡麻油 … 0.6g
香油 … 7g
豬油 … 5g

製作步驟

| 製作內餡 |

01 平底鍋中鋼盆中放入 1 小匙油，放入開陽爆香，聞到香氣之後，加入韭菜段拌炒，再加入蝦餃餡外的所有材料與調味料一起拌炒均勻至酒味消失 ❶-❸，取出後放涼備用。

02 攪拌盆中先放入蝦餃餡，再倒入放涼的韭菜段，一起攪拌均勻，做成鮮蝦韭菜餅餡料 ❹。

| 包餡料理 |

01 取一張麵皮，放入 20 克的內餡，先包成鳥籠形，再將上方收口抓緊 ❺-❼。

02 上方慢慢收口 ❽-❿。

03 抓住韭菜餅的上方，底部先沾些許的油，再沾裹白芝麻後壓扁 ⓫-⓭。

04 平底鍋中放入適量的油，放入鮮蝦韭菜餅，以小火慢慢將兩面煎至金黃，即可取出。

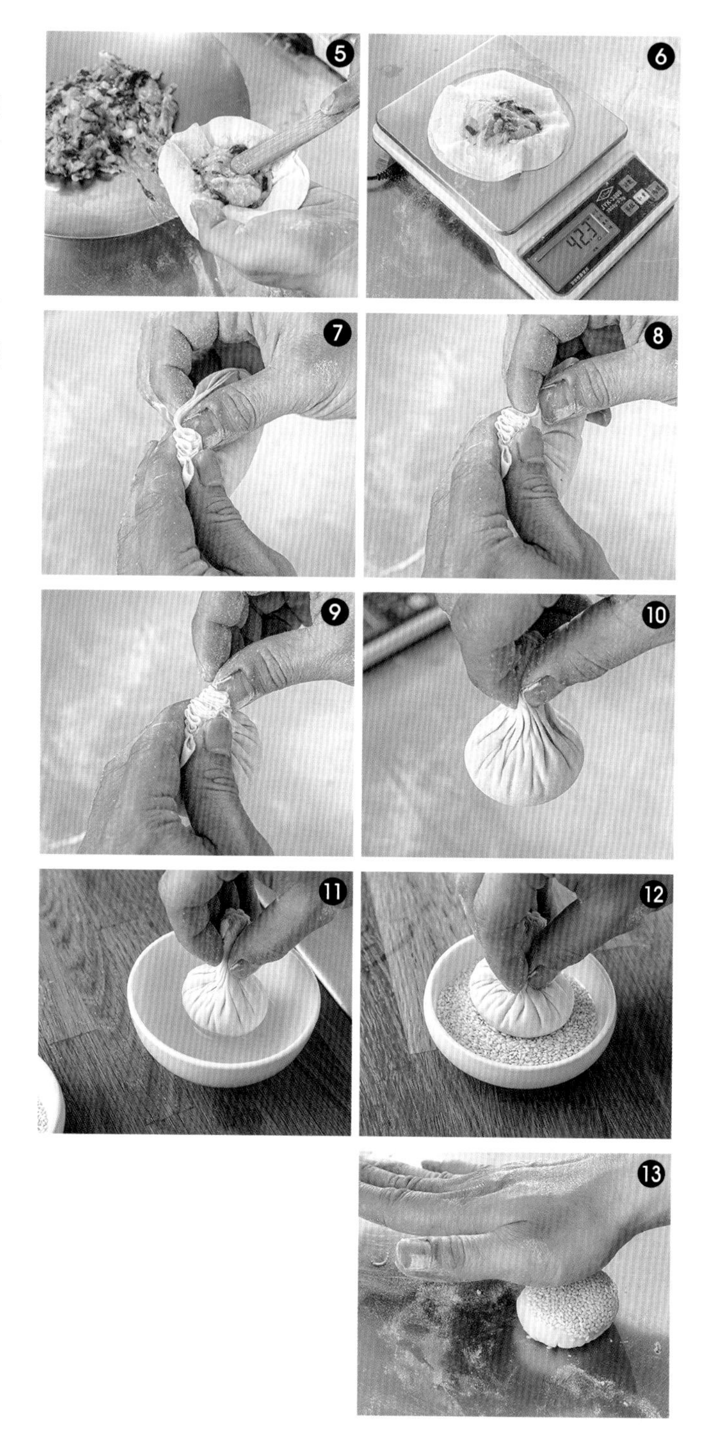

1. 做好的成品可以事先蒸熟，蒸煮時間大約 6 分鐘，取出後再入平底鍋中煎至兩面金黃，這樣就能預防內餡沒有煎熟的情況發生。

燙麵麵食

14
蝦仁燒賣

港式飲茶裡熱賣的商品之一，
只要掌握好調餡步驟，
在家就能完美複製上桌

材料

份量：21 顆
使用器具：蒸籠
最佳賞味期：室溫 1 小時
冷藏：3 天
冷凍：30 天

| 外皮 |

市售小黃皮 … 21 張
（可在蝦皮等購物網站購得）

| 餡料調味料 |

後赤腿絞肉 … 200g
小蘇打粉 … 1.25g
太白粉 … 2.5g
水 … 17g
香菇粒 … 15g
草蝦仁 … 150g
（建議購買帶殼鮮蝦，再自己剝成蝦仁。）
太白粉 … 10g
鹽 … 3.5g
糖 … 13.5g
美極 … 3.5g
白胡椒 … 0.6g
白表粒 … 115g
大地魚粉 … 0.6g
麻油 … 1.25g
香油 … 15g
豬油 … 10g

製作步驟

| 製作內餡 |

01 後赤腿絞肉放入鋼盆中，加入小蘇打粉、太白粉、鹽、胡椒粉 ❶，充分攪勻 ❷。

TIPS：如果是買整塊的後赤腿肉，可以把筋膜修除，以免影響口感，並且加入 2g 的太白粉，1g 的小蘇打，以及適量的水稍微醃製 20 分鐘再剁碎。

02 先加入 1/3 的蝦仁粒打出膠質，加入糖、大地魚粉、美極打勻 ❸。

TIPS：攪拌時以同一方向進行，更容易拌出膠質。

03 再加入 1/3 蝦子打勻後，加入香菇粒，以及剩餘的蝦子、豬油、白表粒打勻 ❹-❺。

04 繼續加入麻油、香油一起攪拌均勻後即為燒賣餡 ❻-❼，放入冰箱冷藏 30 分鐘，這樣燒賣餡吃起來的口感會更加彈牙爽口。

| 包餡料理 |

01 取一張小黃皮，一手托好麵皮，把餡料往餅皮的中心壓入，而虎口同時也往內縮，就能包裹成外皮有皺摺花朵感的外型，包入內餡後共 29 克 ❽-❿，其他的燒賣依序完成，放入蒸籠中 ❾-⓬。

02 鍋中放入適量的水煮滾，放入蒸籠，以大火蒸 11 分鐘即可取出。

1. 燒賣要放入蒸籠之前，要在底部先墊上蒸籠布或是烘焙紙，可以預防沾黏。

燙麵麵食

15
牛肉餡餅

大廚不外傳的美味餡料配方，
在這道料理完整體現，
在咬下第一口，
鮮美的湯汁同時也會流溢出來！

材料

份量：10 個
使用器具：平底鍋
最佳賞味期：室溫半天
冷藏：3 天
冷凍：30 天

麵皮

中筋麵粉 … 480g
滾水 … 240g
冷水 … 84g

餡料調味料

牛絞肉 … 162g
白表 … 108g
蜆仔 … 27g
老薑 … 10g
蔥 … 8g
水 … 60g
糖 … 1.5g
鹽 … 2.5g
胡椒 … 2.5g
淡醬油 … 7g
香油 … 7g
美極 … 2.5g
醬油膏 … 5g
高粱酒 … 0.5g
小蘇打粉 … 0.5g
荸薺 … 適量

製作步驟

製作麵皮

01 將中筋麵粉放入鋼盆中，煮一鍋滾水❶，倒入鋼盆中，一邊倒一邊用擀麵棍攪拌❷，以擀麵棍持續攪拌讓中筋麵粉都能儘量吸收到滾水❸-❹，邊攪拌邊散熱，當略微成團且稍微降溫時，可以用手揉製成團❺-❻。

02 邊壓邊揉，讓成團速度更快，接著加入冷水❼，再繼續搓揉麵團，直到揉到盆光、手光、麵團呈現光滑狀即可❽，揉好的麵團蓋上擰乾的溼布，靜置鬆弛約 30 分鐘。

03 把鬆弛好的麵團取出❾，搓揉成長條狀❿，用刮板均切成每份約 40g 的小麵團⓫，再一一壓成麵皮，蓋上擰乾的濕布備用。

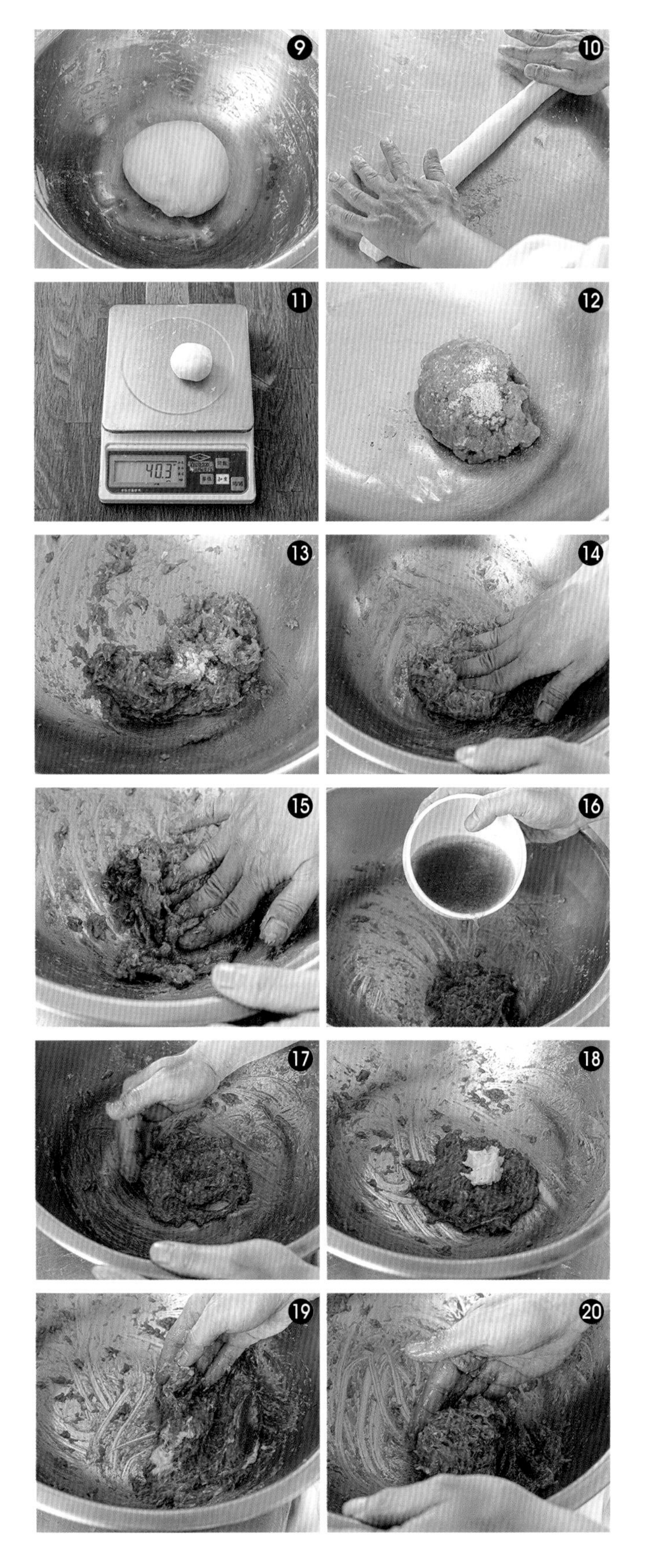

| 製作內餡 |

01 材料洗淨。蔥白、蔥綠加入 16.5g 的水用果汁機攪打均勻細緻；老薑去皮洗淨後加入 16.5g 的水用果汁機打成薑汁。蜆加入 27g 的水後放入蒸籠蒸 15 分鐘，取出，過濾後備用。

02 牛絞肉放入鋼盆中，加入鹽、胡椒粉⓬，略微攪拌一下，加入糖，充分攪勻⓭-⓮。

03 繼續加入小蘇打、高粱酒、醬油膏、美極、淡醬油充分拌勻⓯，再分次加蔥汁、薑汁、蜆水⓰，攪拌到完全被絞肉吸收⓱。

04 再放入表白，並且攪拌均勻⓲-⓳。加入切碎的荸薺，最後加入香油再一起拌勻⓴，放入冰箱冷藏大約 20-30 分鐘備用。

TIPS：調拌完成的餡料放入冰箱冷藏一段時間，可以讓肉餡的水分較為收斂，這樣在包製的過程，比較不會破皮露餡。

包餡料理

01 取一張麵皮，包入 80g 的內餡㉑-㉒，一手托好麵皮與餡料，同時也負責轉動麵皮，拇指則負責將餡料壓好，另一手則抓住麵皮摺出摺數，邊旋轉邊摺，最後將頂端的麵皮擰掉後壓扁㉓-㉗。其他的餡餅依序完成。

02 鍋中放入 1 大匙的油燒熱，放入餡餅煎至兩面金黃至熟，即可取出㉘。

TIPS：煎製餡餅的火力不能過大，要用小火，慢慢將其煎熟，如果使用的火太大，有可能造成外皮已經煎出漂亮的金黃色，但是裡面的餡料沒有熟的結果。

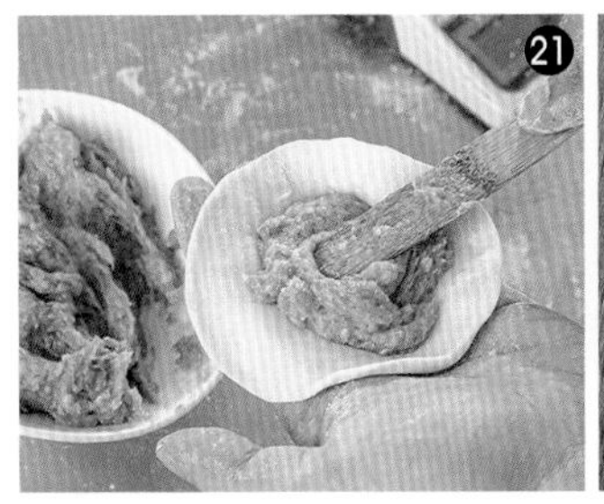

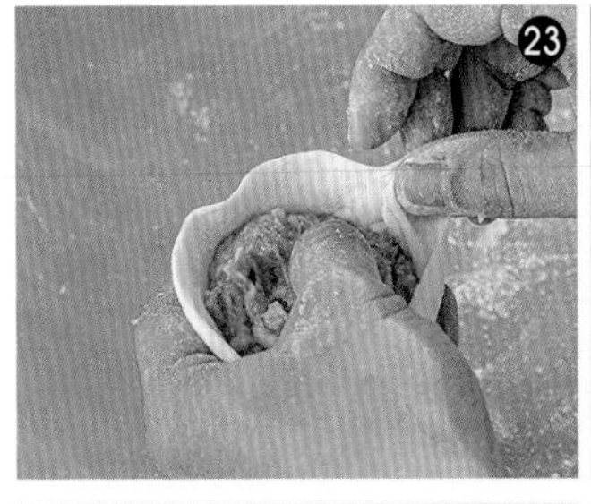
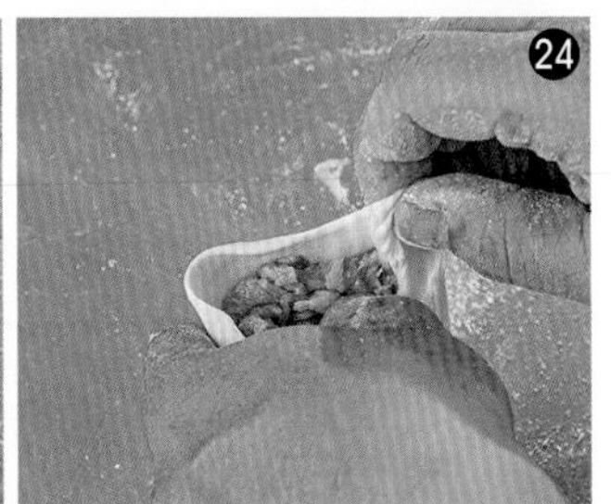
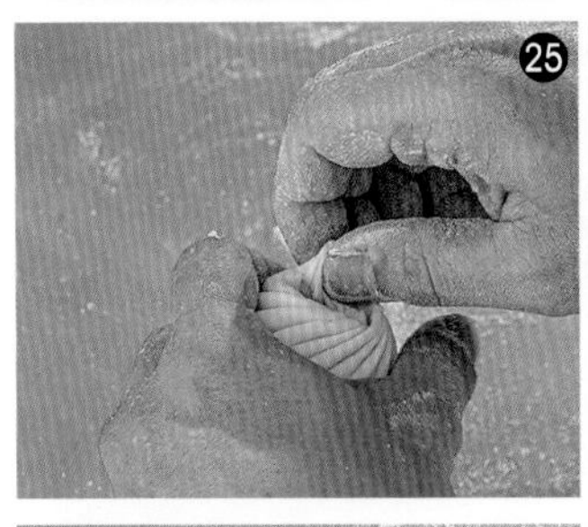
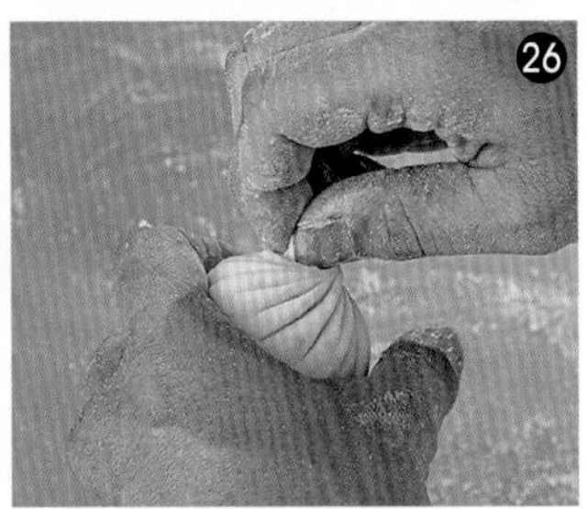

1. 最美味的餡餅，就是要能夠達到皮Q餡厚的基本要求，因此以半燙麵手法製作出來的餡餅，不僅麵皮的彈性與韌性均佳，看似膨鬆的表皮，一口咬下，卻是滿滿的厚實感。

湯麵麵食

16
豬肉餡餅

煎到有些香脆的麵皮，搭配鮮美肉餡，
好吃不油膩，每一口都很夠味！

〈 份量：10 個
使用器具：平底鍋
最佳賞味期：室溫半天
冷藏：3 天
冷凍：30 天 〉

材料

| 麵皮 |

中筋麵粉 … 480g
滾水 … 240g
冷水 … 84g

| 餡料調味料 |

豬後腿赤絞肉 … 162g
白表〈豬背生豬油〉 … 108g
蜆仔 … 27g
老薑 … 10g
蔥 … 8g
水 … 60g
糖 … 1.5g
鹽 … 2.5g
胡椒 … 2.5g
淡醬油 … 7g
香油 … 7g
美極 … 2.5g
醬油膏 … 5g
高粱酒 … 0.5g
小蘇打粉 … 0.5g
太白粉 … 2g
小蘇打 … 1g
水 … 適量

製作步驟

| 製作麵皮 |

01 將中筋麵粉放入鋼盆中，將滾水倒入❶，用攪拌棍攪拌，讓麵粉都能沾裹到滾水❷-❸，用手將麵團捏拌成團❹-❺，再加入冷水，邊壓邊揉❻-❼，麵團揉到盆光、手光、麵團呈現光滑狀❽，即可在揉好的麵團蓋上擰乾的溼布，靜置鬆弛約 30 分鐘。

02 把鬆弛好的麵團取出，邊滾邊整型成長條狀❾，握緊其中一端，用另一手掰下一段麵團，其他麵團依序掰成大小一致重約 40 g 的小麵團❿。

03 先取一分麵皮並壓扁，一手拿擀麵棍，一手旋轉麵皮，慢慢擀成中間較厚，四周較薄的薄圓片⓫，其他麵皮依序完成。

| 製作內餡 |

01 材料洗淨。蔥白、蔥綠加入 16.5g 的水用果汁機攪打均勻細緻；老薑去皮洗淨後加入 16.5g 的水用果汁機打成薑汁。蜆加入 27g 的水後放入蒸籠蒸 15 分鐘，取出，過濾後備用。

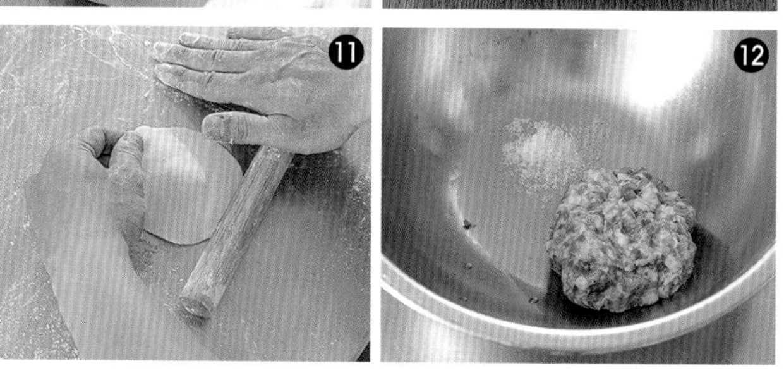

02 後赤腿肉放入鋼盆中，加入鹽、胡椒粉⓬，略微攪拌一下⓭，加入糖，充分攪勻。

TIPS：如果是買整塊的後赤腿肉，可以把筋膜修除⓮-⓯，以免影響口感，並且加入 2g 的太白粉，1g 的小蘇打，以及適量的水稍微醃製 20 分鐘再剁碎。

03 繼續加入小蘇打、高粱酒、醬油膏、美極、淡醬油充分拌勻⓰，再分次加蔥汁、薑汁、蜆水，攪拌到完全被絞肉吸收。

04 放入表白，並攪拌均勻。最後加入香油再一起拌勻，放入冰箱冷藏 20-30 分鐘備用。

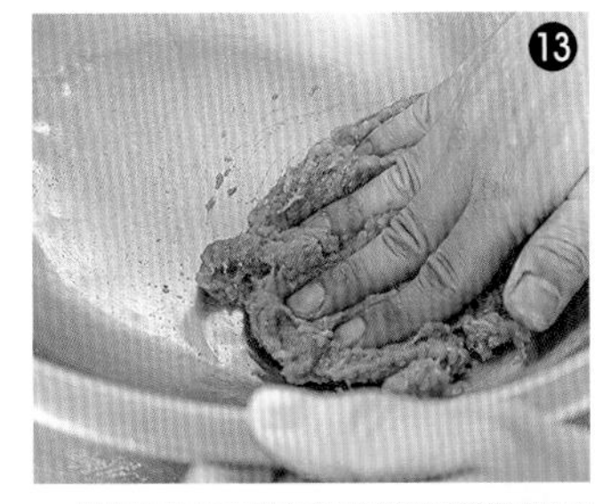

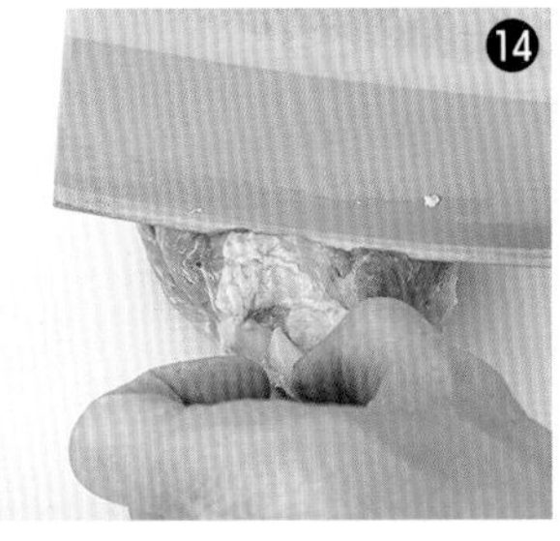

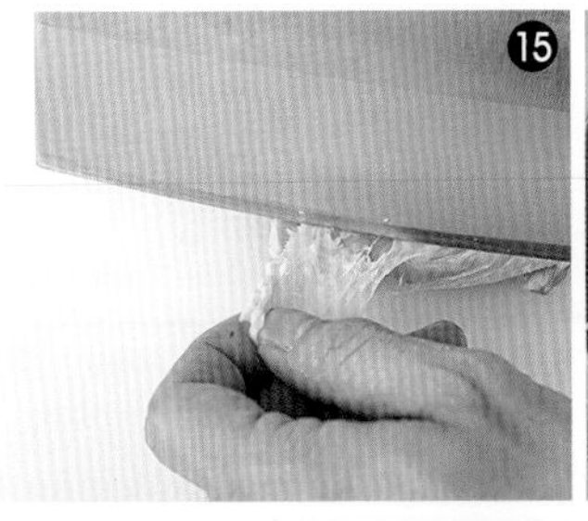

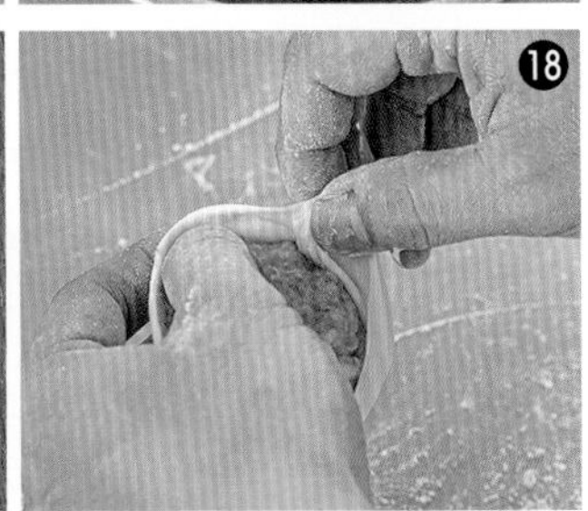

| 包餡料理 |

01 取一張麵皮，包入 80g 的內餡⓱，左手托好麵皮與餡料，同時也負責轉動麵皮，拇指則負責將餡料壓好，右手則抓住麵皮摺出摺數，邊旋轉邊摺，最後將頂端的麵皮擰掉後壓扁⓲-㉓。其他的餡餅依序完成。

02 鍋中放入 1 大匙的油燒熱，放入豬肉餡餅煎至兩面金黃至熟，即可取出㉓。

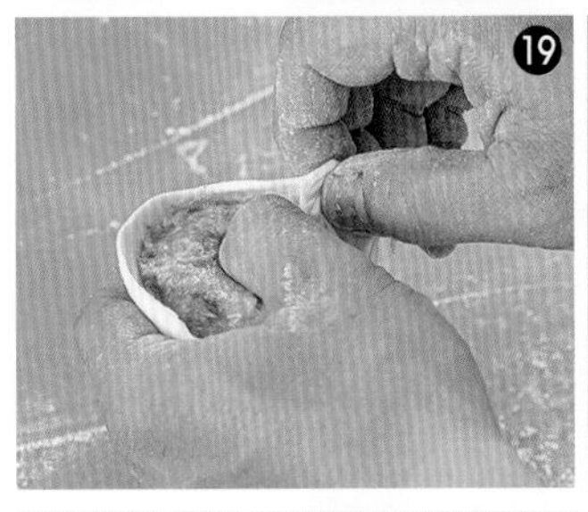

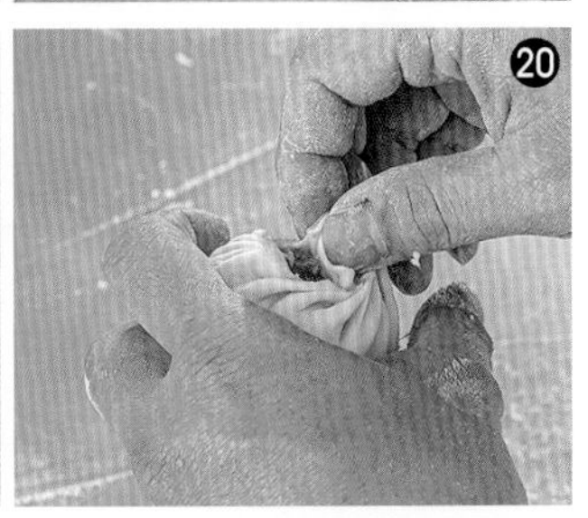

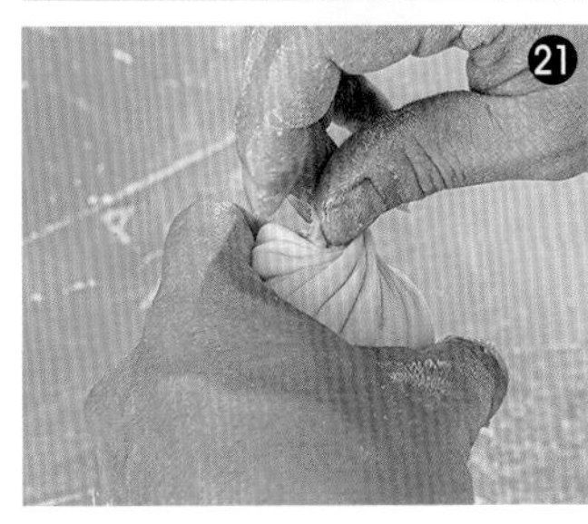

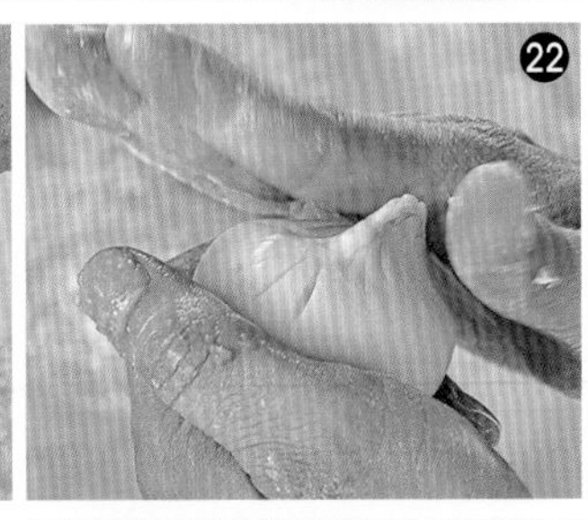

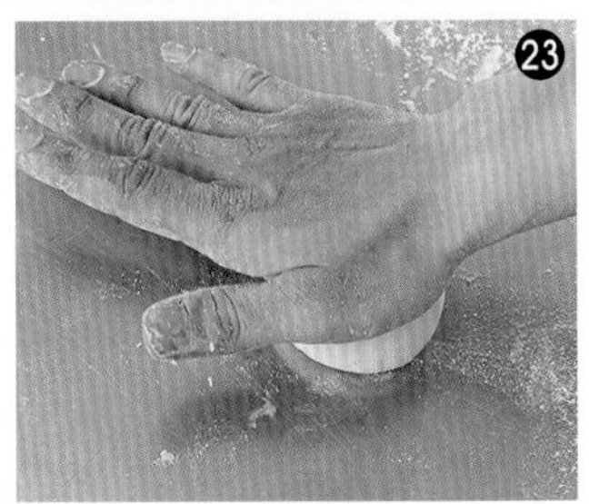

1. 以平底鍋來煎製餡餅，要特別注意火候，在煎製的過程中火力必須適中，若火太大，容易造成餡餅的內餡還沒熟，但外皮就已經焦黑了的情況；若火力太小讓煎的時間過長，會導致餡餅的內餡水分流失，就吃不到鮮嫩多汁的口感了。

燙麵麵食

17 牛肉捲餅

一口咬下，有麵皮的酥脆，
有小黃瓜的清甜，
還有著京醬濃郁醬香，
以及牛腱肉的 Q 軟彈潤，
值得細細品嚐！

〈
份量：10 份
使用器具：平底鍋
最佳賞味期：室溫半天
冷藏：2 天
冷凍：30 天
〉

材料

| 麵皮 |

薄蔥油餅 … 10 張（作法見 P.055）

| 餡料調味料 |

京醬

甜麵醬 … 90g
味醂 … 17g
芝麻醬 … 8g
番茄醬 … 8g
米酒 … 50g

水

糖 … 27g

| 滷牛腱 |

牛腱心 … 1 顆
草果 … 3g
月桂葉 … 1 片
八角 … 1 粒
冰糖 … 37.5g
花椒 … 0.5g
桂皮 … 1.5g
蔥 … 1 根
蒜 … 1 顆
辣椒 … 1 根
蠔油 … 37.5g
醬油 … 75g
老抽 … 20g
米酒 … 37.5g
水 … 1000g
辣豆瓣 … 20g

| 配料 |

小黃瓜絲 … 適量

製作步驟

|製作醬料|

京醬

01 鋼盆中放入甜麵醬，倒入清水後攪拌均勻❶，再依序加入味醂、番茄醬、芝麻醬一起攪拌均勻❷。

02 再慢慢加入米酒拌勻，最後加入糖一起攪拌均勻，直到酒味散發，放入鍋中煮滾，即可倒出備用。❸-❺。

|滷煮牛腱|

01 將牛腱心燙過後，用流動的水清洗乾淨；將蔥、蒜、辣椒炸至金黃備用❻。

02 鍋中放入辣豆瓣，炒至變色，撈起後備用❼。

03 鍋中放入油，再放入冰糖，慢慢炒至融化，且變成咖啡色❽-❾。

04 加入醬油、蠔油、米酒、水煮至糖融化❿。

05 再加入炒過的辣豆瓣、老抽、一起攪拌均勻後⓫，將草果、月桂葉、八角、花椒、桂皮放入⓬-⓭，再將炸好的蔥、蒜、辣椒先放入鍋中煮15分鐘後⓮-⓰，再放入清洗乾淨的牛腱心，並將所有辛香料全部以疏籬杓撈起⓱。

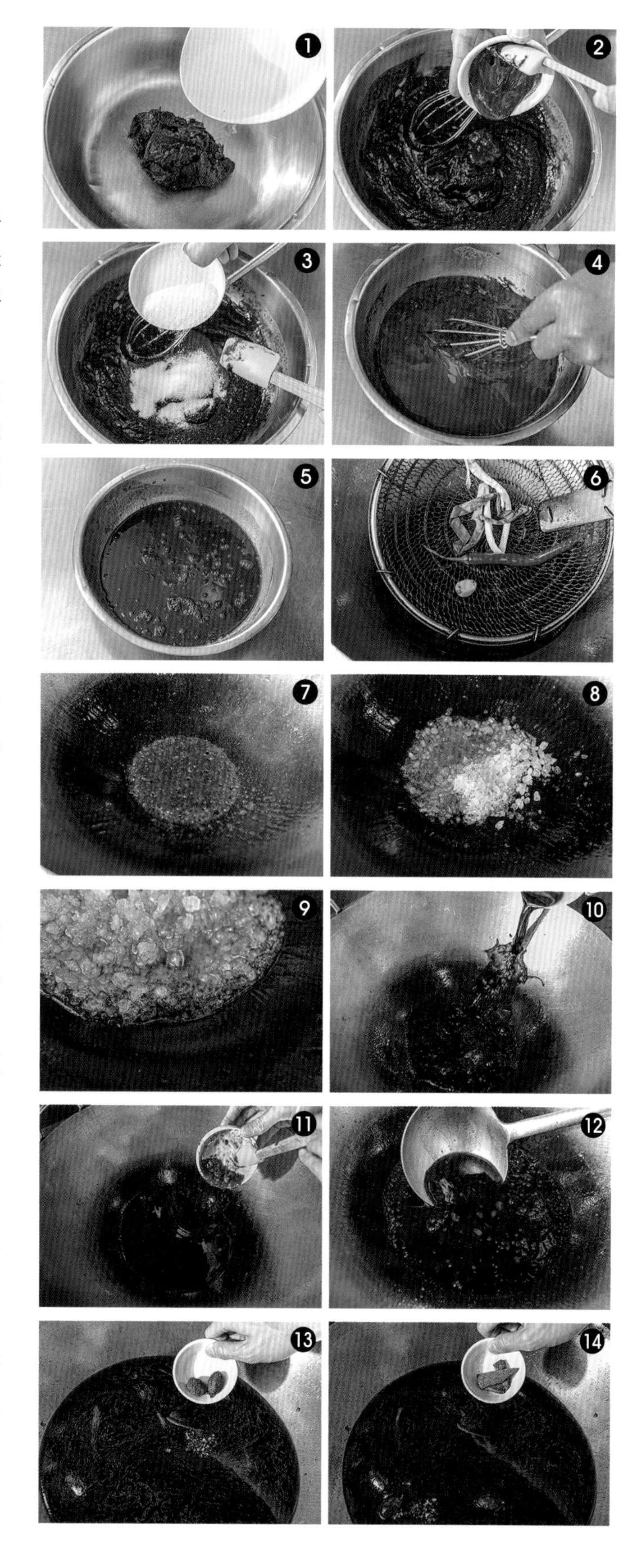

06 轉成小火，燜煮約 40 ～ 50 分鐘至熟透，可以拿筷子搓一下⑱，如果可以輕易穿透，放涼後即可切片備用。

| 包餡料理 |

01 蔥油餅煎約 5 分鐘，直到至兩面金黃即可取出。

02 在蔥油餅下方 1/3 處，均勻塗上適量的京醬⑲，放上牛腱片、小黃瓜絲⑳-㉑，捲起來㉒-㉔，兩邊切掉，再均切成三等分即可。

18
冰花煎餃

有著蕾絲花邊的華麗視覺，
入口時有薄脆的冰花、整隻蝦的鮮甜，讓人一次滿足

材料

份量：10 個
使用器具：平底鍋
最佳賞味期：室溫半天
冷藏：3 天
冷凍：30 天

| 外皮 |

市售小黃皮 … 10 張
（可在蝦皮等購物網站購得）

| 餡料調味料 |

壽司蝦 … 10 隻
冷凍花枝肉 … 109g
（花枝退冰切條，脫水絞細。）
51/60 草蝦仁 … 163g
（蝦仁洗淨、去腸泥，擦乾後絞細。）
白表 … 65g
精鹽 … 0.5g
細砂糖 … 33.75g
白胡椒粉 … 0.2g
日本太白粉 … 0.2g
澄粉 … 1g
芝麻香油 … 2g
胡麻油 … 1g
紅蘿蔔 … 25g
（去皮、切碎）
中芹 … 60g
（去葉、切碎）

| 冰花材料 |

低筋麵粉 … 40g
水 … 140g
沙拉油 … 100g

製作步驟

| 製作內餡 |

01 花枝漿、蝦漿、胡椒粉、太白粉、澄粉一起放入鋼盆中❶，充分攪勻並且打至出膠❷-❹，繼續加入鹽、糖粉、表白一起拌勻。

TIPS：攪拌時以同一方向進行，更容易拌出膠質。

02 再依序加入胡麻油、香油後攪拌均勻即為百花餡❺-❽。

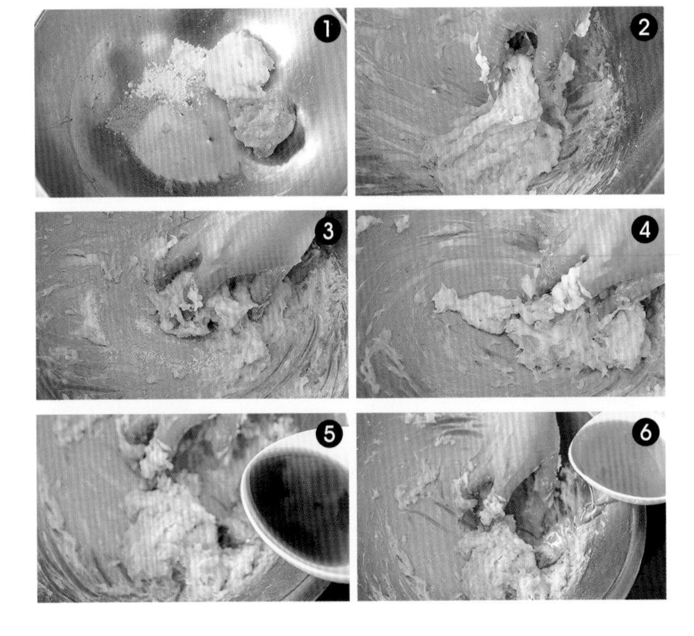

03 將百花餡放入鍋中，再放入芹菜末、紅蘿蔔末後，一起攪拌均勻後即為煎餃餡❾-❿，放入冰箱冷藏 30 分鐘，讓煎餃吃起來的口感更加彈牙爽口。

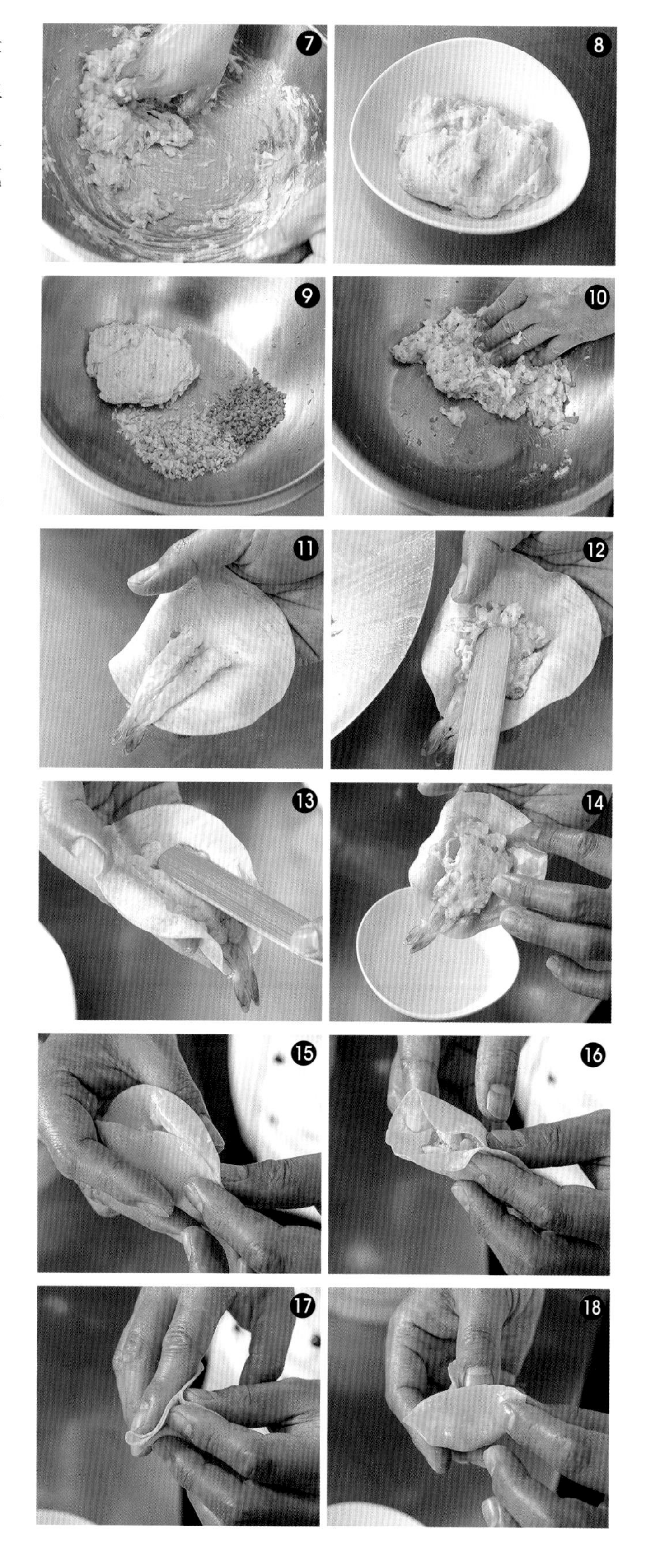

| 包餡料理 |

01 取一張小黃皮，一手托好麵皮，先放壽司蝦，再將煎餃餡共 30 克放在蝦上，以內餡匙將表面抹平 ⓫-⓭。

02 在麵皮的四周抹上少許的水，從蝦尾處開始捏合，直到 2/3 處將麵皮反折後成T型狀⓮-⓲，

03 T 型麵皮先取一端回折後固

定，另一側的的麵皮以同樣方式固定即完成⓳-⓴，其他麵皮依序包覆完成，放入蒸籠，以大火蒸 12 分鐘即可取出備用㉑。

04 將低筋麵粉加入沙拉油充分攪拌均勻，再加入水拌勻，並且要靜置約 20 分鐘㉒-㉔。

05 平底鍋中，以餐巾紙抹上適量的油㉕，將冰花水倒回鍋中，煮至半凝固的狀態㉖，將蝦餃整齊排放在上面，等到冰花出現漂亮金黃㉗-㉘，可以以盤子輔助，將冰花煎餃翻面㉙-㉚，即可上桌。

1. 最好可以使用鍋身較厚的平底鍋來進行，比較能做出顏色均勻的冰花。

   將蝦餃放在冰花上之後，不要馬上翻動，要觀察冰花是否已經呈現金黃，太早翻動，容易造成冰花碎裂。

2. 冰花煎餃製作時不用翻面，如果是第一次製作，建議可以拿一個比平底鍋大一點或小一點的盤子，蓋住平底鍋後直接把煎餃倒扣出去。

湯麵麵食

19 魚翅餃

咀嚼感與韌性兩者恰到好處
趁熱食用，會讓人一口接著一口停不下來

材料

份量：20 個
使用器具：蒸籠
最佳賞味期：室溫半天
冷凍：15 天

| 外皮 |

市售大白皮 … 20 張
（大白皮可以在網路上購得，會以低溫宅配的方式運送。）

| 餡料調味料 |

燒賣餡 … 350g（作法見 P.064）
紅蘿蔔絲 … 42g
木耳絲 … 42g（乾木耳泡水一晚。）
香菜末 … 21g
風散翅 … 21g（風散翅泡溫水 20 分鐘、瀝乾剪短。）
黑松露醬 … 26g

製作步驟

| 製作內餡 |

01 燒賣餡、紅蘿蔔絲、木耳絲、香菜末、風散翅、黑松露醬一起放入鋼盆中❶，

02 充分的攪勻❷。

TIPS：攪拌時以同一方向進行，更容易拌出膠質。

| 包餡料理 |

01 取一張大白皮，一手托好麵皮，放入魚翅餡共 30 克❸-❹，以內餡匙將表面抹平。

02 對折後，從一邊開始摺出皺摺❺-❻，最後以虎口在皺摺頂端用力一夾固定，將內餡完全包覆住❼-❾，即完成。其他魚翅餃一一完成，放入蒸籠中❿。

03 鍋中放入適量的水煮滾，放入蒸籠，以大火蒸 10 分鐘即可取出。

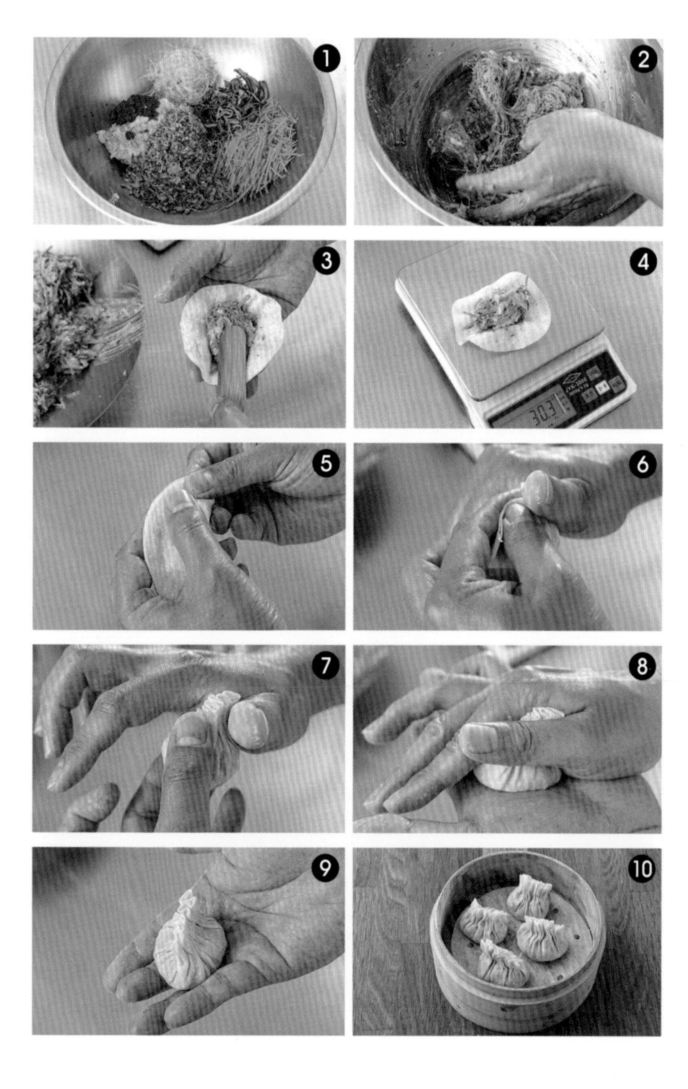

燙麵麵食

20 韭菜盒

這是一道歷久彌新的滋味，
煎到金黃的麵皮脆中帶點咬勁，
一咬下去有著滿滿的韭菜肉香。

份量：10 個
使用器具：平底鍋
最佳賞味期：室溫半天
冷藏：3 天
冷凍：30 天

材料

| 麵皮 |

中筋麵粉 … 480g
滾水 … 120g
冷水 … 84g

| 餡料調味料 |

小豆干 … 35g
（豆干切小丁。）
冬粉 … 40g
（冬粉泡水 30 分後瀝水切小段。）
韭菜 … 140g
（韭菜切小段）
蝦米 … 1.5g
（蝦米切碎後泡水，取出後瀝乾。）
絞肉 … 165g
糖 … 4g
鹽 … 0.5g
白胡椒粉 … 0.1g
太白粉 … 2.5g
薑末 … 1g
醬油 … 1g
香油 … 11g

製作步驟

|製作麵皮|

01 將中筋麵粉放入鋼盆中，煮一鍋滾水❶，倒入鋼盆中，一邊倒一邊用擀麵棍攪拌❷，以擀麵棍持續攪拌讓中筋麵粉都能儘量吸收到滾水❸-❹，邊攪拌邊散熱，當略微成團且稍微降溫時，可以用手揉製成團❺-❻。

02 邊壓邊揉，讓成團速度更快，接著加入冷水❼，再繼續搓揉麵團，直到揉到盆光、手光、麵團呈現光滑狀即可❽，揉好的麵團蓋上擰乾的溼布，靜置鬆弛約 30 分鐘。

03 把鬆弛好的麵團取出❾，搓揉成長條狀，用刮板均切成每分約 40 g 的小麵團，再一一壓成麵皮，擀成周圍較薄中間較厚的圓麵皮❿，其他麵團一一擀完，再蓋上擰乾的濕布備用。

|製作內餡|

01 攪拌盆中放入絞肉、鹽、胡椒、太白粉⓫，攪拌均勻，繼續加入糖後充分拌至起膠質⓬，加入醬油、薑末拌勻。

02 繼續加入豆干丁、韭菜、蝦米、冬粉段、香油⓭，全部一起抓拌均勻，做成內餡後備用⓮。

包餡料理

01 取一張麵皮，放入 40 克的內餡 ⓯-⓰。

02 先對折 ⓱。

03 再慢慢沿著麵皮上方一一壓實收口 ⓲，從麵皮的一側抓起一小塊麵皮後反折 ⓳-㉕，以同樣動作，在麵皮上方摺出漂亮的花邊。

04 其他韭菜盒以同樣方式，一一製作完成 ㉖。

05 平底鍋中放入適量的油，將韭菜盒放入用熱鍋冷油的方式，以小火慢慢將兩面煎至金黃熟透，即可取出 ㉗。

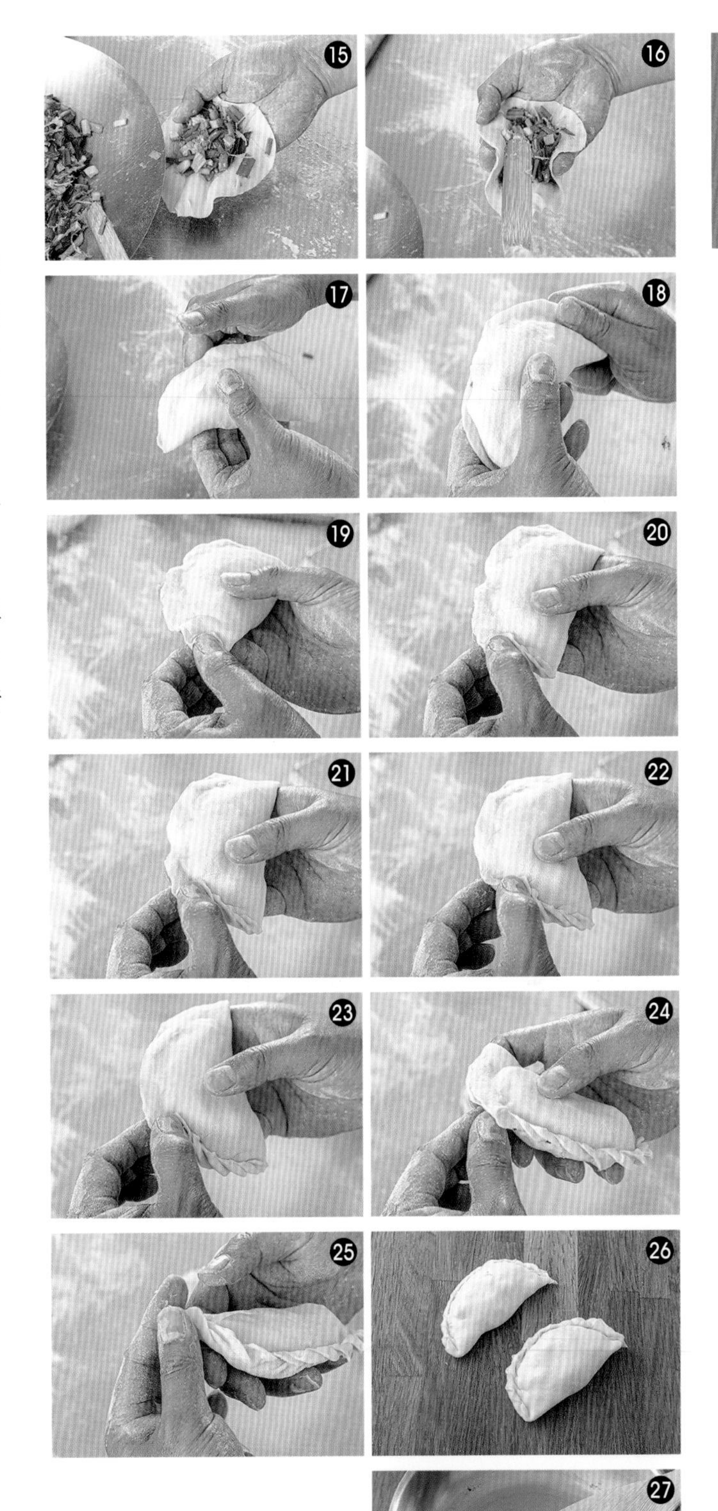

1. 煎韭菜盒時，不要一次放入過多的油，以少油小火慢煎的方式，才能吃到韭菜盒帶有酥脆口感的外皮。

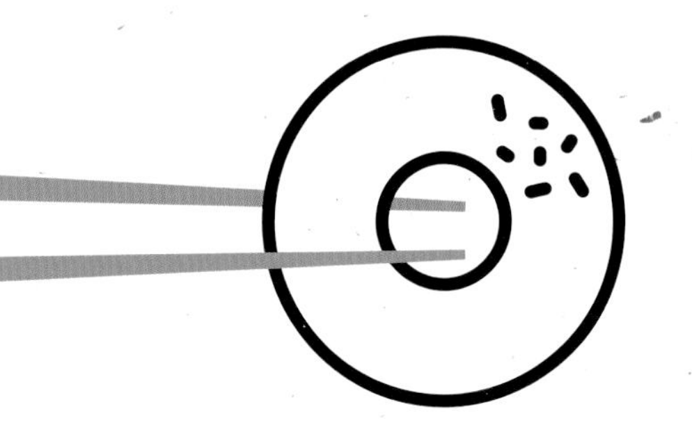

PART 2

發麵類麵點最強配方

什麼是發麵麵點？
發麵類有哪些分類？

所謂的發麵麵點，可分為發酵麵點、加了老麵麵團製作出來的老麵麵點、發粉麵點，以及在以上三種基礎上，進行不一樣料理製法的油炸麵點。基本上，發麵是利用酵母或化學膨鬆劑所產生的氣孔，讓麵團更為膨脹鬆軟，在調製發麵團時，所加入的膨大劑份量、溫度還有發酵時間，都深深影響著發麵的品質，以下，針對發酵麵食進行更深入的說明。

發酵麵點的製作重點有哪些？

製作發酵麵點的基本製程大多為秤料→攪拌、揉製→基本發酵→切割、整形→調理。將配方中所有材料一次加入攪拌後，直接進行操作來完成發酵的方法，所以又稱為直接發酵。這個方法十分簡便而實用，製作出來的麵團會有更佳的香味。

口感特性：口感膨鬆、柔軟。

應用範圍：雙色饅頭、銀絲捲、花捲、壽桃、發糕、芋兔包、水煎包

製作重點

❶ 把握三光原則

所謂的三光，就是手光、盆光、麵團光，揉勻到麵團表面光滑不黏手，再將揉好的麵團依照食譜配方分割成所需大小，壓平擀開成圓麵皮，即可包入各種餡料，此外揉麵時做甩麵的動作可加速麵團的黏性，使麵團揉合更快完成。而在製作方法上，可分為手工揉麵及機器攪拌兩種方法，機器攪拌法可節省時間及人力，但因機器揉麵時力道比較強，會磨擦生熱使麵團溫度升高，破壞麵團中麵筋的筋性及讓麵團產生酸化。

❷ 酵母要先以溫水進行水合作用

製作發麵麵團前，最重要的一個動作就是事先將酵母放入攝氏約 25-38℃ 的溫水中進行水合作用，加入的溫水約 4-5 倍酵母的水量，大約放置 5-10 分鐘，讓酵母恢復原來新鮮狀態時的活力，才不致影響品質。

水和麵粉的比例與冷水麵團一樣為 1：3，在水和麵粉調勻後，即可開始反覆搓揉，直到麵團光滑不粘手為止，揉好的麵團蓋上濕布，靜置至麵團膨脹，發酵時間依環境狀況而不同，溫度的增減可以觀察麵團是否膨脹至原來的 2 倍大。

TIPS 冷水麵團、溫水麵團、燙麵麵團、發麵麵團超級比一比

麵團種類	冷水麵團	溫水麵	燙麵麵團	發麵麵團
水溫	低於 30℃	60℃	95℃ -100℃以上	麵團需在 28-30℃的環境
製作要訣	在水和麵粉調勻後，必須反覆搓揉，直到麵團光滑不粘手，靜置一下。	將所有材料一起倒入鋼盆中，攪拌所有的材料，待水完完全全融入麵團中，開使用力揉麵，揉麵方式可用手掌一面按壓、一面往前方推出，反覆動作把麵團揉成光亮又柔軟。	一般調製燙麵麵團時，要先用麵粉量一半的滾水加入攪拌均勻，然後再加入適當的冷水調節麵團的軟硬度。	將麵團置於鋼盆，蓋上溼毛巾，發麵麵團最重要的一個動作就是事先將酵母放入攝氏約 30 度的溫水中進行水合作用。
適用範圍	如水餃、麵條、餛飩等，也可製作煎、烙或油炸類的製品，如煎餃等。	適合小籠湯包也適合蔥油餅、燒餅等。	最適合蒸類的製品，如蒸餃、燒賣等，也可製作煎烙或烤炸類的製品。	雙色饅頭、銀絲捲、花捲、壽桃、發糕、或油炸類的沙其馬、甜甜圈、酸菜包、營養三明治。

完全破解！發麵類麵點容易失敗的點 Q & A

Q1 為什麼蒸好的芋兔包表面有縮皺的情況？

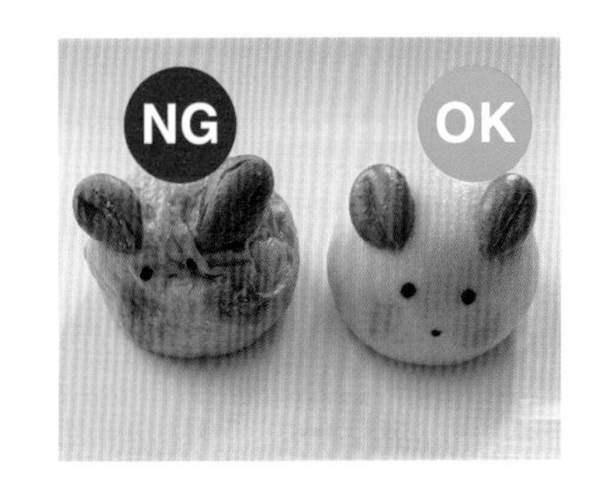

A 原本期待著開蓋時能有一隻又圓潤又美味的芋兔包，但結果蒸出來的卻是皺巴巴的模樣，不禁讓人大失所望。要預防蒸好的成品表面出現縮皺，首先要檢查看看整個製作流程中，是不是出現了問題？比如最常見就是攪拌不足、揉麵不足，或者是發酵的時間不夠等等。

精準掌握製作時的每一個步驟，對用麵粉、加對水，還有揉製、發酵等等，就一定能做出顆顆飽滿的芋兔包。

但如果以上都沒有問題，就必須再確認一下，是不是在蒸製溫度上有什麼差錯？因為只有找到原因，才能真的找到解決之道，徹底解決縮皺問題。

Q2 為什麼做出來的奶黃流沙包表面沒有光滑狀還凹陷？

A 一般來說，蒸製好的奶黃流沙包表面應該是色澤均一、非常光滑、組織結構細膩、沒有裂紋，表面不會產生氣泡，更不會有明顯凹陷才對。

如果出現了凹陷，有可能的原因是剛蒸好的那一瞬間，直接把鍋蓋打開，讓鍋裡的熱氣與鍋外的冷氣直接接觸，導致表面遇冷而回縮，就會形成凹陷。

要避免這種情況發生，在蒸好的幾分鐘之內不要急著開蓋，等溫度略微降低再打開，就能避免這種情況發生。除此之外，攪拌、揉麵不足，或者是發酵的時間不夠，這些因素也是造成表面凹陷的原因之一。

Q3 蒸出漂亮又飽滿的發酵麵食，要避免哪些容易失敗的因素？

A 首先就是要避免火力過大，因為一旦火力太大，就容易導致水蒸氣過多。
其次如果使用的是密閉蒸器，沒有保持讓氣體可以適量排出的空隙。或者是蒸好的發酵麵食，馬上就打開鍋蓋，熱氣瞬間從熱到冷，沒有稍待片刻等待降溫，這樣也很容易造成失敗。

Q4 為什麼蒸出來的發麵麵食硬梆梆，一點也不柔軟？

A 發麵麵食入口時的軟硬程度，絕大部分原因在於有沒有正確發酵？如果有確實做好發酵這項基本功，就能確保入口時的口感不會跟死麵一樣的生硬。另外，蒸的時間也至關重要，時間不夠、沒有蒸透，也會影響口感。發酵好的發麵麵食，也要等鍋裡的水燒開，才放上蒸籠，這樣蒸出來會更為膨鬆柔軟。

Q5「發酵至兩倍大」到底要怎麼判斷？

▲剛剛投入時，麵團會直接沈入水底。

▲大約 20 分鐘後，麵團會浮到 1/3 處，可以準備蒸製。

▲大約 25-35 分鐘後，麵團會浮到 1/2 處，可以進行蒸製。

A 發酵至兩倍大，理解起來可能沒有問題，但有些人很難從外觀去判斷到底到 2 倍大了沒？或者對兩倍大的定義與解讀各自不同，所以在這裡教大家利用「水球法」來確認發酵狀態。
作法是準備一個透明水杯，裝入約 8 分滿的水量，並將搓揉麵團時的耗損麵團揉圓後投入，與揉好並等待發酵的麵團，在相同的環境下同步發酵。
麵團因為在發酵的過程中，會產生二氧化碳，若產生的越多，麵團會越輕而逐漸浮出水面，當浮出 1/3 時，表示可以準備蒸製，等到浮出水面至 1/2 處，表示已經發酵完成，可以進行蒸製。

發酵麵食

01 雙色饅頭

對於不想單吃一種口味的人來說，
雙色饅頭不僅能一次吃到兩種口味，
且外型上更是討喜

材料

| 麵團 |

中筋麵粉 … 450g
低筋麵粉 … 150g
酵母 … 6g
泡打粉 … 4g
細砂糖 … 112.5g
水 … 260g
白油 … 10g
紅麴粉 … 適量

份量：5-6 個
使用器具：蒸籠
最佳賞味期：室溫
冷藏：3 天

製作步驟

| 製作麵團 |

01 將低筋麵粉、中筋麵粉、泡打粉、酵母、細砂糖放入鋼盆中❶，再將水倒入❷，用手搓揉成團，直到細砂糖融化❸。

02 邊壓邊揉，讓成團速度更快，接著加入冷水，再繼續搓揉麵團，加入白油攪拌均勻❹，直到揉到盆光、手光、麵團呈現光滑狀即可❺-❻，揉好的麵團蓋上擰乾的溼布，靜置鬆弛約 30 分鐘，再分出兩團各 300 公克，其中一團加入紅麴粉染成粉紅色❼-❿，另一團則不染，保持原色⓫。

03 把鬆弛好的白色麵團取出，擀成長方形⓬-⓮，再把鬆弛好的粉紅色麵團取出，擀成跟白色麵團一樣大小的長方形⓯。

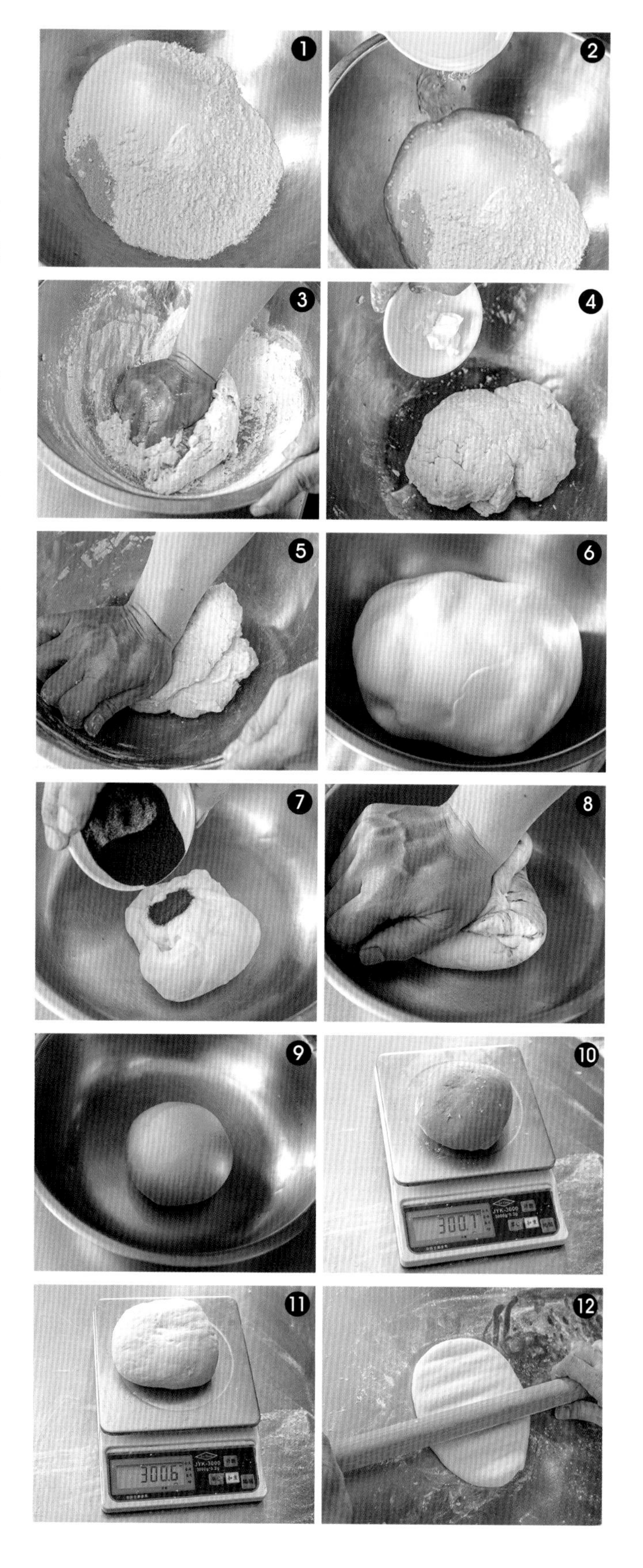

組合麵團

01 將粉紅色麵團疊放到已經有刷上一層水的白色麵團上後並壓緊⑯。

02 再從靠近身體一側的地方捲起，直到完全捲完⑰-⑳。

03 平均切 5-6 段，放入蒸籠中，發酵 30-40 分鐘㉑-㉒至二倍大。

TIPS：發酵時間會依當天的溫度而有所增減，判斷方式請參考 P.092。

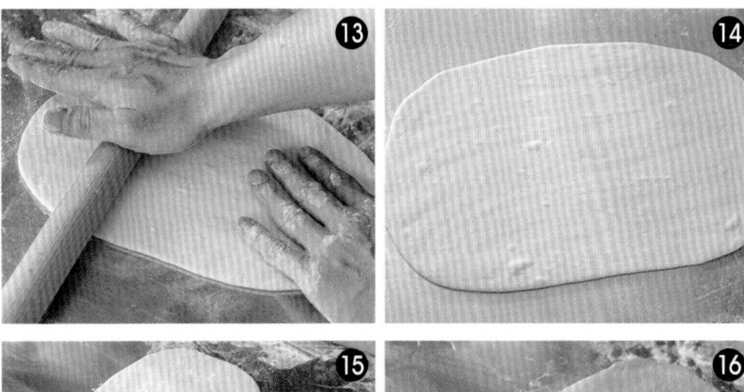

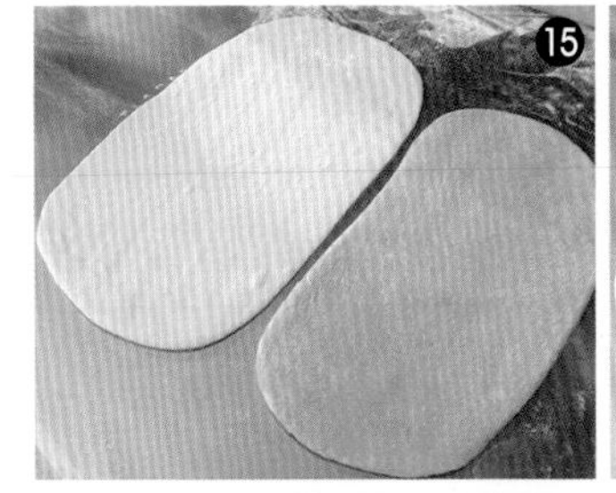

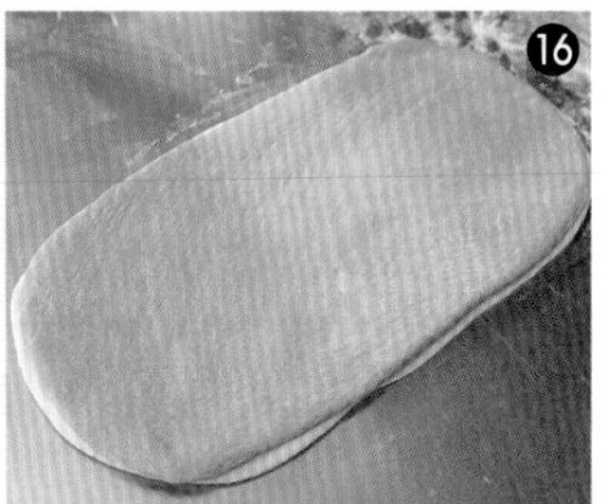

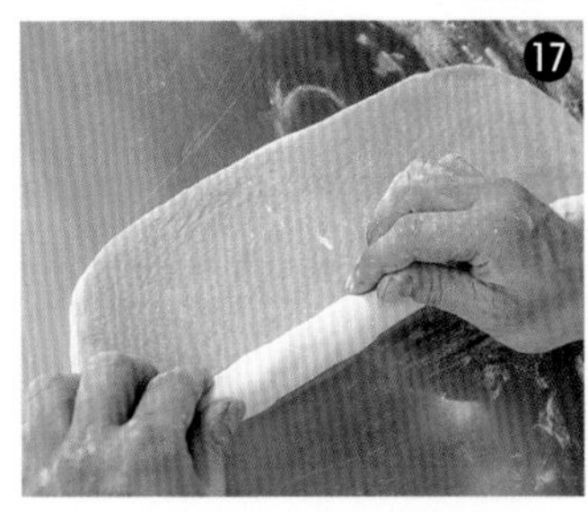

蒸製料理

01 鍋中放入適量的水煮滾，放入蒸籠，以中大火蒸 8 分鐘即可取出㉓。

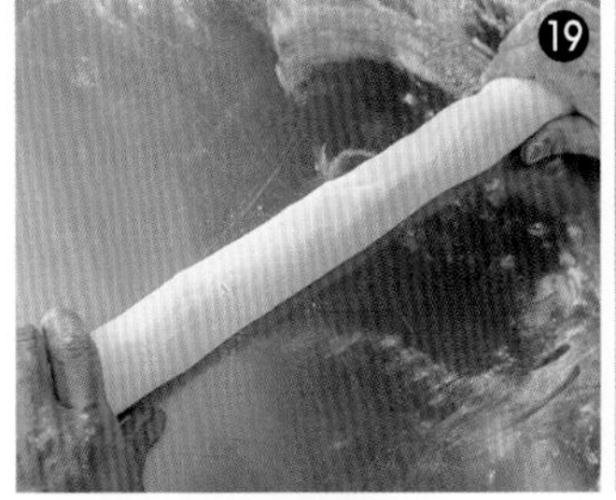

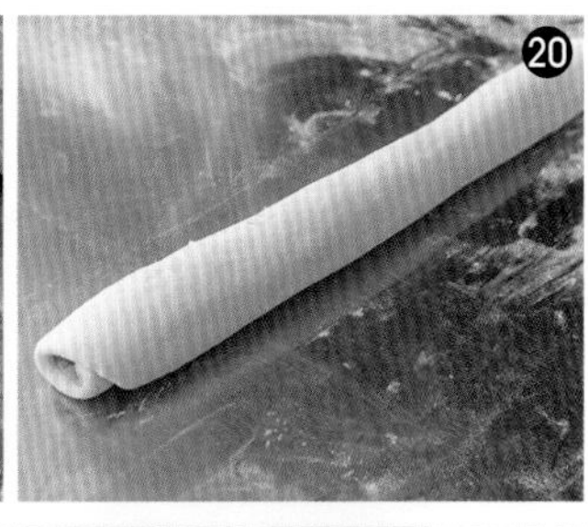

1. 揉製麵糰要把握三光原則。所謂的三光，就是手光、盆光、麵糰光，最後揉製好的麵糰，表面必須是光滑不黏手，再將揉好的麵糰依照食譜配方，分割成所需大小，壓平擀開成圓麵皮，即可包入各種餡料。
2. 如果想要加速麵糰的黏性，揉麵時做甩麵的動作，能讓麵糰揉合更快完成。
3. 紅麴粉是從紅麴米中發酵萃取出來，加在麵團中會呈現偏粉紅的色澤，由於市售紅麴粉的品項眾多，染色程度、價格也有所差別，可以依自己所需進行選購。

發酵麵食

02 銀絲捲

銀絲捲可說是中式點心的代表品項之一，
不論是蒸熟或經過油炸，
都是許多人心中的最愛

材料

| 麵團 |

低筋麵粉 … 225g
中筋麵粉 … 75g
泡打粉 … 2g
酵母 … 4g
白油 … 5g
細砂糖 … 56.25g
水 … 130g
黃梔子粉 … 適量

份量：5-6 個
使用器具：蒸籠
最佳賞味期：室溫 3 天
冷凍：1 個月

製作步驟

| 製作麵團 |

01 將低筋麵粉、中筋麵粉、泡打粉、酵母、細砂糖放入鋼盆中❶，再將水倒入❷，用手搓揉成團，直到細砂糖融化❸。

02 邊壓邊揉，讓成團速度更快，接著加入冷水，再繼續搓揉麵團，加入白油攪拌均勻❹，直到揉到盆光、手光、麵團呈現光滑狀即可❺-❻，揉好的麵團蓋上擰乾的溼布，靜置鬆弛約 30 分鐘，再分出兩團各 300 公克❼，其中 1/2 麵團加入黃梔子粉染色❽-❿，另一半的麵團則不染，保持原色即可。

03 把鬆弛好的黃色麵團取出，擀成長方形 100×20 公分⓫-⓬，再把鬆弛好的白色麵團取出，擀成跟黃色麵團一樣大小的長方形⓭-⓯。

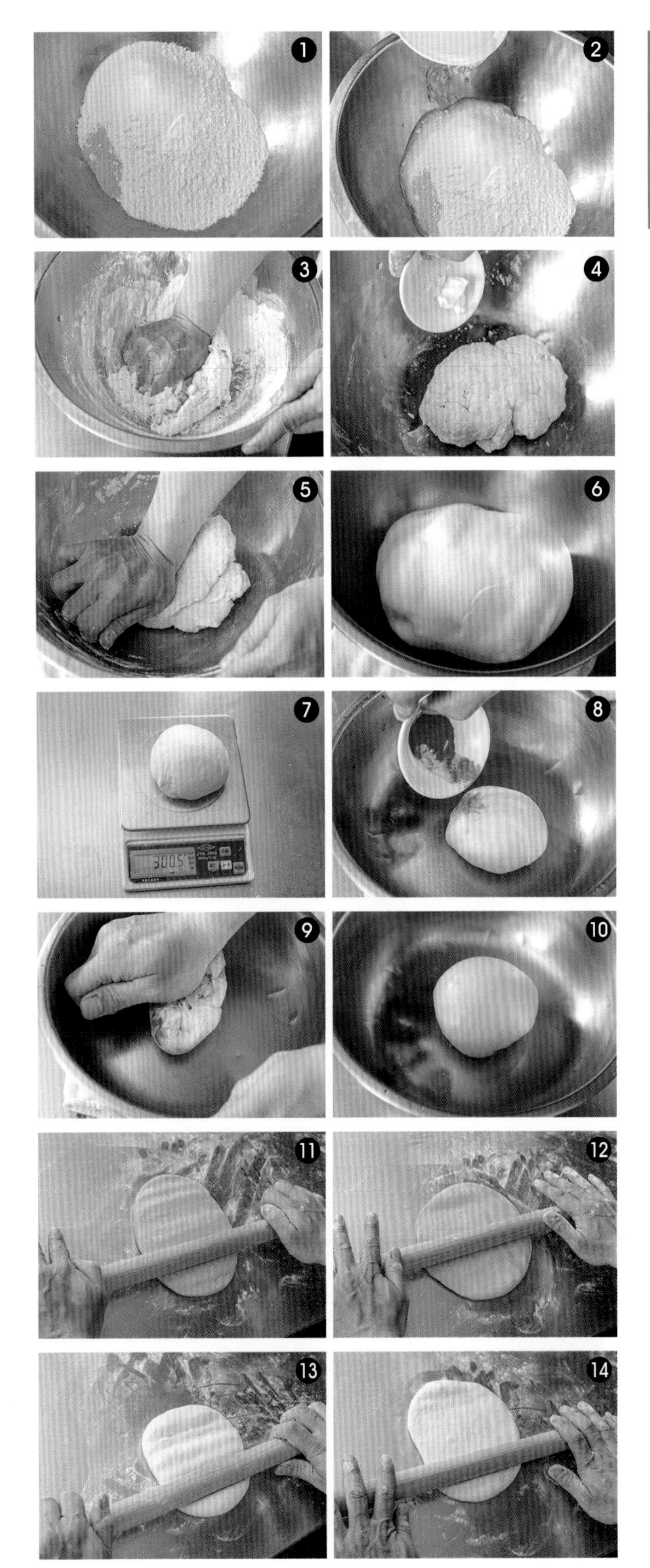

| 組合 |

01 用伸縮輪刀先將白色麵團切成10×10 公分的正方形 ⓱-⓲，大約可以切出 5 片。

02 黃色麵團同樣以伸縮輪刀切成10×10 公分的正方形 ⓳，大約可以切出 5 片。在黃色片皮上抹上少許沙拉油後切絲 ㉑。

03 在白色麵皮上，放入切絲的黃色麵絲 ㉒，包捲起來，在兩端尾端沾水包起，使麵絲不外露 ㉓-㉗，再將頭尾兩端部份切除。

04 蒸籠事先放上蒸籠紙，再將銀絲捲放入，發酵約 30 分鐘。

TIPS：發酵時間會依當天的溫度而有所增減，判斷方式請參考 P.092。

| 蒸製料理 |

01 鍋中放入適量的水煮滾，放入蒸籠，以中火蒸 20 分鐘即可取出 ㉘。

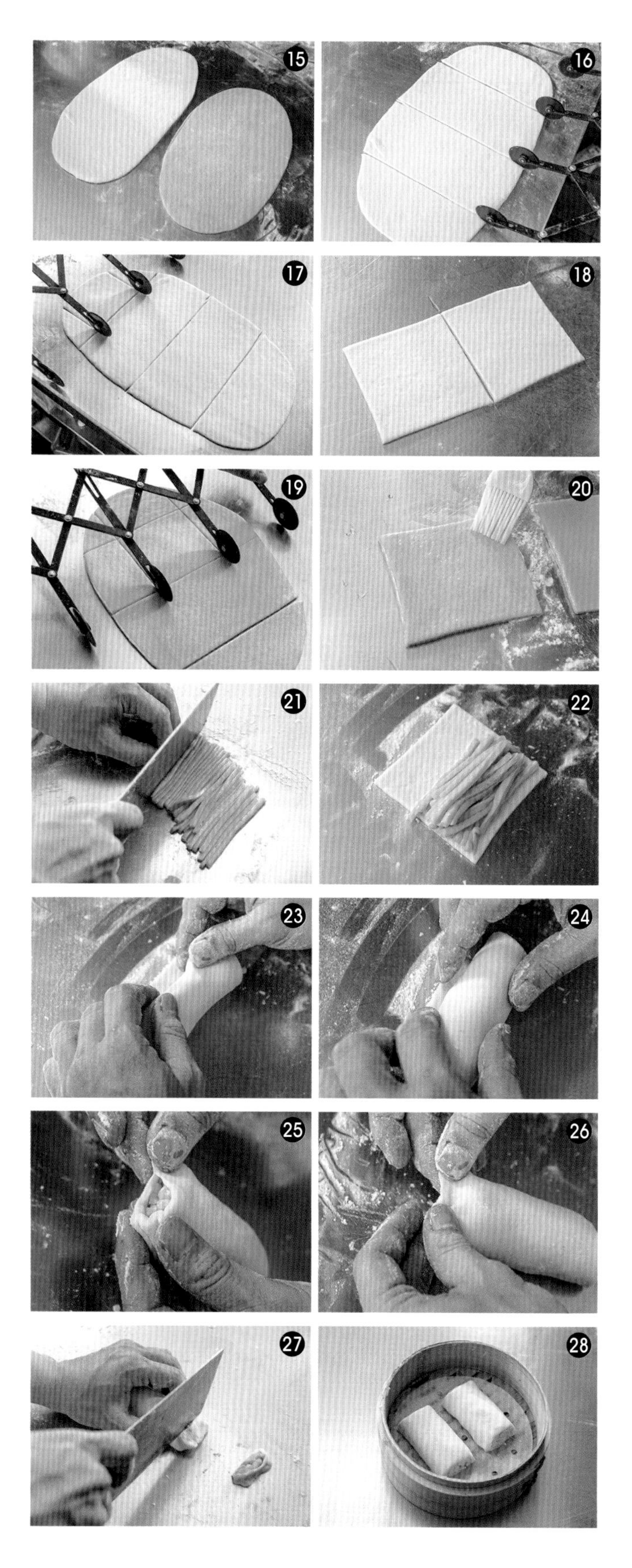

發酵麵食

03 花捲

有著滿滿蔥花香氣的花捲，
是許多人記憶中的平民美食，
略帶鹹鹹口感，煎個蛋夾在中間，
就是美味的早餐

材料

| 麵團 |

低筋麵粉 … 225g
中筋麵粉 … 75g
泡打粉 … 2g
酵母 … 4g
白油 … 5g
細砂糖 … 56.25g
水 … 130g
蔥花 … 15g
鹽 … 2g
沙拉油 … 1g

份量：15 個
使用器具：蒸籠
最佳賞味期：室溫 30 分鐘
冷藏：2 天

製作步驟

|製作麵團|

01 將低筋麵粉、中筋麵粉、泡打粉、酵母、細砂糖放入鋼盆中❶，再將水倒入❷，用手搓揉成團，直到細砂糖融化❸，

02 邊壓邊揉，讓成團速度更快，接著加入冷水，再繼續搓揉麵團，加入白油攪拌均勻❹，直到揉到盆光、手光、麵團呈現光滑狀即可❺-❻，揉好的麵團蓋上擰乾的溼布，靜置鬆弛約 30 分鐘。

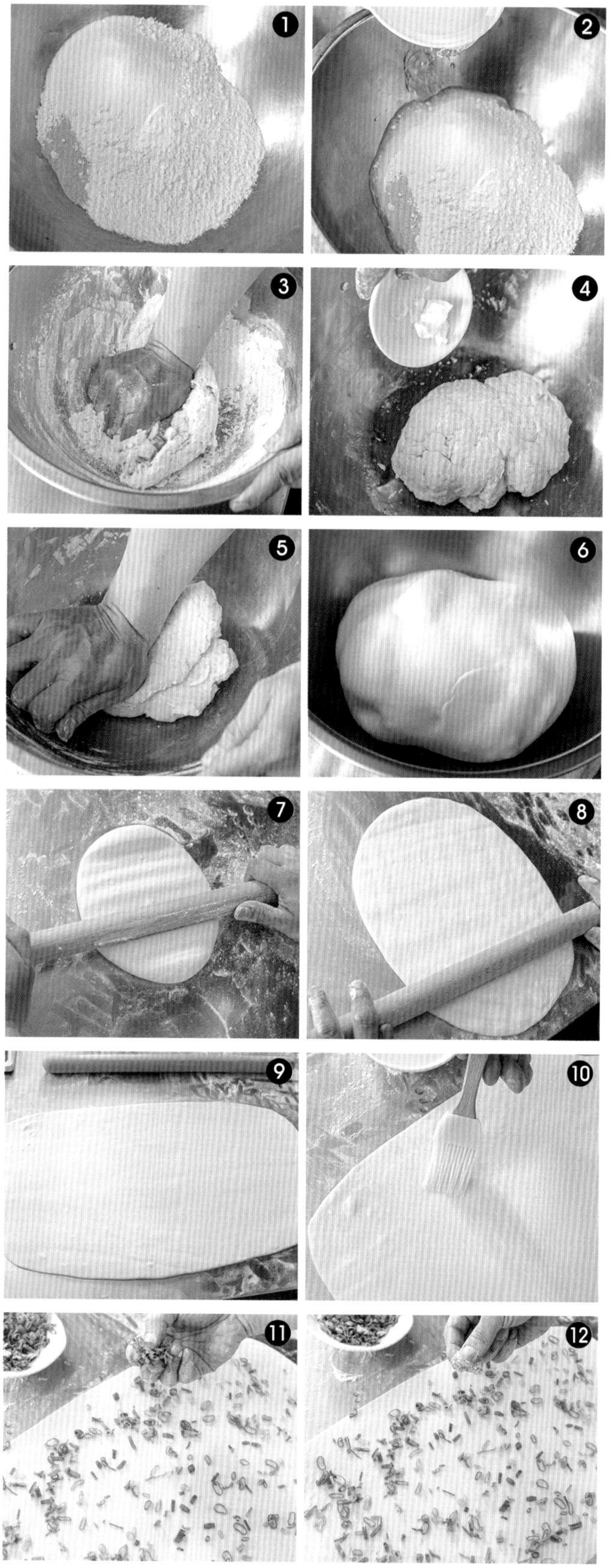

|組合|

01 把鬆弛好的麵團取出，擀成長方形 16×24 公分❼-❾，表面均勻刷上少許的沙拉油❿，再平均撒上蔥花、鹽⓫-⓬。

02 將麵團平均折成 3 折⓭-⓯，切成每塊 8×4 公分⓰-⓱。

03 將麵團兩兩相疊，用筷子橫向重力下壓後，用手抓住兩端，向左右扭轉，收口即可⓲-㉒，其他麵團依序完成。

04 將做好的麵團放入事先鋪上烘焙紙的蒸籠裡，發酵約 20-25 分鐘。

| 蒸製料理 |

01 鍋中放入適量的水煮滾，放入蒸籠，以中火蒸 15-20 分鐘即可取出 ㉓。

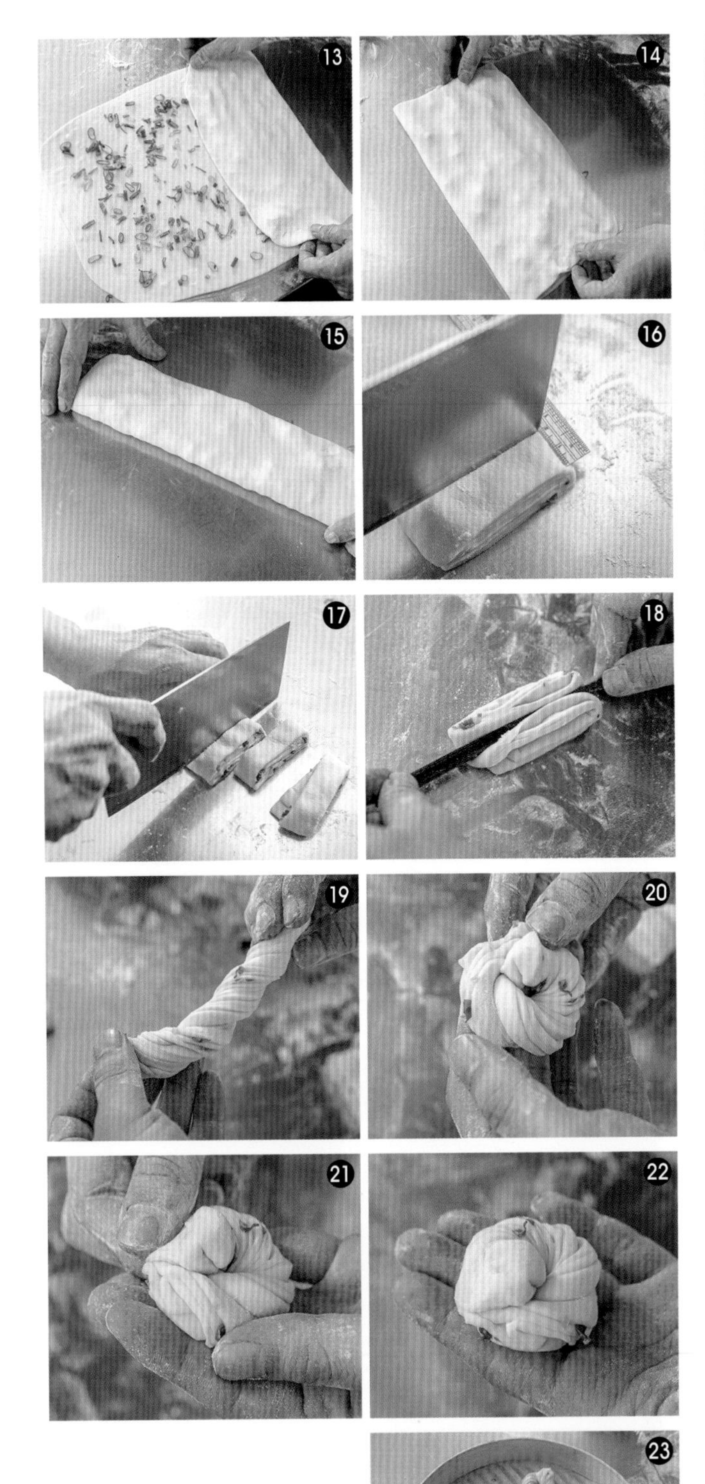

1. 麵團放入蒸籠時需保持適當距離，且避免放得太多，以免發酵後全部黏在一起。
2. 除了使用菜刀，利用伸縮輪刀先測量距離可以更輕鬆將麵團切割成等距大小。

發酵麵食

04 壽桃

自帶節慶氣氛的壽桃，
對許多人來說是回憶殺
除了有著豆沙口感的甜蜜滋味外，
做工上更富趣味

材料

份量：30 個
使用器具：蒸籠
最佳賞味期：室溫 1 小時
冷藏：2 天
冷凍：1 個月

麵團

中筋麵粉 … 150g
低筋麵粉 … 450g
泡打粉 … 4g
細砂糖 … 112.5g
乾酵母 … 6g
白油 … 10g
水 … 260g
抹茶粉 … 適量
紅色色素 … 適量

內餡

市售烏豆沙 … 450g

製作步驟

製作麵團

01 將低筋麵粉、中筋麵粉、泡打粉、酵母、細砂糖放入鋼盆中❶，再將水倒入❷，用手搓揉成團，直到細砂糖融化❸，

02 邊壓邊揉，讓成團速度更快，接著加入冷水，再繼續搓揉麵團，加入白油攪拌均勻❹，直到揉到盆光、手光、麵團呈現光滑狀即可❺-❻，揉好的麵團蓋上擰乾的溼布，靜置鬆弛約 30 分鐘，再分出兩團各 400 公克及 150 公克❼。

❶

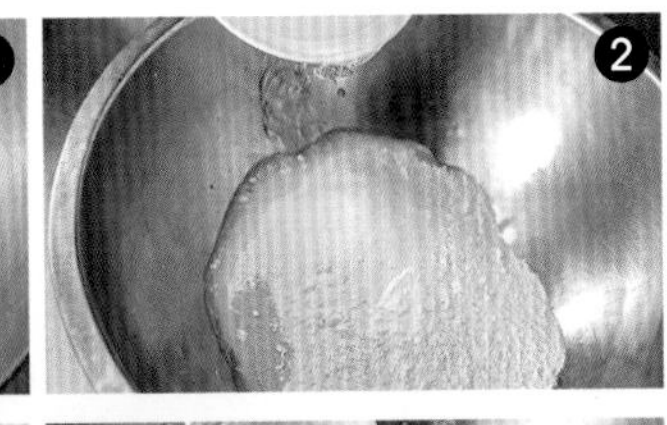
❷

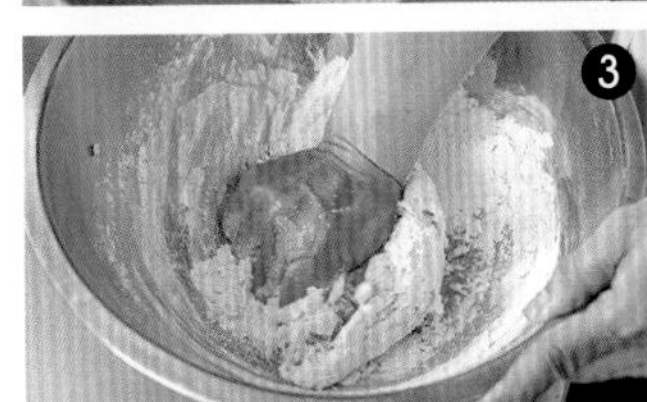
❸

❹

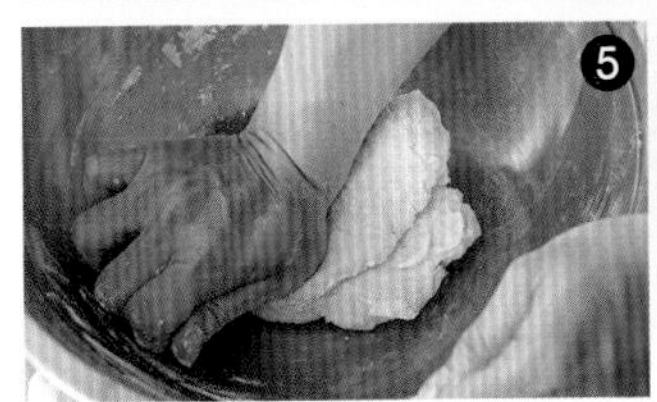
❺

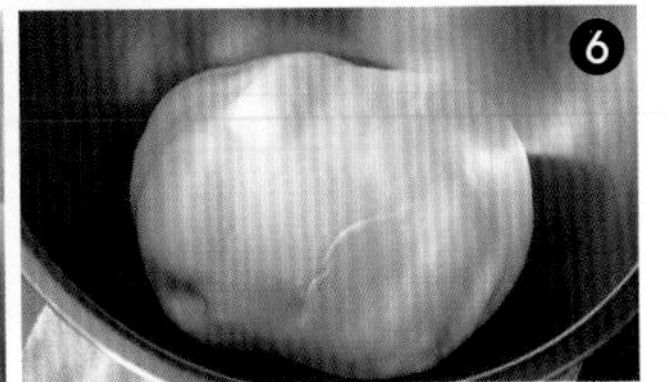
❻

❼

| 製作葉片 |

01 比較小團的那一團放入鋼盆中，加入抹茶粉後搓揉均匀成綠色麵團 ❽-❿。

02 將麵團分成每個重 1g 的小團 ⓫。

03 用兩手掌心的地方，來回搓揉，搓成水滴狀 ⓬-⓭，再壓扁，並將頂端捏尖 ⓮-⓯，用切麵刀壓出葉脈，其他的小團依序完成葉子片 ⓰-⓲。

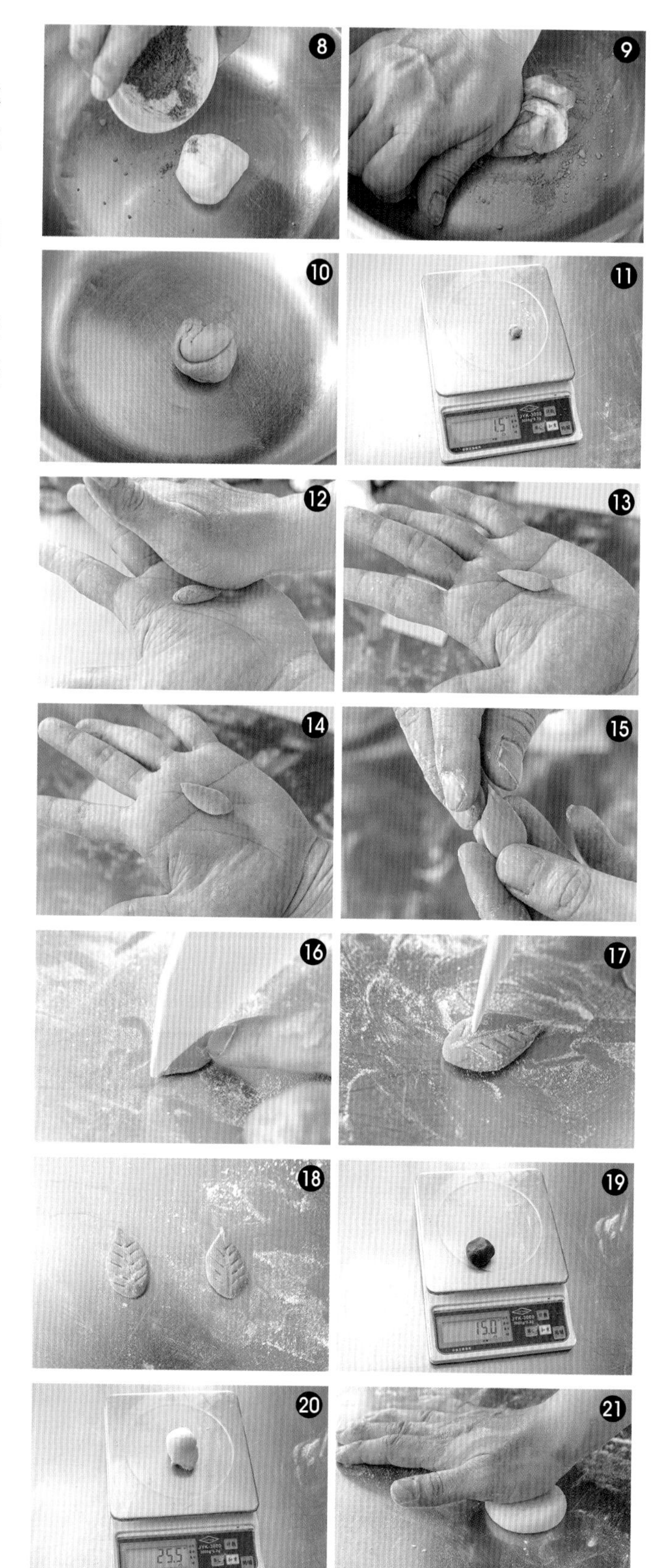

1. 如果蒸出來的壽桃在外型上感覺不夠膨鬆飽滿，就要檢查看看是不是蒸製時的蒸氣不足？在放入壽桃入鍋蒸時，蒸鍋中的水一定要裝得夠多，大約 7-8 分滿，以大火燒至沸騰才能產生足夠的蒸氣。另外就是一定要等鍋中的水燒開才能把蒸籠放入，如此才能蒸出外觀光滑飽滿的壽桃。

| 包餡組合 |

01 烏豆沙均分成一個重 15 g 的小團後搓圓 ⓳。

02 把鬆弛好的白色麵團取出，擀成長方形，再分別切割成一個重 25g 的小麵團 ⓴，壓扁後，放入烏豆沙 ㉑-㉒，並完全將其包覆起來，收口、捏緊，並將頂端拉出尖尖的形狀 ㉓-㉔，以切麵板壓線，做出桃子的形狀 ㉕-㉖。

03 將染色劑倒入鋼盆中 ㉗，可以取一支牙刷沾滿染劑，再用木匙來回壓彈牙刷，讓顏色噴灑到麵團上 ㉘-㉙。

04 但如果想要顏色上更均勻，建議買一支色素噴槍，將染劑填入後，即可均勻的噴灑到麵團上 ㉚-㉛。

05 將葉片黏到桃子的兩側，略微壓實，其餘的麵團依序完成 ㉜-㉞。

| 蒸製料理 |

01 將做好的壽桃放入事先鋪上烘焙紙的蒸籠裡，發酵約 30-40 分鐘 ㉟。

TIPS：發酵時間會依當天的溫度而有所增減，判斷方式請參考 P.092。

02 鍋中放入適量的水煮滾，放入蒸籠，以中火蒸 6 分鐘即可取出。

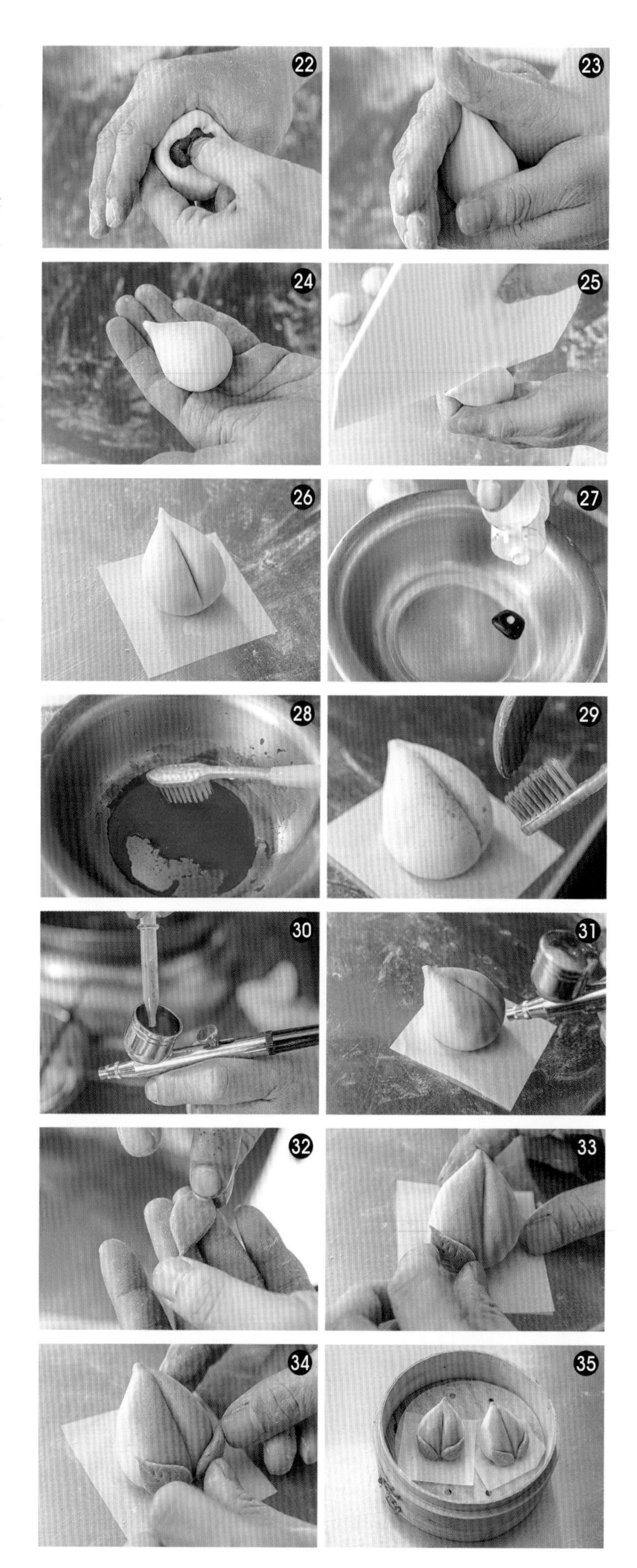

發酵麵食

05 發糕

有著滿滿復古口感的發糕，
是許多人兒時記憶裡經典的甜點之一

材料

份量：3 個
使用器具：蒸籠
最佳賞味期：室溫 1 小時
冷藏：2 天

| 麵團 |

低筋麵粉 ⋯ 236g
泡打粉 ⋯ 8g
水 ⋯ 190g
細砂糖 ⋯ 165g

製作步驟

| 製作麵團 |

01 將低筋麵粉、泡打粉、糖放入鋼盆中攪拌均勻 ❶，再將水倒入 ❷，一起攪拌至糖融化 ❸-❹。

02 最後將攪拌完成的麵糊倒入紙碗中 ❺。

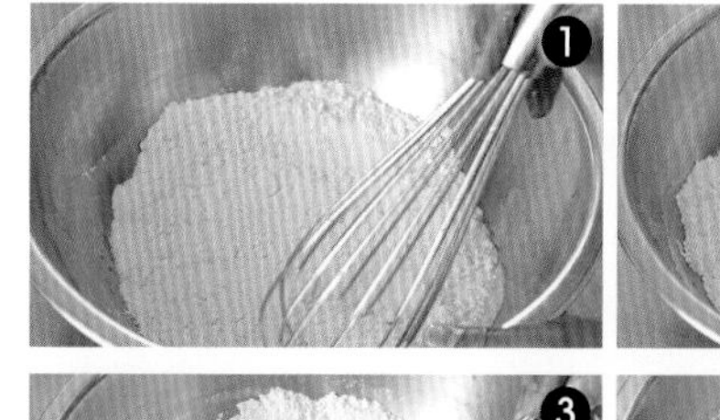

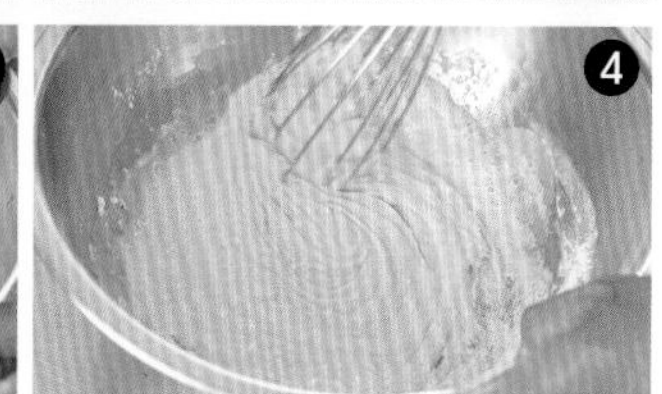

| 蒸製料理 |

01 將倒入紙碗中的麵糊放入蒸籠中。

02 鍋中放入適量的水煮滾，放入蒸籠，以大火蒸 30 分鐘即可取出。

1. 蒸製發糕所選用的蒸籠，深度要夠深，如此一來在鍋裡的水蒸氣有足夠的空間循環，這樣就能蒸出漂亮的外表。此外，竹蒸籠能吸收水蒸氣，如果使用的是不鏽鋼蒸籠，就必須在上方蓋上布巾。

發酵麵食

06 流沙包

喜歡香甜奶黃餡的人，
絕對不能錯過這道做工簡單，
口感鬆軟餡香的流沙包

份量：17-18 個
使用器具：蒸籠
最佳賞味期：室溫 1 小時
冷藏：2 天

材料

| 麵團 |

低筋麵粉 … 225g
中筋麵粉 … 75g
泡打粉 … 2g
酵母 … 4g
白油 … 5g
細砂糖 … 56.25g
水 … 130g
竹碳粉 … 11g
金粉 … 適量

| 內餡 |

奶油 … 61g
吉士粉 … 6g
奶粉 … 6g
明膠粉 … 7.5g
糖粉 … 61g
椰漿 … 32.5g
鹹蛋黃 … 4 顆
鮮奶油 … 54g

製作步驟

｜製作麵團｜

01 將中筋麵粉、低筋麵粉、泡打粉、細砂糖、酵母粉放入鋼盆中❶，攪拌均勻，再將水倒入❷，用手搓揉成團，直到細砂糖融化❸。

02 加入白油後邊壓邊揉❹-❺，讓成團速度更快，再繼續搓揉麵團，直到揉到盆光、手光、麵團呈現光滑狀即可❻，揉好的麵團蓋上擰乾的溼布，靜置鬆弛約30分鐘。

03 鬆弛好的麵團放入鋼盆中，加入竹碳粉後搓揉均勻成黑綠色麵團❼-❾。

04 將麵團搓揉成長條形❿，再均分成每個重28 g的小麵團⓫，一一整型，擀成圓片狀後備用⓬-⓮。

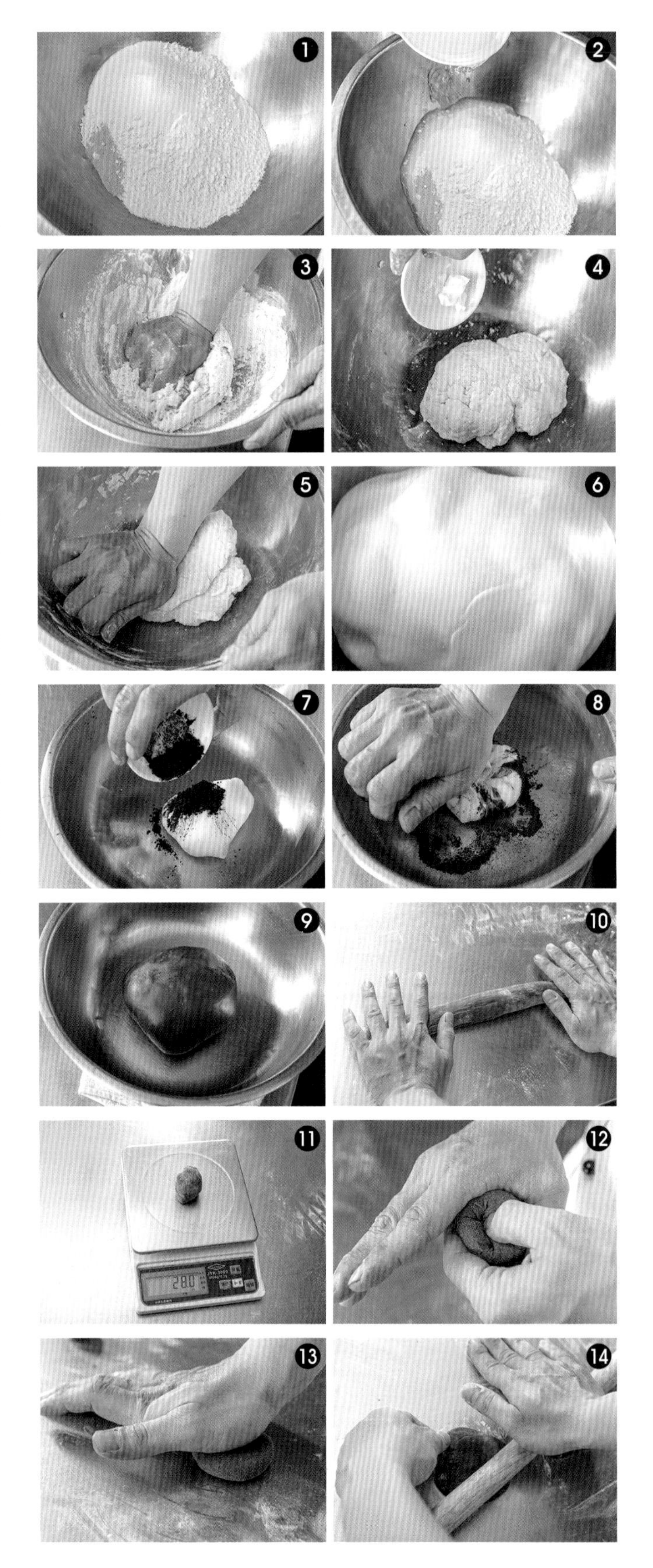

| 製作內餡 |

01 將鹹蛋黃拌入米酒去腥，放入已預熱至 170℃，或以 170℃預熱 10 分鐘的烤箱中，以上下火 170℃烤 15 分鐘，取出後放涼、切碎。

02 將吉士粉，奶粉、明膠粉、糖粉一起放入鋼盆中攪拌均勻 ⑮-⑯，再倒入椰漿後拌勻後蒸 15 分鐘 ⑰。

03 倒入蒸融的奶油後一起攪拌均勻後 ⑱-⑲。加入鮮奶油、鹹蛋黃碎後，拌勻 ⑳-㉒，倒入模具中，至凝固，放入冷藏約 4 小時。

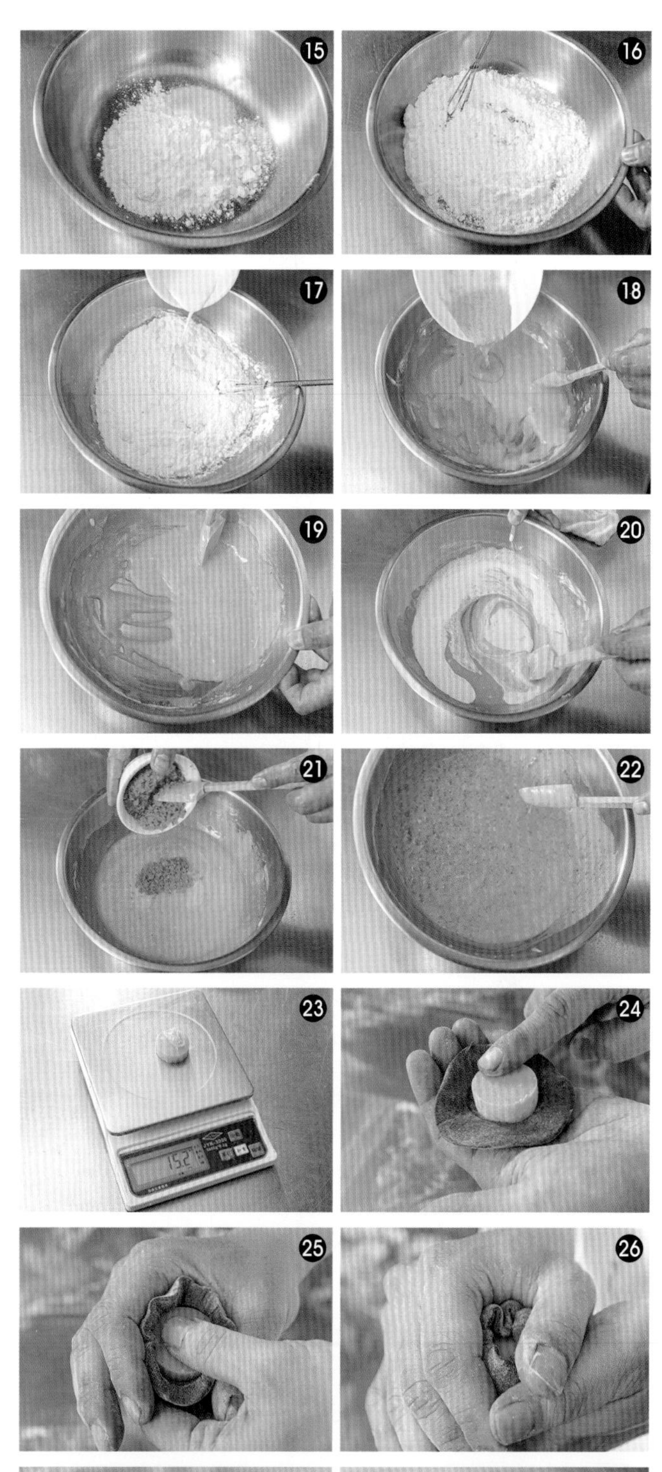

| 包餡組合 |

01 將內餡流沙餡均分成一個重 15 g 的小團 ㉓。

02 取一片麵皮，放入內餡 ㉔，並完全將其包覆起來，收口、捏緊 ㉕-㉗，其餘的麵團依序完成。

| 蒸製料理 |

01 將做好的奶黃流沙包放入事先鋪上烘焙紙的蒸籠裡，發酵約 40 分鐘 ㉞。

TIPS：發酵時間會依當天的溫度而有所增減，判斷方式請參考 P.092。

02 鍋中放入適量的水煮滾，放入蒸籠，以中火蒸 4 分鐘 30 秒即可取出，放涼後噴灑金粉即完成。

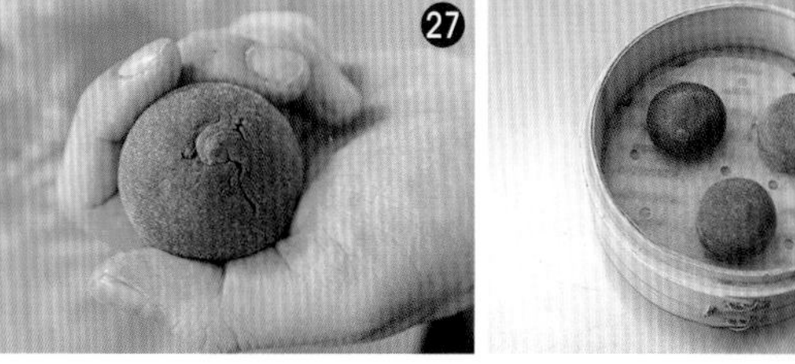

發酵麵食

07 芋兔包

造型 100%圈粉的芋兔包，
用大家都能讀懂的步驟圖解，
想要完美複製，
一點都不困難！

材料

| 麵皮 |

低筋麵粉 … 225g　酵母 … 4g
中筋麵粉 … 75g　水 … 130g
細砂糖 … 56.25g　白油 … 5g
泡打粉 … 2g　紅麴粉 … 適量

| 餡料調味料 |

去皮芋頭 … 25g　鮮奶油 28g
細砂糖 … 12.5g　白油 … 19g
椰漿 … 3.75g　明膠粉 … 2.5g
鮮奶 … 9g　大甲芋頭餡 … 180g

| 調味料 |

竹碳粉 … 適量
牛奶 … 適量

份量：10-15 個
使用器具：蒸籠
最佳賞味期：室溫 30 分鐘
冷藏：2 天
冷凍：7 天

製作步驟

| 製作麵皮 |

01 將低筋麵粉、中筋麵粉、泡打粉、酵母、細砂糖放入鋼盆中❶，再將水倒入❷，用手搓揉成團，直到細砂糖融化❸，

02 邊壓邊揉，讓成團速度更快，接著加入冷水，再繼續搓揉麵團，加入白油攪拌均勻❹，直到揉到盆光、手光、麵團呈現光滑狀即可❺-❻，揉好的麵團蓋上擰乾的溼布，靜置鬆弛約 30 分鐘，再分出兩團，大團染成淺粉色❼-❾，小團染成深粉色❿-⓬。

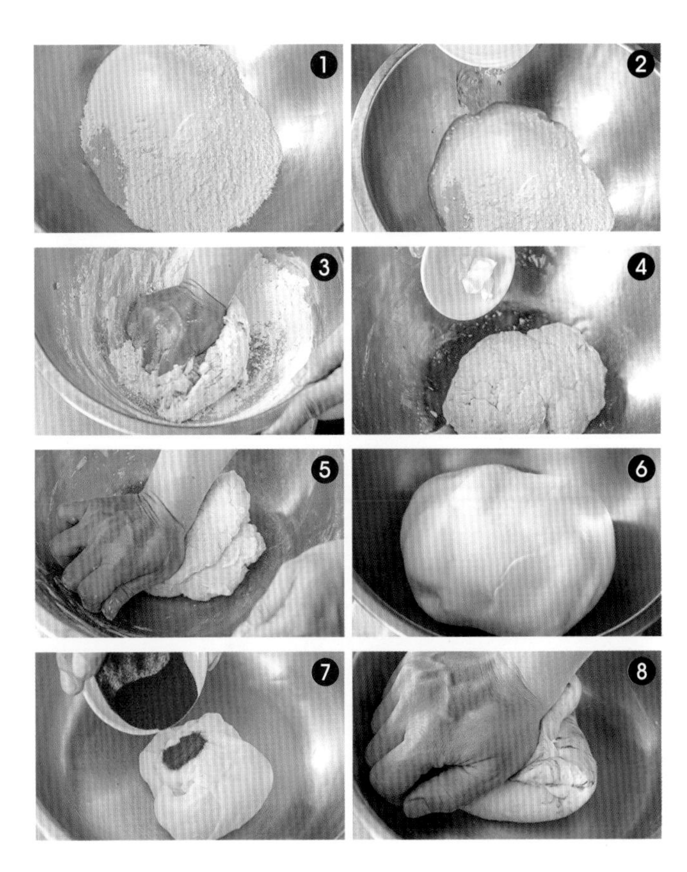

03 把鬆弛好的麵團取出，搓揉成長條狀 ⓭，用刮板均切成每分約 40 g 的小麵團 ⓮-⓰，再一一擀成圓麵皮備用 ⓱。

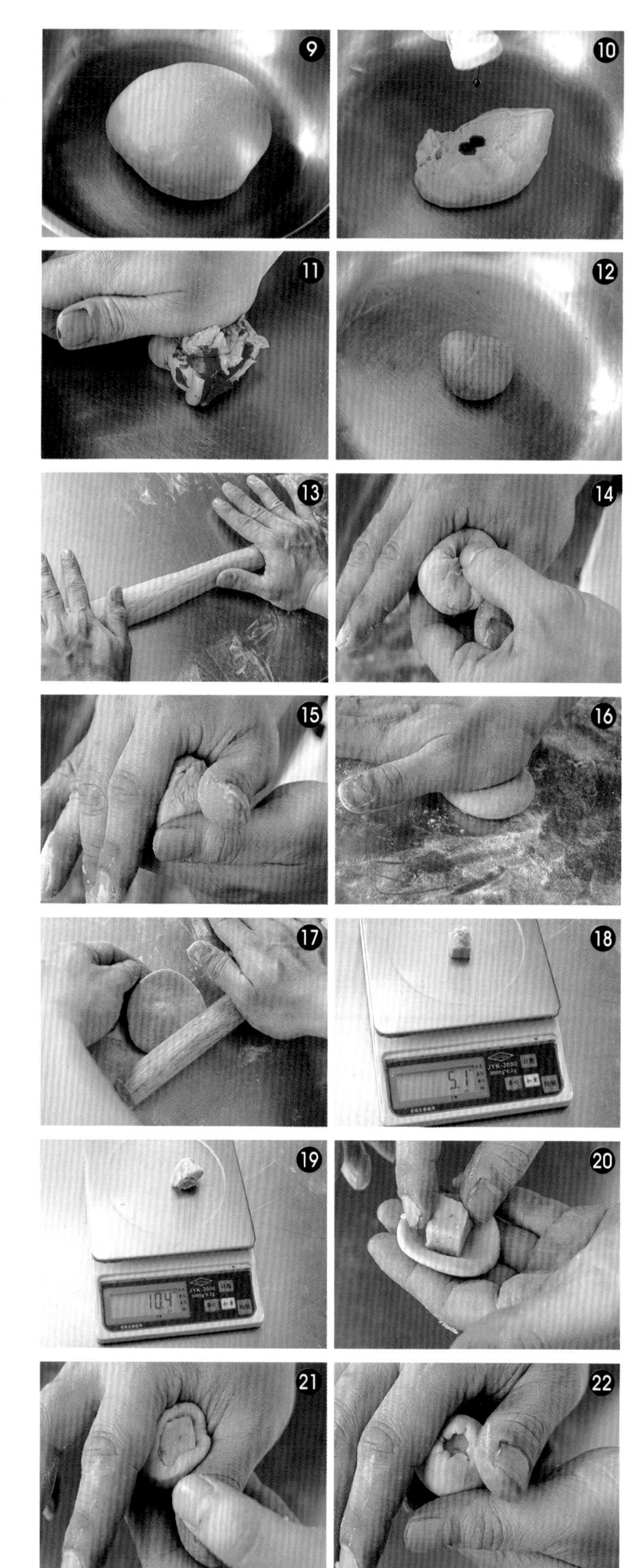

| 包入內餡 |

01 將去皮的芋頭切絲，放入蒸鍋蒸 30 分鐘，再拌入細砂糖、椰漿、鮮奶、明膠粉，攪拌均勻後，繼續蒸 10 分鐘，再加入奶油後續蒸 5 分鐘拌勻，放涼後加入鮮奶油即為流沙餡，並將其均分為每個 5g⓲，大甲芋頭餡均分為每個 10g⓳。

02 大甲芋頭餡擀成圓形，依序包入流沙餡後收口成內餡 ⓴-㉒。

｜組合料理｜

01 深粉色麵團均分一個 27g 的小麵團，擀成圓形，放入一顆內餡 ㉓，一手托好麵皮與餡料，同時也負責轉動麵皮，另一手則抓住麵皮，邊旋轉邊收口後滾圓 ㉔-㉗。其他麵皮與內餡依序完成

02 竹碳粉、牛奶攪勻後備用。

03 淺粉色面團分別分為一個 2.5g 的小麵團，分別做成耳朵各 1g，搓成水滴狀 ㉘-㉙，尾巴 0.5g，黏在包好的流沙包上 ㉚。

04 用竹碳粉牛奶液拌勻後畫出眼睛、鼻子，抹上紅麴粉做成腮紅，耳朵壓上線條 ㉛-㉞，發酵約 30~40 分鐘。

05 鍋中放入適量的水煮滾，放入蒸籠，以大火蒸 4 分鐘 30 秒即可取出 ㉟。

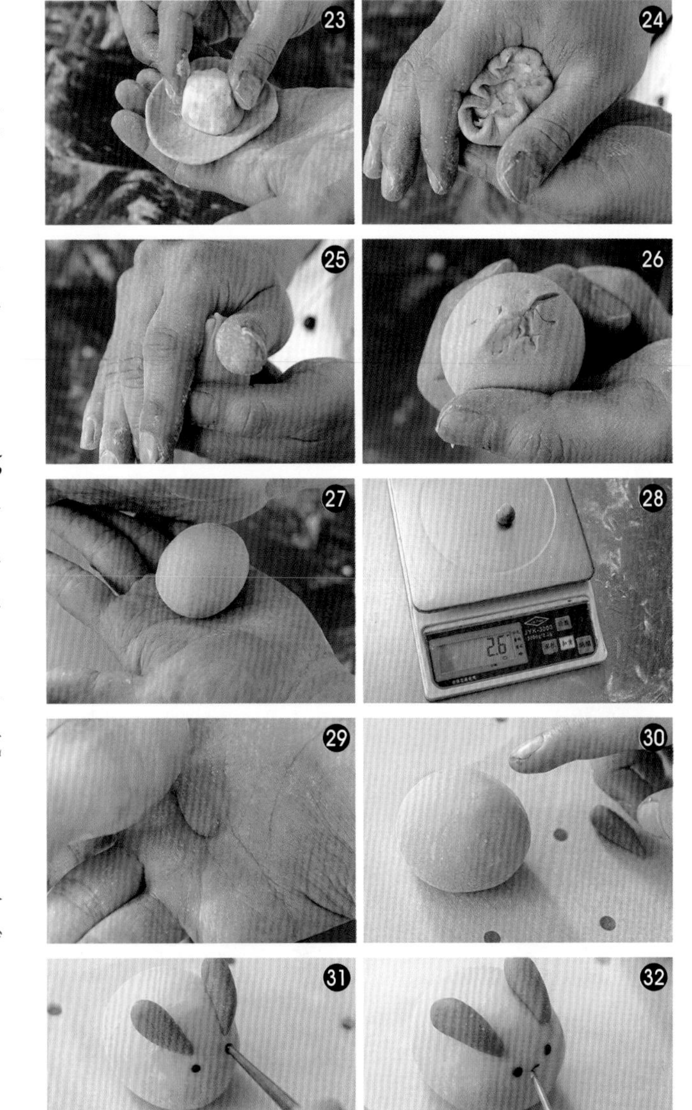

1. 做好的兔子包，蒸製時最怕蒸時塌餡，破壞漂亮的外觀，要避免這種狀況，最好使用竹蒸籠，或在包子蒸熟後掀蓋前轉小火兩分鐘，將蓋子旁移使籠與蓋之間打開一個小縫讓多餘的蒸氣慢慢跑出去，然後再開蓋取出，即可解除包子熱脹冷縮的危機。
2. 在蒸籠蓋下加一層綿布，可防止掀蓋時多餘的水氣滴在包子上，影響口感。

發酵麵食

08
胡椒餅

酥脆的外皮加上香氣四逸滿滿的餡料，
胡椒餅可說是國民美食的最佳代表！

材料

份量：12 個
使用器具：烤箱
最佳賞味期：室溫半天
冷藏：3 天
冷凍：30 天

| 麵皮 |

中筋麵粉 … 375g　水 … 230g
細砂糖 … 37g　水 … 500g
酵母 … 4g　蜂蜜 … 15g
鹽 … 4g　麥芽糖 … 45g

| 油酥 |

低筋麵粉 … 80g　豬油 … 60g

| 餡料調味料 |

梅花肉 … 500g（切成碎末）　蒜泥 … 15g
蛋 … 1 個　蔥 … 500g（洗淨後切成蔥花）
五香粉 … 1.5g　香油 … 15g
糖 … 15g　胡椒粉 … 3g
醬油 … 30g　太白粉 … 3g

製作步驟

| 製作麵皮 |

01 將中筋麵粉築成粉牆❶，中間放入鹽、細砂糖、酵母，再倒入水❷，一起攪拌均勻❸，用手搓揉麵團時可以用刮板輔助❹-❺，揉到桌面光、手光、麵團呈現光滑狀❻，即可揉好的麵團蓋上擰乾的溼布，或者放入塑膠袋中，放置室溫靜置鬆弛。

02 把鬆弛好的麵團取出，搓揉成長條狀，用刮板均切成每份約 40 g 的小麵團❼，再一一擀成圓麵皮，其他麵團一一擀完，蓋上擰乾的濕布備用。將材料中的水、麥芽糖、蜂蜜攪勻後備用。

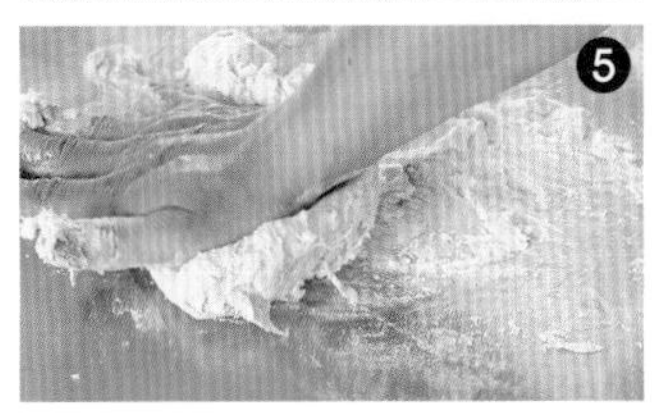

| 製作油酥 |

01 將低筋麵粉築成粉牆，中間放入豬油 ❽，再充分揉拌均勻即為油酥 ❾，分割成每個 17 克的重量 ❿。

| 油皮包油酥 |

01 取一張油皮，放入油酥後包覆好並收口 ⓫-⓬，其他的油皮、油酥以同樣方式，一一包覆完成 ⓭。

02 將包覆好的油皮油酥上下擀開成橢圓狀 ⓮，先由上往下折，再由下往上翻折直到最底後 ⓯-⓰，收口朝上鬆弛 20 分鐘。其他包覆好的油皮油酥以同樣方式一一擀折完成。

03 油皮油酥轉向 90 度，再次將油皮油酥上下擀開成長條狀 ⓱，先由上往下折，再由下往上翻折直到最底後 ⓲-⓳，收口朝上鬆弛 20 分鐘。其他的油皮油酥以同樣方式一一擀折完成。

| 製作內餡 |

01 鋼盆中放入梅花肉，加入蛋、及其他調味料、太白粉 ⓴，一起攪拌均勻 ㉑，蔥花等到要包餡時再拌入避免出水 ㉒，拌勻後即為內餡 ㉓。

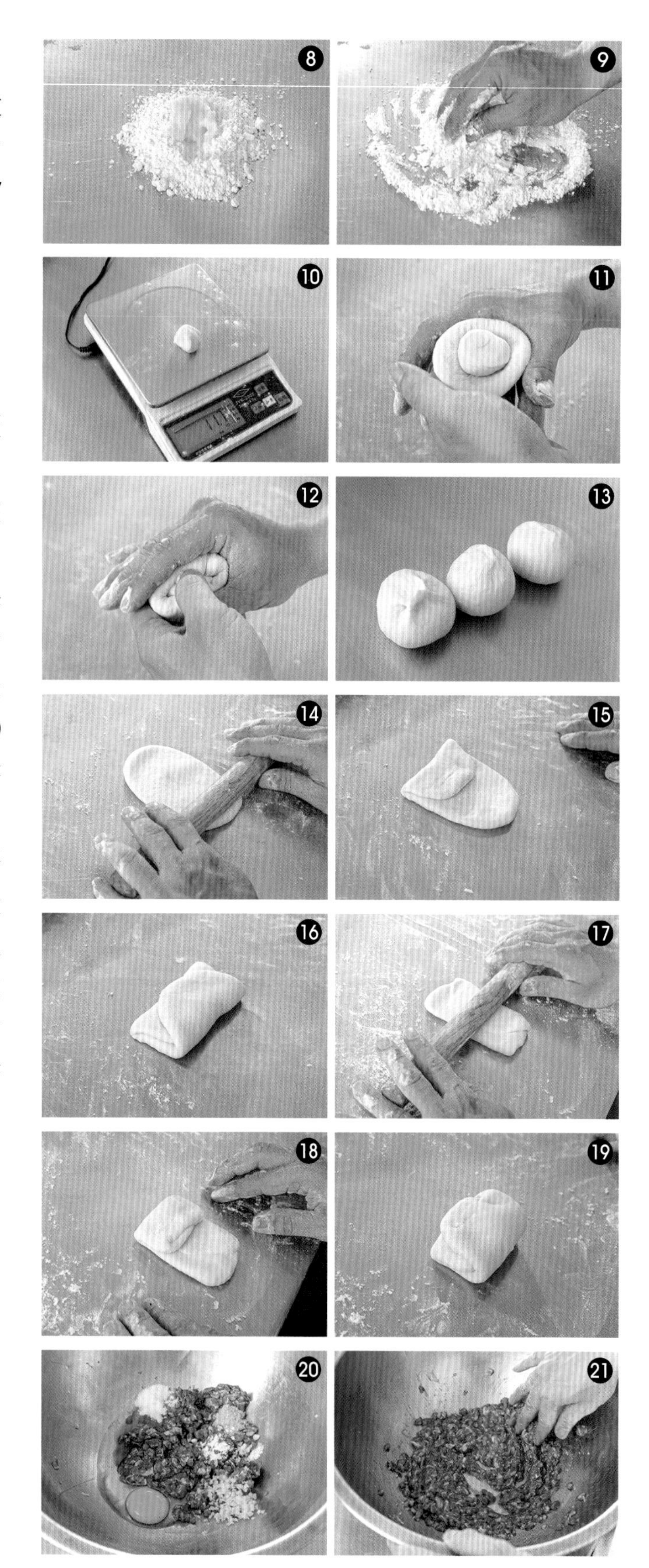

｜包餡料理｜

01 將皮擀開，取一張麵皮，包入 90g 的內餡 ㉔-㉕，一手托好麵皮與餡料，同時也負責轉動麵皮，拇指則負責將餡料壓好，另一手則抓住麵皮摺出摺數，邊旋轉邊摺 ㉖-㉙。最後將頂端的麵皮擰掉即可，其他的胡椒餅依序完成。

02 收口朝下 ㉚，並在表面刷上一層糖水 ㉛，放入芝麻上均勻的沾裹 ㉜-㉝，其他的胡椒餅依序完成，放入已鋪上烘焙紙的烤盤上 ㉞。

03 將烤箱以上火 200℃，下火 200℃預熱 10 分鐘或直接預熱到 200℃，放入烤盤，烘烤 15 分鐘，取出轉向後續烤 10 分鐘至表面呈現金黃且熟透，即可取出 ㉟。

1. 以豬肉、牛肉做餃子的餡料時，記得要把買回來的絞肉再剁一下，剁過的吃起來的口感很不一樣。
2. 搓揉麵團時可以用刮板輔助，在操作時會更加順利。
3. 攪拌餡料時，記得要順同一個方向，讓肉的蛋白質釋出而成凝膠狀態，如此做出來的餡料會更加味美鮮嫩。

09 水煎包

很容易就在某個街角或是
某條巷尾就遇到的平民美食，
掌握好調餡技巧，
就能在家做出專屬自家口味的滋味

材料

麵皮

中筋麵粉 … 500g
酵母 … 5g
細砂糖 … 10g
沙拉油 … 10g
水 … 270g

餡料調味料

小籠包餡 … 500g
蔥花 … 80g

冰花汁

低筋麵粉 … 40g
沙拉油 … 100g
水 … 140g

份量：20 個
使用器具：平底鍋
最佳賞味期：室溫
冷藏：

製作步驟

| 製作麵皮 |

01 將中筋麵粉、酵母、細砂糖放入鋼盆中❶-❷，再將水倒入，用手搓揉成團，直到細砂糖融化❸-❹。

02 加入沙拉油後，揉到盆光、手光、麵團呈現光滑狀，即可在揉好的麵團蓋上擰乾的溼布，靜置鬆弛約 30 分鐘❺。

03 把鬆弛好的麵團取出，邊滾邊整型成長條狀，握緊其中一端，用另一手掰下一段麵團重約 35 g，其他麵團依序掰成大小一致的小麵團❻-❼。

04 先取一份麵皮並壓扁，一手拿擀麵棍，一手旋轉麵皮，慢慢擀成中間較厚，四周較薄的薄圓片❽，其他麵皮依序完成。

| 製作內餡 |

01 鋼盆中放入小籠包餡，再將蔥花倒入，一起攪拌均勻後即為內餡。❾-❿。

| 包餡料理 |

01 取一張麵皮，包入 25 克的內餡⓫-⓬，一手托好麵皮與餡料，同時也負責轉動麵皮，拇指則負責將餡料壓好，另一手則抓住麵皮摺出摺數，邊旋轉

邊摺⑬-⑭。其他水煎包依序完成⑮。

02 將冰花材料放入鋼盆中，均勻攪拌至完全融合成粉漿水⑯-⑱。

03 平底鍋中，以餐巾紙抹上適量的油，放入水煎包，將冰花醬汁倒入鍋中⑲，蓋上鍋蓋⑳，煮至半凝固狀況，即可撒入適量蔥花及黑芝麻㉑，小火煎至水煎包內餡熟透、冰花出現漂亮金黃，可以以盤子輔助，將冰花煎餃翻面㉒，即可上桌。

1. 最好可以使用鍋身較厚的平底鍋來進行，比較能做出顏色均勻的冰花。將冰花倒入水煎包後，不要馬上翻動，要觀察冰花是否已經呈現金黃，太早翻動，容易造成冰花碎裂。
2. 冰花煎餃製作時不用翻面，如果是第一次製作，建議可以拿一個比平底鍋大一點或小一點的盤子，蓋住平底鍋後直接把煎餃倒扣出去。

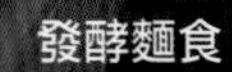

10 臘腸捲

鹹度適中且香醇不膩的廣式臘腸，
以柔軟的麵皮包裹
在帶有些微寒意的日子裡，
咬上一口，就會有大大的滿足感。

材料

| 麵團 |

中筋麵粉 … 30g
低筋麵粉 … 80g
酵母 … 1.5g
泡打粉 … 1g
細砂糖 … 20g
水 … 45g
白油 … 2g

| 內餡 |

臘腸 … 3 條

份量：6 個
使用器具：蒸籠
最佳賞味期：室溫 1 小時
冷藏：2 天

製作步驟

| 製作麵團 |

01 將低筋麵粉、中筋麵粉、泡打粉、酵母、細砂糖放入鋼盆中，再將水倒入❶，用手搓揉成團，直到細砂糖融化❷。

02 邊壓邊揉，讓成團速度更快，接著加入冷水，再繼續搓揉麵團，加入白油攪拌均勻❸，直到揉到盆光、手光、麵團呈現光滑狀即可❹-❺，揉好的麵團蓋上擰乾的溼布，靜置鬆弛約 30 分鐘。

| 處理臘腸 |

01 將臘腸洗淨後，先切除頭尾、對切一半。

02 鍋中放入適量的水煮滾後，熄火，將臘腸放入、泡熟，取出後將臘腸膜撕掉。❻

| 包捲料理 |

01 麵團分成給個 30 克的小團，放在桌面，邊搓邊延展成細長條狀❼-❽。

02 取一條臘腸，將細條狀的麵條環繞包捲❾-⓫，其他臘腸依序包捲上細麵條蒸籠事先放上蒸籠紙，再將臘腸捲放入，發酵約 30 分鐘。

03 鍋中放入適量的水煮滾，放入蒸籠，以大火蒸 6 分鐘即可取出⓬。

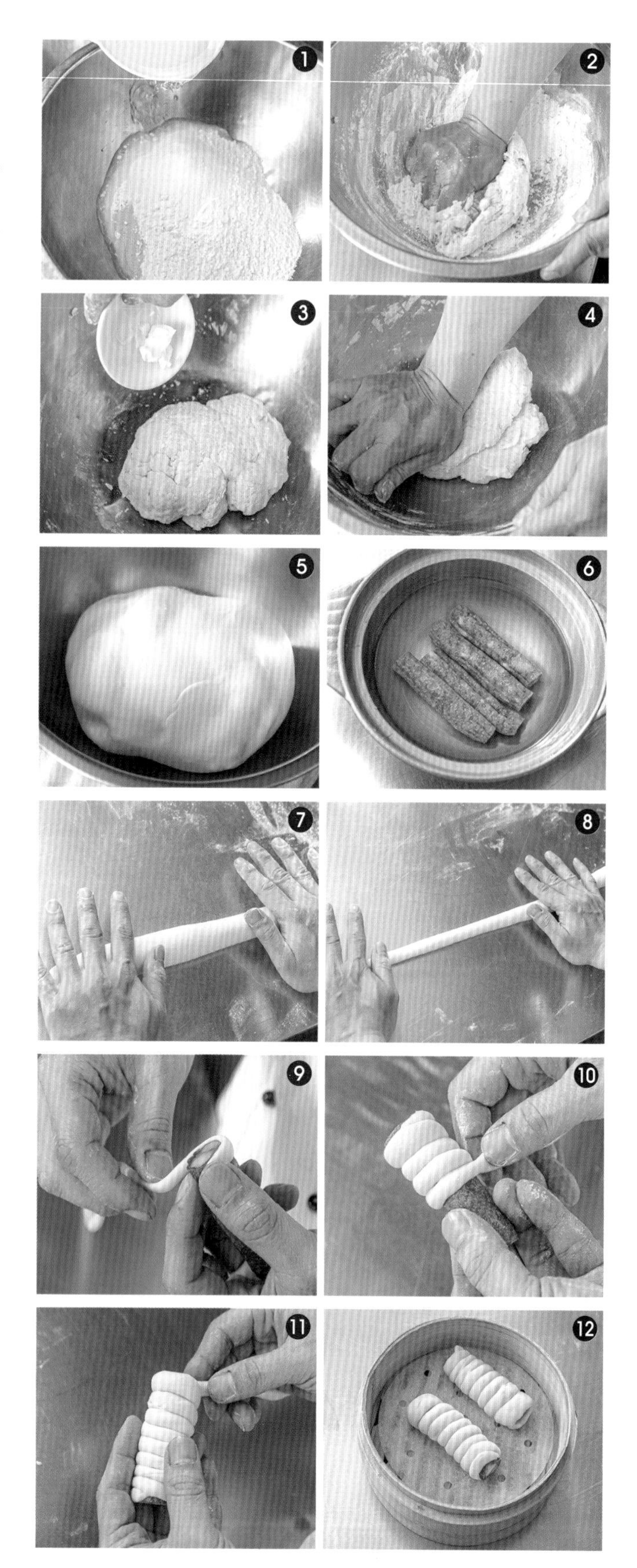

老麵麵食

11 蠔汁叉燒包

利用老麵麵團來豐富麵皮的口感，
加上叉燒與豐富的調味用料，
做出來後成就感十足

材料

份量：70 個
使用器具：蒸籠
最佳賞味期：室溫 30 分鐘
冷藏：2 天

| 老麵麵團 |

老麵麵團
低筋麵粉 … 300g
溫水 … 150g
酵母 … 3.75g

| 麵種 |

溫水 … 787.5g
低筋麵粉 … 1612.5g
老麵 … 300g

| 糖皮 |

鮮奶油 … 10g
糖 … 750g
氨粉 … 19.2g
白醋 … 10g
澄粉 … 37.2g
白油 … 120g
低筋麵粉 … 750g
泡打粉 … 60g
（加蓋靜置鬆弛約 10 分鐘。）
太白粉 … 37.2

| 內餡 |

糖 … 300g
水 … 975g
太白粉 … 75g
玉米粉 … 80g
蠔油 … 80g
柱侯醬 … 56.25g
龜甲萬醬油 … 80g
蔥綠段 … 10 段
薑片 … 5 片
洋蔥絲 … 1/4 顆
叉燒肉丁 … 1200g

製作步驟

| 製作麵團 |

01 製作老麵麵團：酵母加入溫水後攪拌均勻，靜置約 10 分鐘❶，讓酵母活化後，倒入低筋麵粉中攪拌均勻❷，當麵團呈現片狀時，用手揉製至盆光、手光、麵團呈現光滑狀，發酵 24 小時，即為老麵麵團❸。

02 製作麵種：鋼盆中中放入溫水、低筋麵粉以及 300g 的老麵一起攪拌均勻，表面封上保鮮膜❹，放置發酵 24 小時，即為麵種❺。

03 製作糖皮：在氨粉中倒入白醋後混合均勻❻。麵種拿出 300g 加入糖後低速攪打 15 分鐘直到麵團變白加入氨粉與白醋攪拌均勻的混合液，再依序加入泡打粉、太白粉、低筋麵粉、澄粉攪拌均勻❼，加入白油打勻❽，再加入鮮奶油打勻後❾，取出。放入塑膠袋中❿。

04 取出後分為一個 30g 的小麵團⓫，將一個一個麵團由外往內抓捏成圓狀後壓扁⓬，邊擀邊轉動麵片，擀成邊緣較薄，中間較厚的圓片⓭。

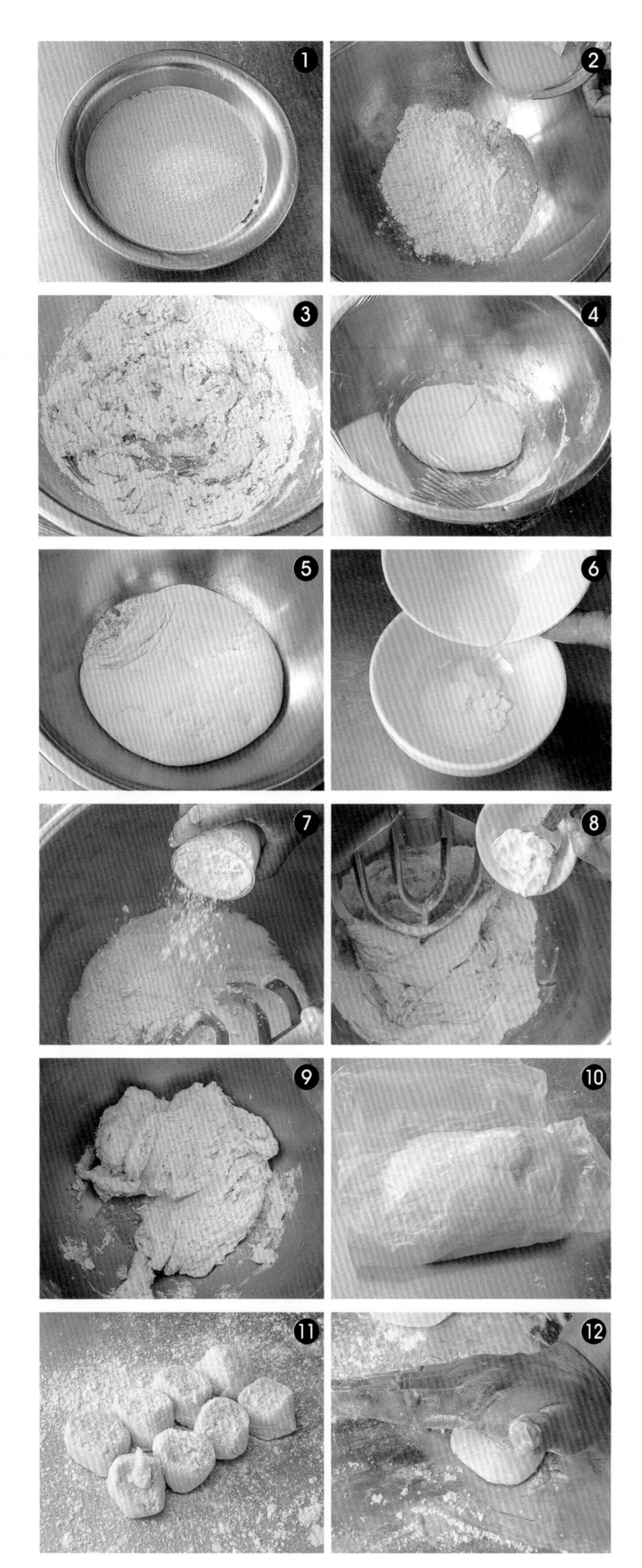

製作叉燒內餡

01 鍋中倒入 1 大匙的油，爆香薑片，放入洋蔥絲、蔥綠段，直到焦香金黃，倒入龜甲萬醬油燒、糖，炒至糖融化。

02 加入蠔油、柱侯醬一半的水、炒勻 ⓮，將薑片、洋蔥絲、蔥綠段撈除，再加入粉水（玉米粉 + 太白粉 + 水），煮至濃稠，撈出 ⓯-⓰，放涼後放入冰箱冷藏一晚，再拌入叉燒肉丁，叉燒漿與叉燒肉的比例為 =1：1，即為叉燒內餡 ⓱。

包餡組合

01 取一片麵皮，放入 20 g 的內餡 ⓲，一手托好麵皮與餡料，同時也負責轉動麵皮，拇指則負責將餡料壓好，另一手則抓住麵皮摺出摺數，邊旋轉邊摺 ⓳-㉑。其他的叉燒包依序完成，放入蒸籠中 ㉒。

蒸製料理

01 鍋中放入適量的水煮滾，放入蒸籠，以大火蒸 8 分鐘即完成 ㉓。

1. 加入泡打粉是為了讓麵團發脹鬆軟，如此更容易產生裂口，不過一定要揉製均勻，以免在蒸製出來，會在麵皮上產生黃色斑點。做為膨鬆劑的碳酸氫銨是白色結晶狀，又稱為銨粉或阿摩尼亞粉，易溶於水，經常用於餅乾、油條等等。
2. 製作好的麵團，可以先放入蒸籠內蒸熟，測試一下開口裂痕的情況 ㉔。

發粉麵食

12 黑糖糕

這是一道在傳統市場很容易看到的傳統美食，
只要經過攪拌、蒸製，馬上就能在家品嚐

材料

黑糖粉 … 240g
水 … 120g
冷水 … 160g
中筋麵粉 … 240g
樹薯粉 … 60g
泡打粉 … 10g
沙拉油 … 10g
熟白芝麻 … 5g

份量：3-4 碗
使用器具：蒸籠
最佳賞味期：室溫 1 小時
冷藏：2 天

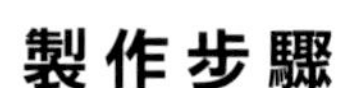

製作步驟

| 製作麵漿 |

01 黑糖粉放入鋼盆中，加入 120g 的冷水，加熱至黑糖融化即可熄火，再加入 160g 的冷水降溫備用。

02 鋼盆中放入中筋麵粉、樹薯粉、泡打粉先攪拌一下 ❶，倒入黑糖水 ❷，邊倒入邊攪拌，直到完全拌勻為止 ❸-❺。

03 再加入沙拉油後再次攪拌均勻，並且靜置 10 分鐘 ❻-❼。

04 最後將攪拌完成的麵糊倒入淺盤中 ❽。

| 蒸製料理 |

01 將靜置完成的麵糊拌勻。

02 鍋中放入適量的水煮滾，放入黑糖麵糊，以中火蒸 35-40 分鐘鐘即可取出。

03 趁熱撒上白芝麻即可。

油炸麵食

13
沙其馬

口感上十分酥脆，
加上不黏牙的麥芽香氣
甜而不膩的口感，
會讓人忍不住一口接著一口

材料

[麵團]
細砂糖 … 450g
麥芽糖 … 225g
水 … 112g
中筋麵粉 … 250g
全蛋 … 175g
氨粉 … 5g

份量：10人份
使用器具：深鍋
最佳賞味期：室溫
室溫：3天

製作步驟

| 製作麵團 |

01 中筋麵粉過篩後，加入氨粉後一起拌勻 ❶-❸。

02 加入全蛋液後，一起拌勻，拌成團後 ❹-❻，移出鋼盆，揉好的麵團蓋上擰乾的溼布，靜置鬆弛約 30 分鐘至 60 分鐘 ❼-❽。

03 將鬆弛好的麵團撒上手粉，擀成厚約 0.3 公分的薄麵皮 ❾-❿，用伸縮輪刀將麵團切成 5 公分寬的長方形 ⓫-⓬，大約可以切出 5 片。如果沒有伸縮輪刀，也可以使用菜刀，用尺來輔助 ⓭。

04 將切好的麵皮層層疊好 ⓮，再均成寬約 0.2 公分的小麵條 ⓯。切好的麵條要一一鬆開，不要重疊 ⓰-⓲。

| 油炸料理 |

01 鍋中放入適量的油，燒熱至150℃～160℃，放入小麵條油炸至金黃上色後撈出，把油瀝乾、放涼 ⓳-⓴。

02 製作糖漿，鋼盆中放入麥芽糖，加入水、細砂糖，以隔水加熱的方式，將糖漿煮至溶解至130℃ ㉑-㉔。

03 將煮好的糖漿倒入炸好的小麵條中，並且混拌均勻 ㉕-㉖，倒入模具中，並且以擀麵棍從上方擀平壓實 ㉗，均切成方形即可 ㉘。

油炸麵食

14
甜甜圈

份量：12 個
使用器具：平底鍋
最佳賞味期：室溫 30 分鐘
冷藏：3 天
冷凍：30 天

單純裹上少許糖當成調味的甜甜圈
更容易品嚐到專屬麵粉的香氣與口感

材料

高筋麵粉 … 160g
中筋麵粉 … 160g
牛奶 … 200g
酵母 … 10g
細砂糖 … 50g
鹽 … 3g
奶油 … 20g

製作步驟

| 製作油炸 |

01 事先把高筋麵粉、中筋麵粉、酵母、細砂糖、鹽一起混合均勻❶，築成粉牆，將牛奶倒入❷，慢慢將麵粉由內往外與牛奶拌勻❸，在整型的過程中，可以利用刮板將桌面麵團刮起，邊壓邊揉，能讓成團速度更快，麵團揉到桌面光、手光、麵團呈現光滑狀，即可❹，揉好的麵團放入容器裡蓋上擰乾的溼布，要靜置發酵約 1 小時，再測試一下發酵程度❺。

02 把鬆弛好的麵團取出，搓成長條狀❻，用刮板均切成每等分重 50g 的小團❼-❽，大約可以分割成 12 個，再次靜置發酵約 10 分鐘。

03 先取一份麵皮滾圓後壓扁，並用模具從中間壓出一個中空的圓形，就能輕鬆做出甜甜圈的形狀。❾-❿，其他甜甜圈依序完成後，做最後發酵 45 分鐘。

TIPS：發酵時間會依當天的溫度而有所增減，判斷方式請參考 P.092。

04 鍋中放入適量的油燒熱至 160℃，放入甜甜圈油炸至金黃酥脆即可撈出瀝油⓫，最後沾糖〈份量外〉即完成⓬。

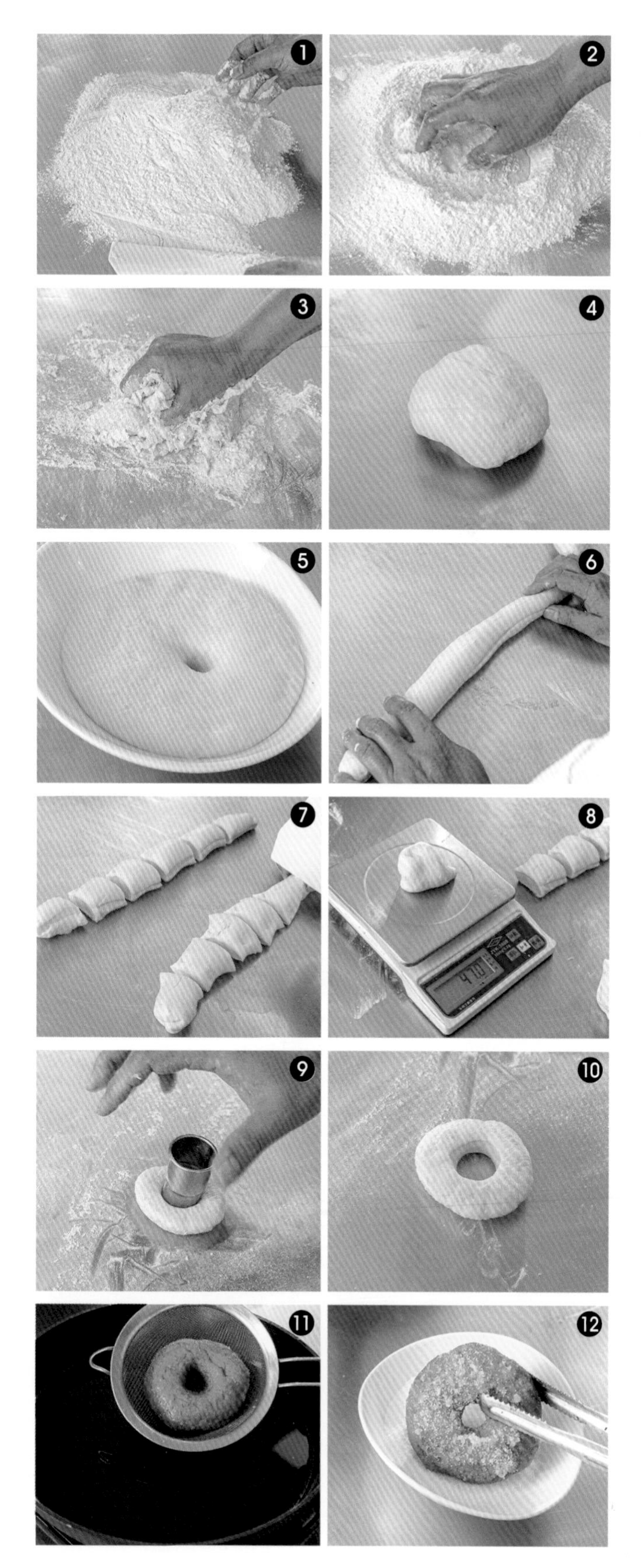

油炸麵食

15 酸菜包

酸菜酸酸鹹鹹的特殊味道，
深受許多人的喜愛，
只要掌握好油炸溫度，
在家就能完美複製，慢慢品嚐。

份量：12 個
使用器具：深鍋
最佳賞味期：室溫 30 分鐘
冷藏：3 天
冷凍：30 天

材料

| 麵皮 |

高筋麵粉 … 160g
中筋麵粉 … 160g
牛奶 … 200g
酵母 … 10g
細砂糖 … 50g
鹽 … 3g
奶油 … 20g
麵包粉 … 適量
蛋液 … 適量

| 內餡 |

酸菜 … 300g
（洗淨後切絲）
酸菜心 … 300g
蒜頭 … 1 顆
（切片）
紅辣椒 … 1 支
（去頭尾及籽，切圓片）
二砂糖 … 30g

製作步驟

| 製作麵皮 |

01 事先把高筋麵粉、中筋麵粉、酵母、細砂糖、鹽一起混合均勻❶，築成粉牆，將牛奶倒入❷，慢慢將麵粉由內往外與牛奶拌勻❸，在整型的過程中，可以利用刮板將桌面麵團刮起，邊壓邊揉，能讓成團速度更快，麵團揉到桌面光、手光、麵團呈現光滑狀，即可❹，揉好的麵團放入容器裡蓋上擰乾的溼布，要靜置發酵約 1 小時，再測試一下發酵程度❺。

02 把鬆弛好的麵團取出，搓成長條狀❻，用刮板均切成每等分重 50g 的小團❼-❽，大約可以分割成 12 個，再次靜置發酵約 10 分鐘。

03 先取一份麵皮滾圓後壓扁，並用擀麵棍擀成中間較厚，邊緣較薄的圓薄片❾-❿。其他麵團依序完成後，做最後發酵 45 分鐘。

TIPS：發酵時間會依當天的溫度而有所增減，判斷方式請參考 P.092。

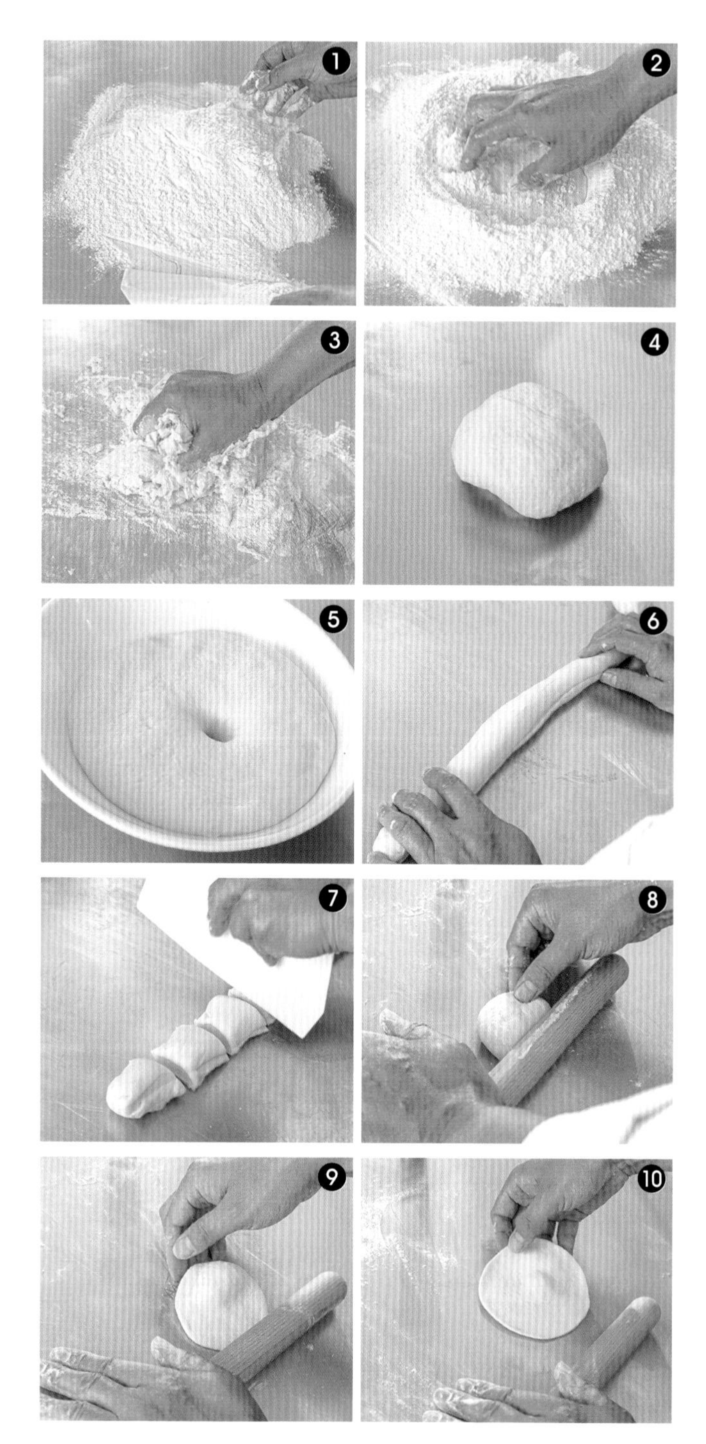

| 製作內餡 |

01 平底鍋中放入 1 大匙的油燒熱，放入蒜切片爆香 ⓫，再加入酸菜絲、酸菜心絲及紅辣椒片及二砂糖一起炒勻後放涼備用 ⓬-⓭。

| 包餡油炸 |

01 取一張麵皮，包入 52 g 的內餡 ⓮，一手托好麵皮與餡料，同時也負責轉動麵皮，拇指則負責將餡料壓好，另一手則抓住麵皮摺出摺數，邊旋轉邊摺，最後收口 ⓯-⓲，其他的酸菜包依序完成，收口朝下，做最後發酵 45 分鐘 ⓳。

02 發酵好的酸菜包依序沾蛋液、麵包粉 ⓴-㉒。

03 鍋中放入適量的油燒熱至 120℃，放入酸菜包油炸至熟透且金黃酥脆即可將其撈出瀝油 ㉓。

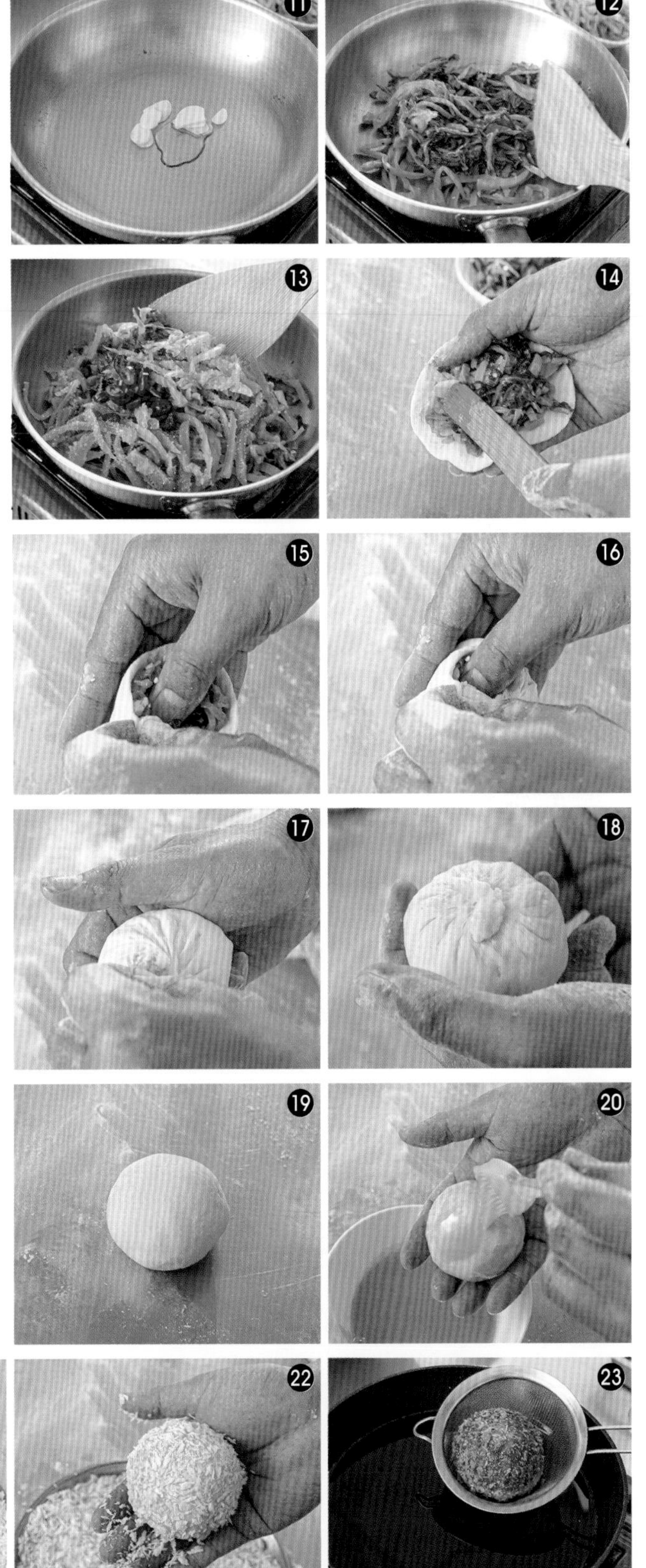

油炸麵食

16 營養三明治

現炸出來的外層麵包，
熱熱酥脆有彈性，自帶微甜感，
搭配番茄、小黃瓜、火腿、蛋，
讓整體口感更清爽且層次分明

材料

｜麵皮｜

高筋麵粉 … 160g
中筋麵粉 … 160g
牛奶 … 200g
酵母 … 10g
細砂糖 … 50g
鹽 … 3g
奶油 … 20g

｜內餡｜

小黃瓜 … 適量
（小黃瓜洗淨後、切片）
番茄 … 適量
（番茄洗淨後、切片）
蛋 … 適量
（蛋煮至熟切片）
火腿片、沙拉各 … 適量

份量：12 個
使用器具：深鍋
最佳賞味期：室溫 30 分鐘
冷藏：3 天
冷凍：30 天

製作步驟

| 製作甜甜圈 |

01 事先把高筋麵粉、中筋麵粉、酵母、細砂糖、鹽一起混合均匀❶，築成粉牆，將牛奶倒入，慢慢將麵粉由內往外與牛奶拌勻❷，在整型的過程中，可以利用刮板將桌面麵團刮起❸，邊壓邊揉❹，能讓成團速度更快，加入奶油後將麵團揉到桌面光、手光、麵團呈現光滑狀即可❺-❼，揉好的麵團放入容器裡蓋上擰乾的溼布，要靜置發酵約 1 小時。

02 把鬆弛好的麵團取出，搓成長條狀，用刮板均切成每等分重 50g 的小團，大約可以分割成 12 個，再次靜置發酵大約 10 分鐘。

03 先取一份麵團整型成長條狀，❽。其他麵團依序完成後，做最後發酵 45 分鐘。

| 油炸料理 |

01 發酵好的麵團依序沾蛋液後，再均勻的沾裹上麵包粉❾-⓫。

02 鍋中放入適量的油燒熱至 120℃，放入麵團油炸至熟透且金黃酥脆即可撈出瀝油。

03 將油炸好的麵團中間切開，夾入小黃瓜、番茄、水煮蛋、火腿片，也可以加入適量的沙拉〈分量外〉，即完成。

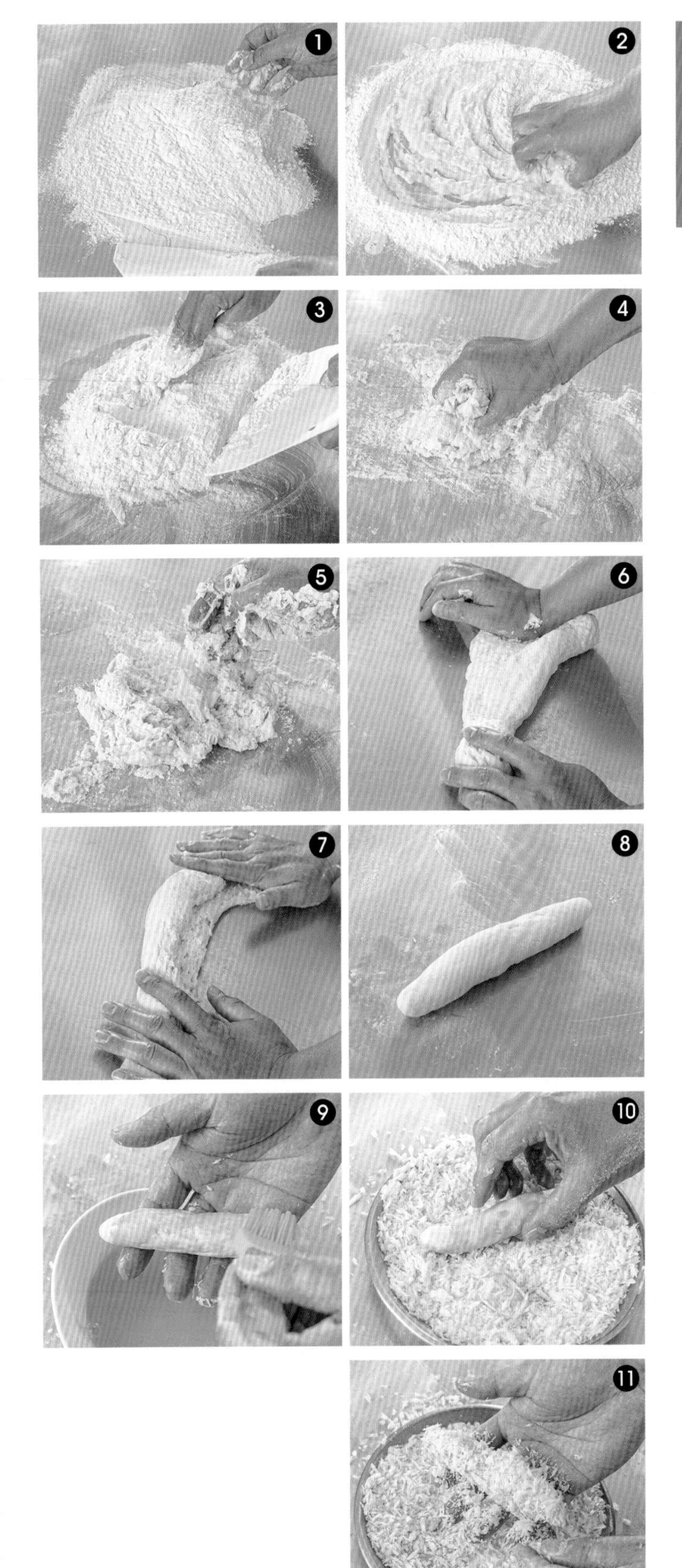

PART 3

酥油皮、糕漿皮麵點最強配方

什麼是酥油皮、糕漿皮麵點？

調製麵團時加入油脂，成為油酥麵團，可製成具有層次感的酥鬆成品，麵粉加入適量的油成油酥，製作出來的口感柔軟不具彈性，外層包一層由水和油拌勻的油皮，多擀幾次就成了有層次的酥油皮麵食。油脂類不僅營養價值高，也能讓麵點更為柔軟，且有防止乾燥、提高保存性的效果，另外就是可以增加濃醇風味，讓整體口感更為提升。主要使用的油脂是豬油，如果要製做素食的麵點，所使用的油脂為白油、植物性奶油或是芝麻油。

油脂雖然在麵團中扮演了能讓伸展性更好的角色，但用量不宜過多，因為用量太高，會阻礙麵團的筋性，因此用量約在 6-10% 為佳。

糕漿皮麵食

所謂的糕漿麵點，又分為漿皮與糕皮這兩種。漿皮是麵粉、油、糖漿一起調製而成的麵團，具有韌性，因此適合做成廣式月餅等皮薄包餡類的麵點，在口感上較為鬆軟。糕皮則運用在核桃甘露酥、桃酥這類的麵點上。

酥油皮、糕漿皮麵點有哪些分類？製作重點有哪些？

這類的麵點，主要分為酥油皮跟糕漿皮這兩類。酥油皮類的麵點最大的特色就是外皮酥鬆入口即化，在內餡的口味變化可說非常豐富，像是蛋黃酥、芋頭酥、咖哩酥、叉燒酥等等，口感的層次分明。

製作上以中筋麵粉、油、水揉成「油皮」，再以低筋麵粉和油揉成「油酥」，最後油皮包裏油酥，中間則可以包入自己喜愛的餡料，經過烘烤後，就能吃到層次分明的口感。

酥油皮類的麵點，油脂扮演了非常重要的角色，大多都會使用豬油來製作，因為它做出來的口感最酥，且容易融合到油皮麵團中，會讓整體油皮更為光亮。但如果想要做出來的成品有奶香味，則可以用酥油來取代。

油皮、油酥麵團怎麼做？

油皮麵團＝水＋麵粉＋油＋糖。

所以麵粉及油脂比例絕對要正確。

製作時所使用的油脂，除了可以增強成品鬆、酥、脆的功能外，當油脂與麵團一起攪拌時可拌入大量空氣，它的安定性在隨著空氣進入麵粉後，有安定麵團的功能，有效防止烤焙時塌陷，對於烘焙後產生鬆脆的口感也有一定的幫助。

油酥麵團＝麵粉＋油

將中筋麵粉、白油及水放在乾淨的檯面上，再以雙手揉捏，把麵粉與油脂完全揉合拌勻，待油脂都融合在一起即成油皮，低筋麵粉加入酥油拌勻後即成油酥，油皮包入油酥，再反覆幾次的擀平。

但與其他類別不同的地方是，揉製油酥這類的麵團並不需要太久，只要所有材料捏合拌勻後即可，並不需要回折反覆的搓揉。

油皮及油酥的比例影響酥脆程度

油皮及油酥的比率不同，吃起來的口感就會有所差異。一般說來油酥含量較多的口感就會比較酥，油皮含量較多的，口感就會比較軟，除了按照食譜比例操作之外，自己也可以增減油皮油酥比例，做出適合自己及家人的口感。

分次加水，確保麵團操作時不黏手

油皮所加入的水分，會因麵粉的新鮮度不同，含水量的不同，而造成些許的差異。所以在加水和勻的步驟中，不要一次全部加入，而是要分次加。水量的控制會有些許的差異，要視麵團的軟硬程度來增加或減少。

另外，油皮若揉捏得不夠，也會造成濕黏情況，如果發生這種情況，可將麵團再次揉捏後，鬆弛約 20 分鐘，再進行分割使用。

糕漿皮麵點怎麼做？

漿皮又稱之為糖皮或糖漿皮，它是由轉化糖漿、液體油、蛋、麵粉混合攪拌而成，屬於甜而鬆軟的麵團，必須經過 30 分鐘以上的鬆弛，因為是靠著糖漿來代替水分，所以製作出來麵團不具韌性，只有可塑性，但也因為可塑性強，所以放入模型壓印後再烘烤，能完整保留花紋，且外表也會有光澤，例如廣式月餅就屬於這類的中式點心。

糕皮又稱為酥皮或硬皮。作法是將糖、雞蛋、固體油一起攪拌到麵團呈現光滑。麵團油、糖含量高，再加上加入了膨大劑，所以口感上具備酥與鬆。我們常吃的鳳梨酥、台式月餅就是屬於這一類。

完全破解！酥油皮、糕漿皮麵點容易失敗的點 Q & A

Q1 揉製過程中破酥了該怎麼辦？

A 如果油皮揉的不夠均勻及鬆弛不足，擀油酥皮時，油皮容易破掉而露出油酥，這時整個麵皮操作起來就會很容易黏在擀麵棍上，且烤出來層次也會變得不明顯！

所以，擀油酥皮時，不管是第一次或第二次擀開都需鬆弛，且都不要擀得太薄或太大才捲起，否則容易造成皮太乾，烘烤時外皮碎裂，因此擀開的麵皮至少要有 0.5 公分的厚度！

另外，如果層次感不明顯，多半原因是油酥漏油了，所以在捏合時，建議要捏緊。油皮、油酥的比例會影響層次感，必須按比例增減。

Q2 為什麼烤好的月餅出現裂痕？

A 如果烤溫太高，就容易讓月餅的表面出現裂痕。所以在烘烤的過程中記得要隨時觀察烤箱內月餅的上色程度，顏色有沒有烤過頭的情況。該怎麼判斷？只要月餅的表面顏色比平時看到顏色還要暗，甚至是偏黑，就表示烤過頭了。除了溫度，烤好的月餅會出現餅皮裂開的部分原因，是內餡的水分過高所引起。

Q3 為什麼咖哩酥烘烤後裂開？芋頭酥的外表紋路不明顯？

A 如果確認原料選用以及整個製作過程都沒有問題，那就有可能是在包入油酥後鬆弛太久的原因。油酥因為不含水，並不會產生麵筋，與含水的麵皮接觸之後會吸收水分而成為乾的麵皮，一旦鬆弛太久，會讓吸量水愈多，所以包酥之後不要鬆弛太久，也比較不會造成露餡的情況發生。芋頭酥的油皮包入油酥後，在擀的過程要小心，手勁不要過大，避免把表層的油皮弄破，一旦油酥外露，就會讓最後的層次不明顯。此外，儘量讓油酥能夠很均勻的分布，這樣做出來的紋路就會更美。

Q5 烤好的鳳梨酥為什麼會裂開？甚至有時會爆餡

A 烤鳳梨酥時會裂開，如果排除在製作過程中的問題，通常可能是因為填入的內餡過多，或者是烤箱的溫度過高所致。

Q6 烘烤蛋黃酥、老婆餅這類麵點時為什麼會裂開外流？

A 烘烤後裂開，大多是因為收口時沒有確實包緊所致，如果能在收口時捏緊就能避免裂開。但若是蛋黃油溢出，則有可能是烤溫過高。

因為每家的烤箱品牌、功能都不盡相同，因此烤溫還是要以自家的烤箱情況來做調整。例如，一般烤箱設定以180℃烘烤15分鐘，通常需要取出後轉向，再繼續烘烤10-15分鐘。但如果具旋風功能的話，烤溫的設定大約在180℃，時間大約是20-25分鐘。但無論如何，所謂的溫度、時間都只是作為參考，重要的是，在烘烤的過程中，一定要時不時的去關心一下烘烤的情況，也就是要顧爐，只有眼見為實，才能烘烤出完美的成品。

Q7 為什麼會出現上色不均勻的情況？

A 使用家用烤箱時，如果越靠近裡面，溫度就會比較高，烘烤出來的顏色也會比放在外側的較深，所以，這也就是為什麼在烘烤一段時間之後，要取出把烤盤前後對調的原因，這樣就可以解決上色不均的情況。

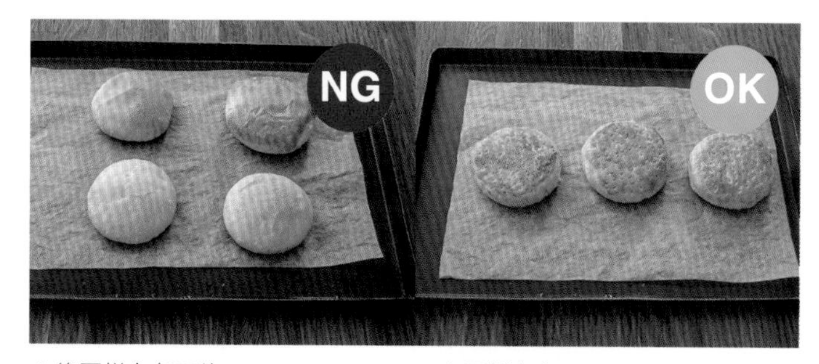

▲綠豆椪上色不均。　▲太陽餅上色OK。

Q8 葡式蛋撻凹陷

A 蛋撻在烘烤時內餡膨脹得很高，出爐後卻出現凹陷的情況，大多是因為溫度過高的緣故。所以烘烤時不要讓上方的內餡太靠近火源，可以把蛋撻移到下層烘烤，或者把上火的溫度調低一點。最重要的一點，在烘烤時一定要記得顧爐，隨時觀察一下烘烤時的狀態，一旦看到內餡隆起速度過快，就可以把上火調低一點。

酥油皮類

01 糖鼓燒餅

一口咬下酥酥脆脆，
還有著滿滿的芝麻香
喜歡金黃香酥口感的人，
一定要跟著做做看

材料

| 油皮 |

中筋麵粉 … 282.5g
水 … 158g
細砂糖 … 34g
豬油 … 28.5g
酵母 … 1g

| 油酥 |

低筋麵粉 … 174g
豬油 … 78g

| 餡料調味料 |

棉〈白〉糖 … 148g
低筋麵粉 … 59.5g
熟白芝麻 … 15g
奶油 … 29.5g
無水奶油 … 20g

份量：12 個
使用器具：烤箱
最佳賞味期：室溫半天
冷藏：3 天
冷凍：30 天

製作步驟

| 製作油皮 |

01 將中筋麵粉、水、細砂糖、酵母一起攪拌均勻後，築成粉牆，中間放入豬油❶，用手搓揉麵團，直到麵團呈現光滑狀即可❷。

02 把鬆弛好的麵團取出，搓揉成長條狀❸，用刮板均切成每份約 40 g 的小麵團，再一一擀成圓麵皮，其他麵團一一擀完，蓋上擰乾的濕布備用。

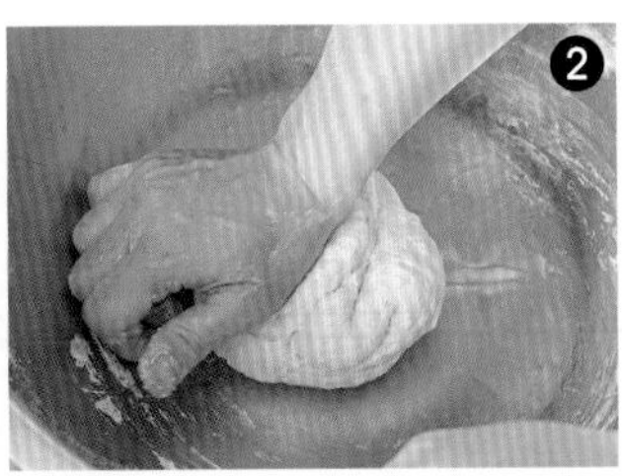

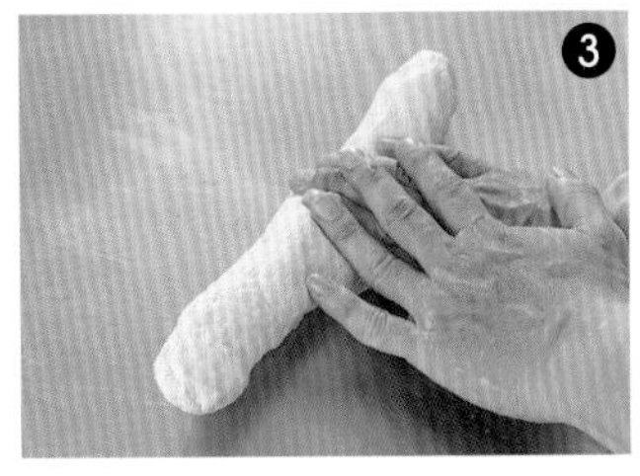

| 製作油酥 |

01 將低筋麵粉築成粉牆，中間放入豬油 ❹，再充分揉拌均勻即為油酥 ❺，分割成每個 20 克的重量。

| 製作餡料 |

01 鋼盆中放入棉白糖、低筋麵粉、奶油、無水奶油、熟白芝麻 ❻，一起拌勻成粗顆粒即可 ❼-❽。

| 包餡料理 |

01 取一張油皮，放入油酥後包覆好並收口 ❾-⓫，其他的油皮、油酥以同樣方式，一一的包覆完成。

02 將包覆好的油皮油酥上下擀開成橢圓狀 ⓬-⓭，再由上往下捲折，直到最底，收口朝上 ⓮-⓯ 鬆弛 20 分鐘。其他包覆好的油皮油酥以同樣方式一一擀捲完成 ⓰。

03 再次將油皮油酥上下擀開成長條狀 ⓱，再由上往下捲折，直到最底後，收口朝上 ⓲-⓳ 鬆弛 20 分鐘。其他的油皮油酥以同樣方式一一擀捲完成 ⓴。

04 再次擀後包入糖餡每個 20 克 ㉑，收口捏緊 ㉒，鬆弛 20 分鐘，其他的也一一完成 ㉓。

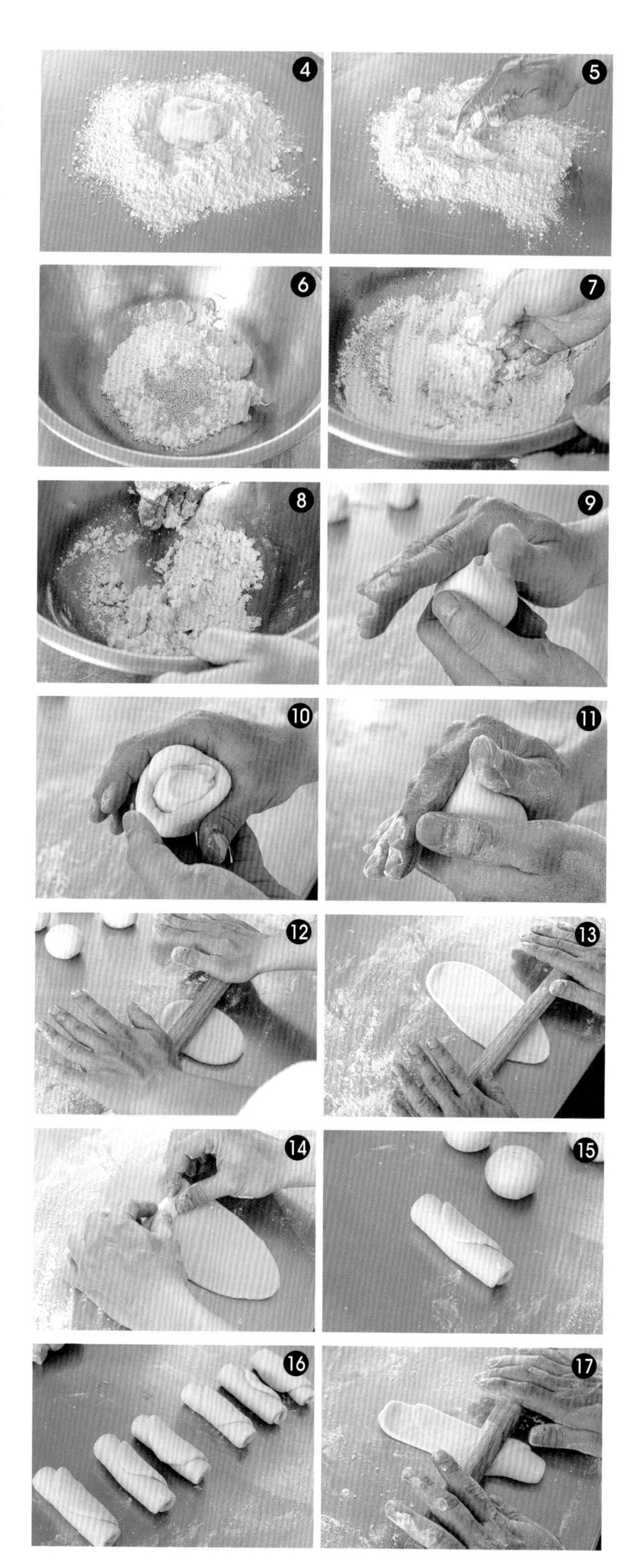

05 再上下擀成長約 12 公分的牛舌片狀 ㉔-㉕，其他的也依序完成 ㉖。

06 在餅皮表面上一層水 ㉗，覆蓋在白芝麻上 ㉘，取出 ㉙-㉚，將有芝麻的那一面朝上，放在已經鋪上烘焙紙的烤盤上。

07 將烤箱以上火 170℃，下火 190℃預熱 10 分鐘，放入烤盤，烘烤 7 分鐘，翻面後續烤 5-8 分鐘至金黃熟透，即可取出 ㉛。

1. 棉白糖是把白砂糖融解後，再以高溫焦化而製成，質地上比砂糖要軟綿，可用來取代細砂糖。
2. 沾水的麵皮，要沾白芝麻時，要略微用力，入烤箱烘烤時，有芝麻的那一面必須朝上。
3. 烤箱的溫度不宜過高，否則很容易將表面烤焦。

酥油皮類

02 蟹殼黃

金黃色澤的外表，呈現如熟螃蟹般
外皮酥香脆，加上剛剛好的蔥肉餡鹹度，
嚐起來不膩口

材料

| 麵皮 |

中筋麵粉 … 300g
滾水 … 80g
冷水 … 120g
豬油 … 20g

| 油酥 |

豬油 … 100g
中筋麵粉 … 180g

| 餡料調味料 |

蔥花 … 300g
（洗淨後切成蔥花。）
白表 … 100g
鹽 … 6g
白胡椒粉 … 2g
蛋液 … 適量
白芝麻 … 適量

份量：15 個
使用器具：烤箱
最佳賞味期：室溫半天
冷藏：3 天
冷凍：30 天

製作步驟

| 製作半燙麵油皮 |

01 鋼盆中放入中筋麵粉，倒入豬油 ❶，再加入滾水 ❷，以擀麵棍攪勻 ❸。

02 再加入冷水一起攪拌均勻 ❹，用手搓揉麵團，揉到盆光、手光、麵團呈現光滑狀 ❺，即可。揉好的麵團蓋上擰乾的溼布，或者放入塑膠袋中 ❻，放置室溫靜置鬆弛，夏天約 1 小時，冬天則需延長時間。

03 把鬆弛好的麵團取出，搓揉成長條狀，用刮板均切成每分約 30 g 的小麵團 ❼，再一一擀成圓麵皮，其他麵團一一擀完，蓋上擰乾的濕布備用。

| 製作油酥 |

01 將低筋麵粉築成粉牆，中間放入豬油 ❽，再充分揉拌均勻即為油酥 ❾，分割成每個 17 克的重量 ❿。

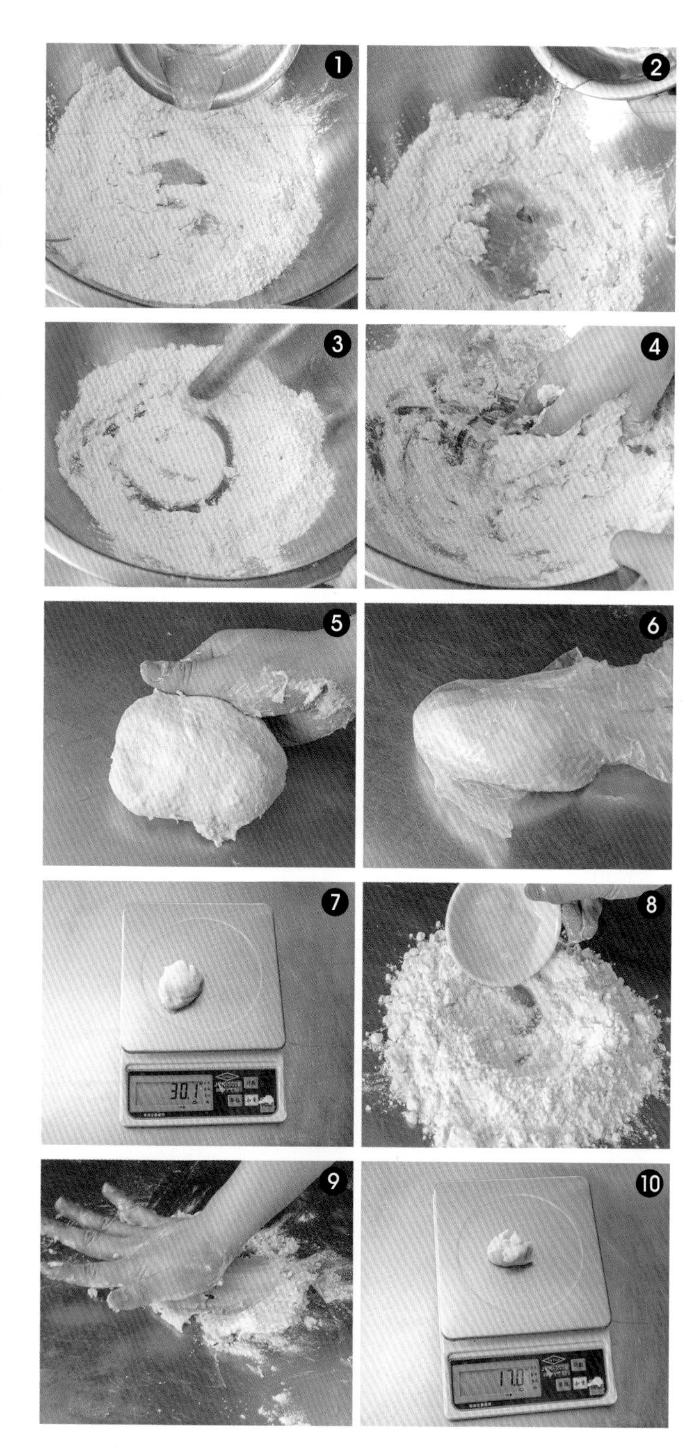

| 製作油皮油酥 |

01 取一張油皮，放入油酥後包覆好並收口⓫-⓬，其他的油皮、油酥以同樣方式，一一包覆完成⓭-⓮。

02 將包覆好的油皮油酥壓扁⓯，上下擀開成橢圓狀⓰，先由上往下捲折⓱-⓲，收口朝上鬆弛 20 分鐘。其他包覆好的油皮油酥以同樣方式一一擀折完成，鬆弛約 20 分鐘。

03 油皮油酥轉向 90 度，再次將油皮油酥上下擀開成長條狀，拿起後翻面，再由上往下捲折直到最後，收口朝上鬆弛 20 分鐘。其他的油皮油酥以同樣方式一一擀折完成。

04 捲好的油皮油酥拿起⓳，將兩端拿捏後壓扁⓴-㉑，再擀成圓片狀㉒-㉓。其他油皮油酥依序完成。

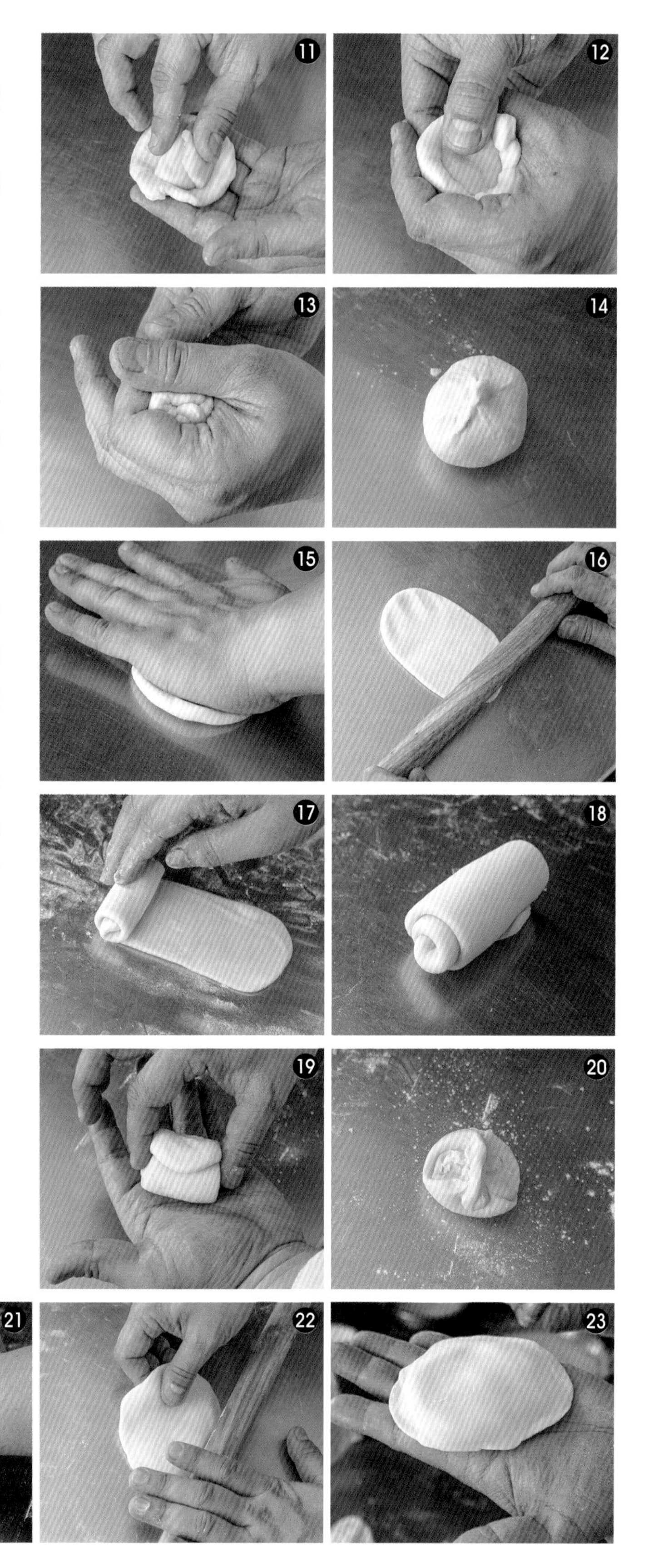

| 製作內餡 |

01 鋼盆中依序放入蔥花、白胡椒粉、鹽、白表拌勻後做成餡料 ㉔-㉗。

| 包餡料理 |

01 取一張麵皮，包入 25 g 的內餡 ㉘，一手托好麵皮與餡料，同時也負責轉動麵皮，拇指則負責將餡料壓好，另一手則抓住麵皮摺出摺數，邊旋轉邊摺。最後將頂端的麵皮擰掉即可 ㉙-㉛，其他的胡椒餅依序完成。

02 收口朝下，略微壓扁 ㉜ 放入烤盤中，並在表面刷上一層蛋液，放入芝麻上均勻的沾裹 ㉜-㉞，其他的蟹殼黃依序完成，放入烤盤上 ㉟。

03 將烤箱以上火 200℃，下火 200℃ 預熱 10 分鐘，放入烤盤，烘烤 10 分鐘，取出轉向後續烤 10 分鐘至表面呈現金黃且熟透，即可取出。

03
蛋黃酥

外皮層次分明，
口感酥脆中帶著溼潤，
一口咬下內餡和蛋黃融成一氣，
是中秋節最受歡迎的人氣商品

材料

| 麵皮 |

高筋麵粉 … 165g
低筋麵粉 … 165g
糖粉 … 60g
鹽 … 1g
無水奶油 … 130g
水 … 140g

| 油酥 |

低筋麵粉 … 400g
無水奶油 … 200g

| 餡料調味料 |

市售低糖烏豆沙餡 … 400g
鹹蛋黃 … 20 顆
米酒 … 適量
蛋黃液 … 適量
黑芝麻 … 適量

份量：20 個
使用器具：烤箱
最佳賞味期：室溫半天
冷藏：3 天
冷凍：30 天

製作步驟

| 製作水油皮 |

01 將高筋麵粉、中筋麵粉混合後築成粉牆 ❶，依序將無水奶油、水、糖粉、鹽加入後一起混拌均勻 ❷-❸，用手來回的搓揉麵團 ❹-❺，試著將麵團拉拉看，如果無法拉出薄膜 ❻，要繼續搓揉到麵團呈現光滑狀，鬆弛 20 分鐘，直到可以拉出薄膜 ❼。

02 把鬆弛好的麵團取出，搓揉成長條狀，用刮板均切成每分約 15 g 的小麵團 ❽，蓋上擰乾的濕布備用。

| 製作油酥 |

01 低筋麵粉築成粉牆，中間放入無水奶油 ❾，再充分揉拌均勻直到無顆粒即為油酥 ❿，拌勻後的油酥，必須先放入冰箱冷藏約 15 分鐘再進行後續操作。分割成每個 30 克的重量 ⓫。

| 製作油皮油酥 |

01 取一個油皮麵團 ⓬，壓扁後放入油酥，包覆好並收口 ⓭-⓯，其他的油皮、油酥以同樣方式，一一包覆完成。

02 將包覆好的油皮油酥壓扁，上下擀開成橢圓狀 ⓰-⓱，從上往下捲折到底 ⓲-⓳，轉向 90 度 ⓴。

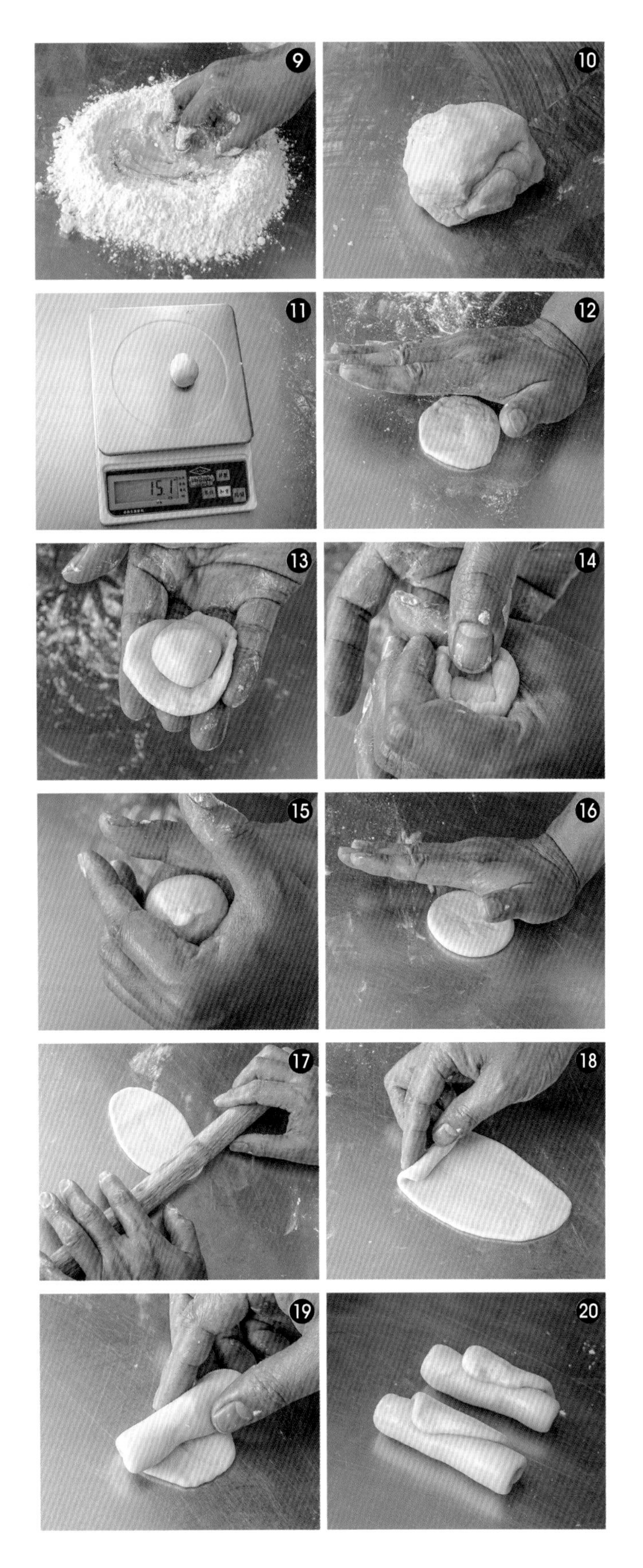

03 擀開、捲折再重複一次，最後再次將油皮油酥轉向、壓扁再上下擀開成長條狀開 ㉑-㉒，從上往下捲折到底 ㉓-㉕ 收口朝上鬆弛 10 分鐘 ㉖，其他包覆好的油皮油酥以同樣方式一一擀捲完成，鬆弛約 10 分鐘。

04 鬆弛好的油皮油酥從中間壓下 ㉗，將兩端捏合，壓扁、擀成圓片狀 ㉘-㉚，其他麵皮依序完成。

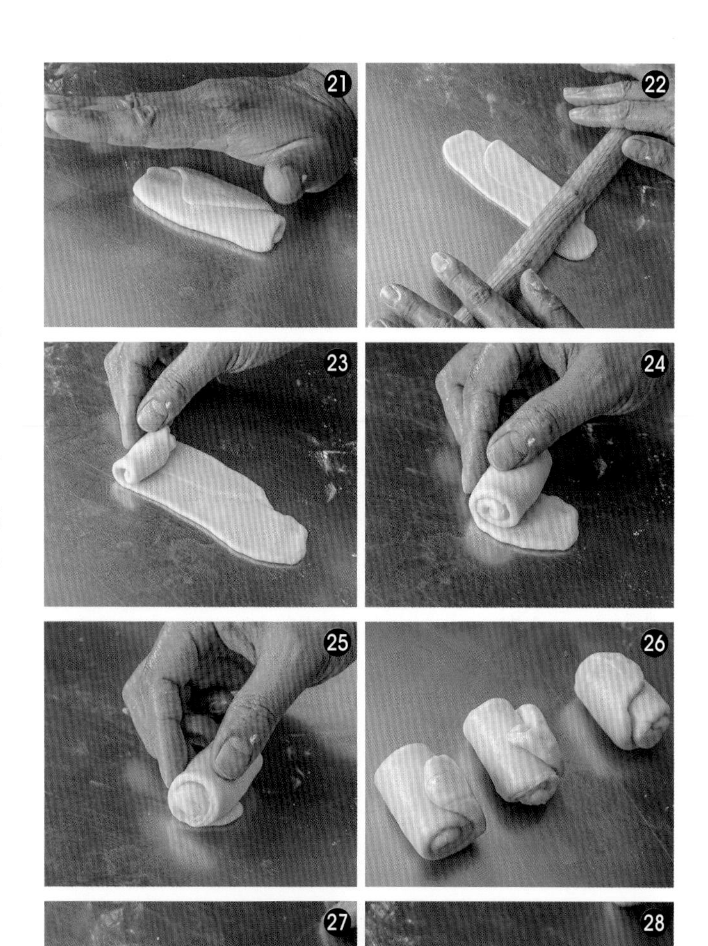

| 製作內餡 |

01 鹹蛋黃拌入米酒，放入已預熱的烤箱中，以上、下火皆 180℃烤 12 分鐘。

02 將烏豆沙分每個 20g㉛，滾圓壓平，包入一顆鹹蛋黃蛋黃，捏合收口即為內餡 ㉜-㊱。

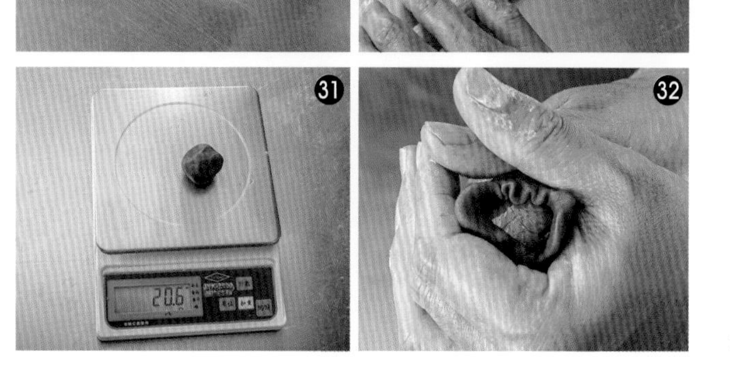

| 包餡烘烤 |

01 取一張油皮油酥，直接蓋在內餡上 ㊲，慢慢將油皮油酥延展並把內餡完全包覆住，邊旋轉邊收口 ㊳-㊵，其他依序完成 ㊶。

02 每個蛋黃酥表面均勻刷上蛋黃液，再撒上適量的黑芝麻 ㊷-㊸。

03 將烤箱以上、下火 180℃預熱 10 分鐘，或直接預熱到上、下火 180℃，放入烤盤烘烤 15 分鐘，前後對調後，繼續烤 10-15 分鐘熟透即可。

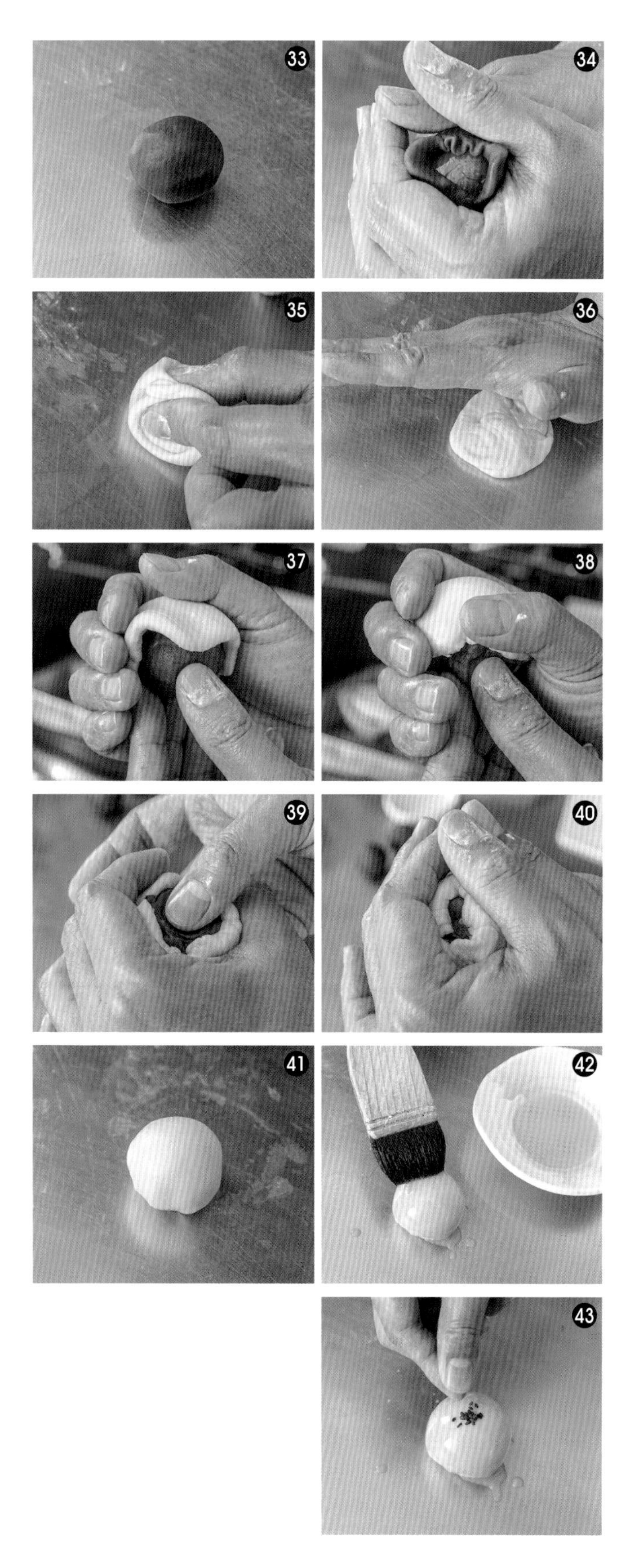

酥油皮類

04 芋頭酥

有著千層酥香的外皮，
內餡有芋頭泥、鹹蛋黃堆疊而成，
是芋頭控絕對不能錯過的選項

材料

份量：20 個
使用器具：烤箱
最佳賞味期：室溫半天
冷藏：3 天　冷凍：30 天

| 麵皮 |

高筋麵粉 … 165g
低筋麵粉 … 165g
糖粉 … 60g
鹽 … 1g
無水奶油 … 130g
水 … 140g

| 油酥 |

低筋麵粉 … 400g
紫薯粉 … 適量
無水奶油 … 200g

| 餡料調味料 |

鹹蛋黃 … 20 顆
去皮芋頭 … 300g
二砂糖（赤砂）… 100g
水麥芽 … 75g
生飲水 … 適量
米酒 … 適量

製作步驟

| 製作水油皮 |

01 將高筋麵粉、中筋麵粉混合後築成粉牆 ❶，依序加入將水加入中筋麵粉、低筋麵粉、糖粉、無水奶油、鹽一起混拌均勻 ❷-❸，用手搓揉麵團，揉到麵團呈現三光後鬆弛約 20 分鐘，能拉出薄膜即可。

02 把鬆弛好的麵團取出，搓揉成長條狀，用刮板均切成每分約 30 g 的小麵團 ❹，蓋上擰乾的濕布備用。

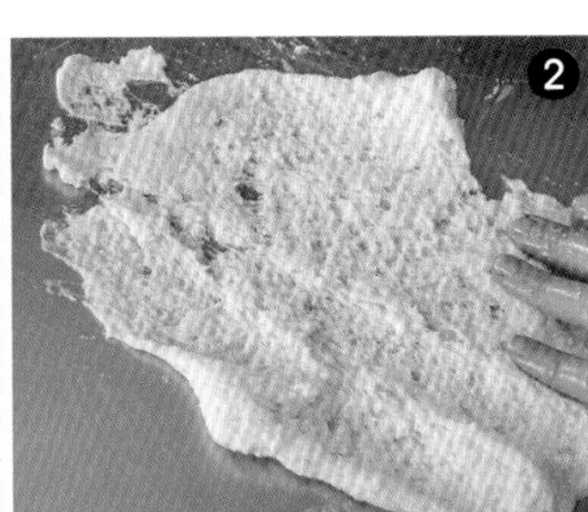

| 製作油酥 |

01 低筋麵粉與紫薯粉混合均勻❺-❻，中間放入無水奶油❼-❽，再充分揉拌均勻直到無顆粒即為油酥❾-❿，分割成每個 30 克的重量⓫。

| 製作油皮油酥 |

01 取一張油皮，放入油酥，包覆好並收口⓬-⓯，其他的油皮、油酥以同樣方式，一一包覆完成。

TIPS：紫薯粉主要原料是紫藷乾燥磨粉而成，屬於天然色素，使用上的多寡會影響成品的顏色深淺。

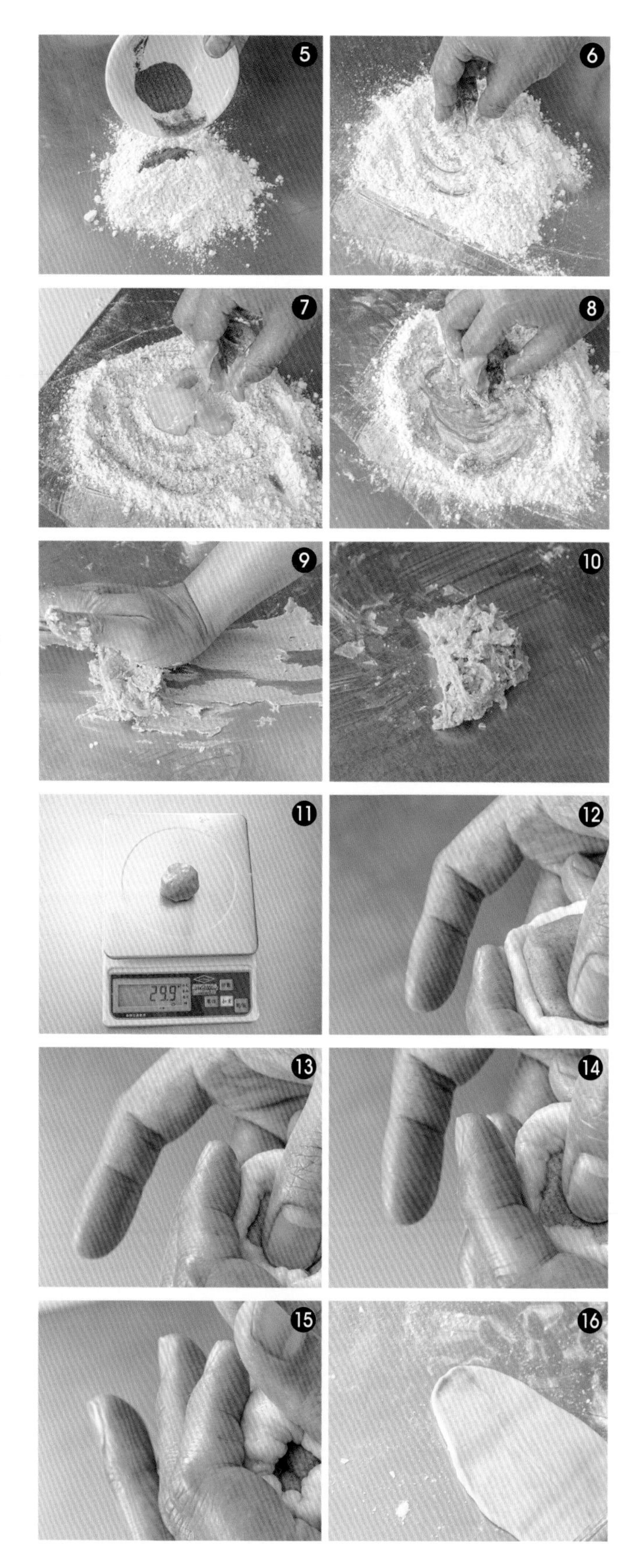

02 將包覆好的油皮油酥壓扁，上下擀開成橢圓狀 ⑯，從上往下捲折到底 ㉒-㉔，轉向 90 度 ⑱-⑲，擀開、捲折再重複一次，最後再次將油皮油酥上下擀開成長條狀開 ⑳-㉑，從上往下捲折到底 ㉒-㉓ 收口朝上鬆弛 10 分鐘 ㉔，其他包覆好的油皮油酥以同樣方式一一擀捲完成，封上保鮮膜後放入冰箱冷藏 10 分鐘後取出。

03 鬆弛好的油皮油酥對切一半 ㉕，取其中一半的麵團壓扁、擀成圓片狀 ㉖-㉘

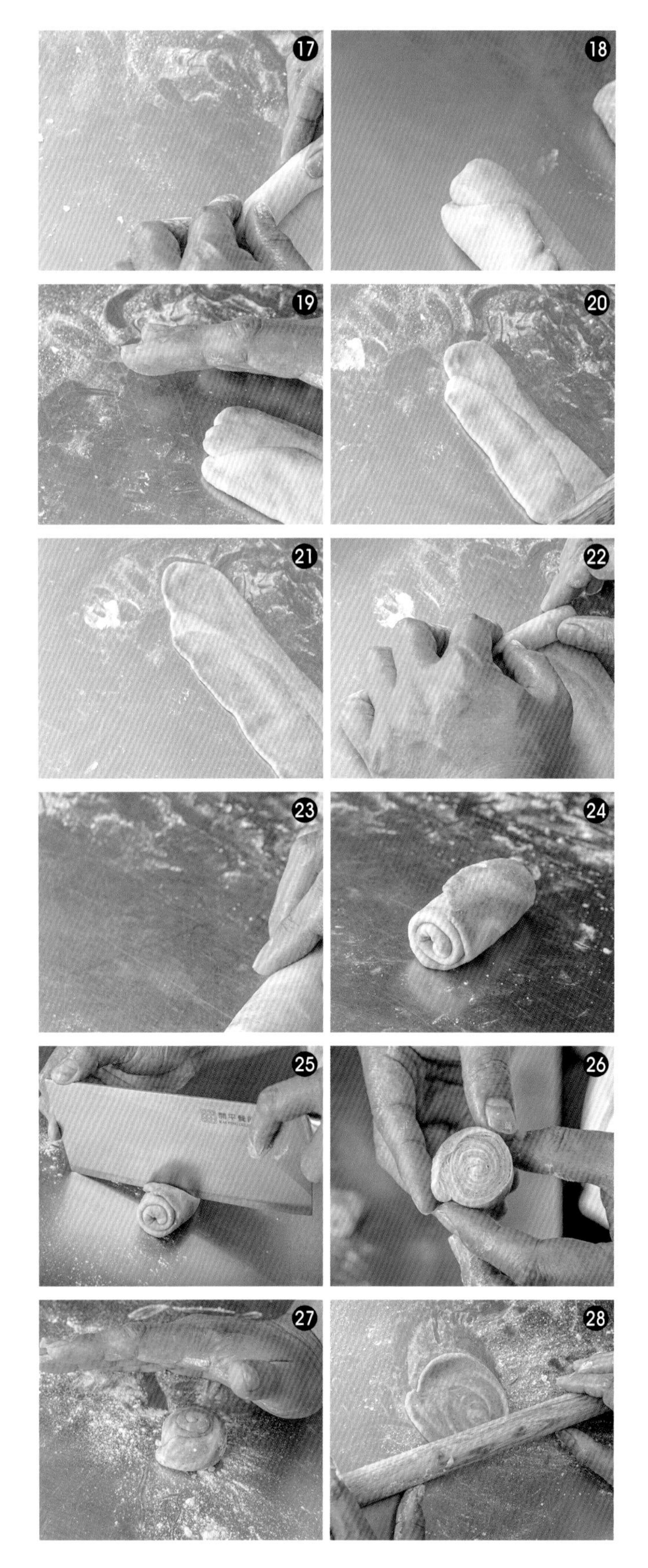

製作餡料

01 鹹蛋黃拌入米酒，放入已預熱的烤箱中，以上、下火皆180℃烤12分鐘。

02 去皮芋頭切絲放入蒸籠或電鍋蒸30分鐘，取出後，放入果汁機中，加入生飲水、二砂糖、水麥芽，一起攪打成泥，倒入鍋中，開小火炒到芋頭餡挑起時可成團即為芋頭餡，分為每個20g。

包餡烘烤

01 先將芋頭餡整型為圓片狀，一一包入蛋黃，收口㉙-㉛即為內餡。

02 再取一張油皮油酥㉜，直接蓋在內餡上㉝，慢慢將油皮油酥延展並把內餡完全包覆住，邊旋轉邊收口㉞-㊳，其他依序完成㊴。

03 將烤箱以上、下火180℃預熱10分鐘，或直接預熱到上、下火180℃，放入烤盤烘烤15分鐘，前後對調後，繼續烤10-15分鐘熟透即可㊵。

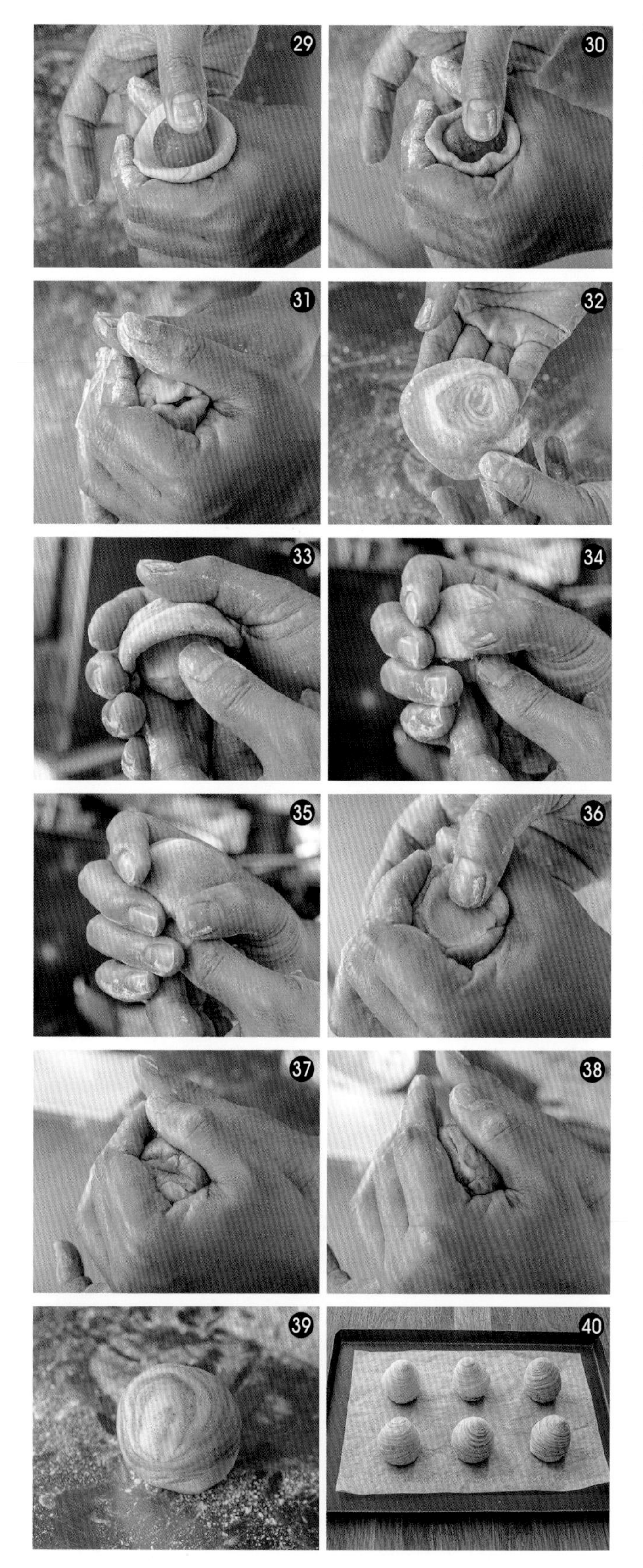

酥油皮類

05 叉燒酥

千層的酥脆美味，加上叉燒特有的口感，
在烘烤時，
不論多遠都能感受到令人垂涎的香氣！

材料

| 油皮 |

中筋麵粉 … 188g
水 … 94g
蛋 … 半顆
白油 … 18g
酥油 … 75g

| 油酥 |

低筋麵粉 … 488g
白油 … 300g
酥油 … 75g

| 餡料調味料 |

叉燒一份〈P.125〉 … 300g

| 表面裝飾 |

果糖 … 200g
水 … 100g
蛋黃液 … 適量
熟白芝麻 … 適量

份量：15 個
使用器具：烤箱
最佳賞味期：室溫半天
冷藏：2 天
冷凍：30 天

製作步驟

| 製作油皮 |

01 將中筋麵粉築成粉牆，依序加入酥油、白油、蛋、水，一起混拌均勻 ❶-❹，用手搓揉麵團 ❺，揉到麵團呈現光滑狀，鬆弛 20-25 分鐘 ❻。

02 把鬆弛好的麵團放入塑膠袋中，擀壓成長方形放入冰箱冷藏備用 ❼-❽。

| 製作油酥 |

01 將低筋麵粉築成粉牆，中間放入白油與酥油 ❾-❿，再充分揉拌均勻直到無顆粒即為油酥 ⓫-⓬，整型成長方形 ⓭ 放入冰箱冰約 30 分鐘。

| 製作油皮油酥 |

01 桌面上撒上手粉，將水油皮從塑膠袋中取出，用擀麵棍擀壓成厚薄一致的長方形 ⓮，放上油酥 ⓯，並將四邊往內折起 ⓰，用擀麵棍以敲打的方式，將油皮油酥展開 ⓱，將麵皮對折 ⓲，再次用擀麵棍以敲打的方式，將油皮油酥展開 ⓳，再擀平 ⓴。

02 先向內折 1/3，再對折 ㉑，再次用擀麵棍以敲打的方式，將油皮油酥展開 ㉒，再擀平 ㉓。

03 先向內折 1/3，再對折 ㉔-㉖，封上保鮮膜後放入冰箱冷藏靜置鬆弛約 20 分鐘 ㉗。

04 將鬆弛好的油皮油酥，用擀麵棍以敲打的方式，將油皮油酥展開 ㉘，再擀平 ㉙，用模具壓出形狀 ㉚，重約 30~35g。

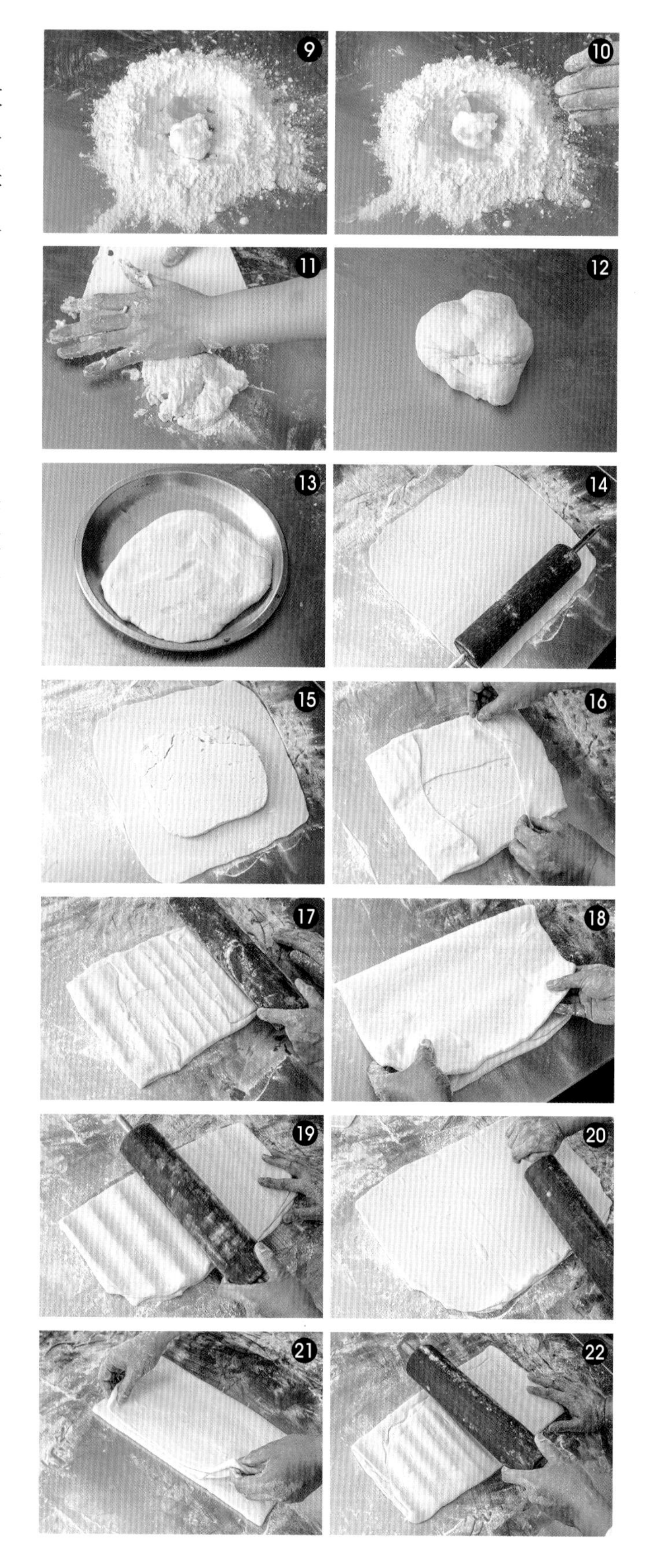

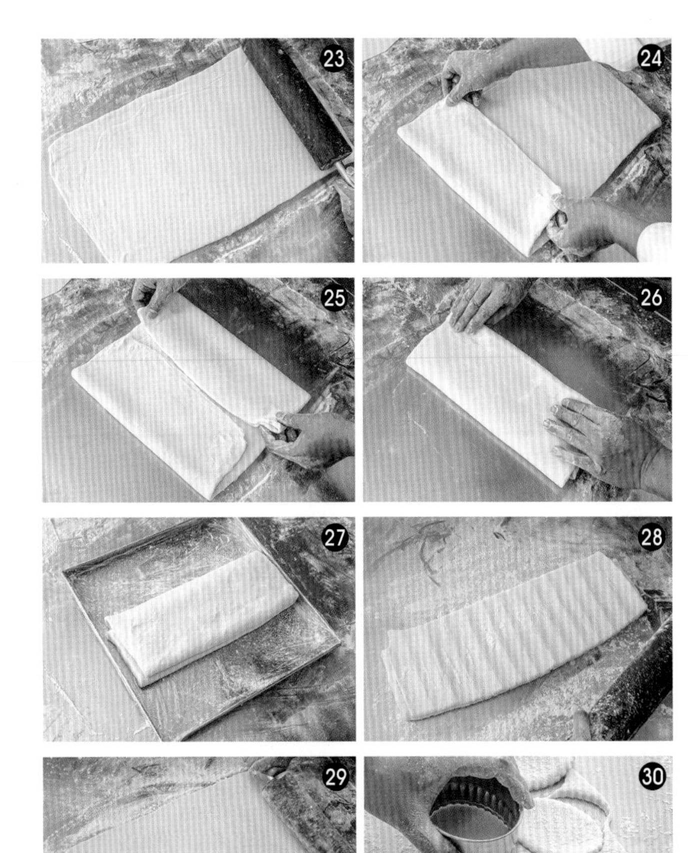

| 包餡烘烤 |

01 準備好內餡 ❸❶，取一張麵皮，包入 15 g 的內餡 ❸❷-❸❸，將麵皮對折壓好，以免烘烤時露餡 ❸❹-❸❺，放入烤盤中 ❸❻。

02 將烤箱以上火 200℃，下火 200 ℃預熱 10 分鐘，或直接預熱到上火 200℃，下火 200℃，放入烤盤烘烤 7 分鐘，刷兩次蛋黃液，繼續烤 9 分鐘，上色後轉向關火燜 8 分鐘，在表面塗上果糖與水混合的糖水，撒上芝麻即可取出。

1. 前一天就把內餡準備好，冷藏到第二天要做叉燒酥時，內餡會變得黏稠，也不會因為太濕潤而不好包。
2. 水油皮是由水與油所組成，所以在搓揉的過程中，必須要揉到三光，如此油皮在趕製過程中才能不碎裂。
3. 酥皮點心要烤出香酥蓬鬆的口感，擀製油酥油皮時將麵糰撖成長形、捲起、包捲重複三次這個動作絕對不能任意打折扣。

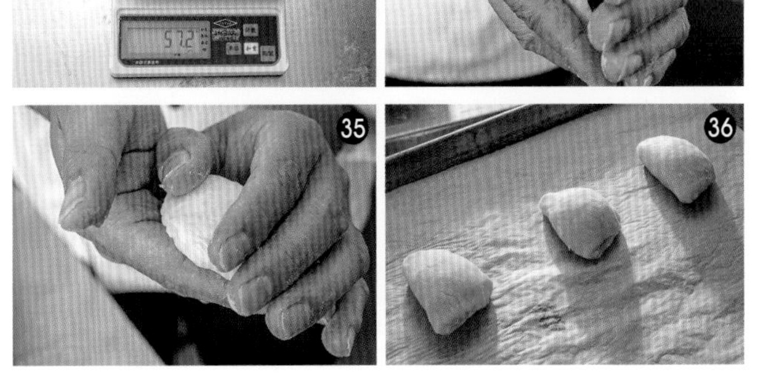

酥油皮類

06
咖哩酥

千層餅皮酥香鬆脆，
加上咖哩與肉餡的完美結合，
口感直逼滿分！

材料

| 油皮 |

中筋麵粉 … 231g
豬油 … 93g
糖粉 … 23g
水 … 116g

| 油酥 |

低筋麵粉 … 159g
豬油 … 72g

| 餡料調味料 |

沙拉油 … 11g
洋蔥 … 128g
（洋蔥切成 0.5　0.5 公分的丁狀）
豬腳肉末 … 277g
鹽 … 2g
糖 … 2g
咖哩粉 … 11g
玉米粉 … 11g
水 … 21g
（玉米粉、水混勻成芡水）

| 表面裝飾 |

全蛋液
白芝麻

份量：21 個
使用器具：烤箱
最佳賞味期：室溫半天
冷藏：2 天
冷凍：30 天

製作步驟

| 製作油皮 |

01 將中筋麵粉築成粉牆，依序加入豬油、糖粉、水一起混拌均勻 ❶-❷，用手搓揉麵團，揉到麵團呈現光滑狀，可以拉出薄膜 ❸ 鬆弛 5-10 分鐘。

02 把鬆弛好的麵團取出，搓揉成長條狀，用刮板均切成每分約 22 g 的小麵團，再一一擀成圓麵皮，其他麵團一一擀完，蓋上擰乾的濕布備用。

| 製作油酥 |

01 將低筋麵粉築成粉牆，中間放入豬油 ❹-❺，再充分揉拌均勻直到無顆粒即為油酥 ❻，分割成每個 11g 的重量。

| 製作油皮油酥 |

01 取一張水油皮，放入油酥，❼ 包覆好並收口，其他的油皮、油酥以同樣方式，一一包覆完成。

02 將包覆好的油皮油酥壓扁，上下擀開成橢圓狀 ❽，從上往下捲折到底 ❾，收口朝上，❿，重複擀開、捲起 2 次，收口朝上鬆弛 20 分鐘，其他包覆好的油皮油酥以同樣方式一一擀捲完成，同樣鬆弛約 20 分鐘 ⓫。

03 捲好的油皮油酥在中間壓出壓痕⓬，從兩端拿捏後壓扁，再擀成片狀⓭，其他油皮油酥依序完成。

| 製作餡料 |

01 鍋中倒入沙拉油燒熱，放入洋蔥丁⓮、炒至顏色呈現略微焦黃變色⓯，加入豬腳肉末⓰，一起拌炒均均勻至肉末變色⓱，即可加入鹽、糖拌炒⓲，最後加入咖哩粉一起混炒均勻⓳-⓴，再淋入玉米粉水，炒均勻後即為內餡㉑-㉒。

| 包餡烘烤 |

01 取一張麵皮，包入 20 g 的內餡㉓-㉔，一手托好麵皮與餡料，先對折㉕，從邊緣將皮捏緊密合㉖-㉗。

02 接著從一邊開始捏出花邊直到另一端完成㉘。其他依序完成，鬆弛 20 分鐘。

03 將烤箱以上火 200℃，下火 180 ℃ 預熱 10 分鐘，或直接預熱到上火 200℃，下火 180℃，放入烤盤刷上蛋液 2 次後，在表面撒上白芝麻烘烤 15 分鐘，前後對調後，繼續烤 8-10 分鐘，即可取出。

酥油皮類

07
老婆餅

有多層次的酥香餅皮，入口即化，
加上餡軟又不甜膩，口感滿分！

材料

油皮

中筋麵粉 … 231g
糖粉 … 23g
豬油 … 92g
水 … 116g

油酥

低筋麵粉 … 159g
豬油 … 72g

餡料調味料

冬瓜條 … 165g
熟白芝麻 … 66g
豬板油 … 99g
豬油 … 99g
糖粉 … 330g
水 … 66g
糕仔粉 … 99g

裝飾蛋液

全蛋液 … 適量

份量：20 個
使用器具：烤箱
最佳賞味期：室溫半天
冷藏：2 天
冷凍：30 天

製作步驟

｜製作油皮｜

01 將中筋麵粉築成粉牆❶，依序加入豬油、水、蛋，一起混拌均勻❷-❺，用手搓揉麵團，揉到麵團呈現光滑狀，可以拉出薄膜❻鬆弛 10 分鐘。

02 把鬆弛好的麵團取出，搓揉成長條狀，用刮板均切成每分約 22 g 的小麵團，再一一擀成圓麵皮，其他麵團一一擀完，蓋上擰乾的濕布備用。

｜製作油酥｜

01 將低筋麵粉築成粉牆，中間放入豬油❼-❽，再充分揉拌均勻直到無顆粒即為油酥❾-❿，分割成每個 11 克的重量，壓扁⓫。

｜製作油皮油酥｜

01 取一張水油皮，放入油酥⓬，包覆好並收口⓭-⓮，其他的油皮、油酥以同樣方式，一一包覆完成。

02 將包覆好的油皮油酥壓扁 ⓯，上下擀開成橢圓狀，從上往下捲折到底 ⓰-⓲，擀開、包捲這個動作再重複兩次，收口朝上鬆弛 20 分鐘 ⓳，其他包覆好的油皮油酥以同樣方式一一擀捲完成，同樣鬆弛約 20 分鐘。

03 捲好的油皮油酥在中間壓出壓痕 ⓴，從兩端拿捏後壓扁 ㉑-㉓，再擀成片狀，其他油皮油酥依序完成。

| 製作餡料 |

01 將冬瓜條切成碎末 ㉔，倒入鋼盆中，並加入熟芝麻 ㉕，繼續加入豬油、糖粉、糕仔粉 ㉖，一起攪拌均勻 ㉗。

02 繼續加入豬板油，略微攪拌後㉘-㉙，加入水後攪拌均勻㉚-㉛，均分成每個 44g㉜。

| 包餡烘烤 |

01 取一張麵皮，包入內餡㉝，一手托好麵皮與餡料，同時也負責轉動麵皮，拇指則負責將餡料壓好，另一手則抓住麵皮邊旋轉收口㉞-㉟，其他依序完成，鬆弛 分鐘㊱。

02 將鬆弛好的麵團放入圓形空心模中，壓至直徑約 7-9 公分，並將表面壓平㊲-㊳，再以塔皮扎孔器戳出均勻的孔洞㊴，表面刷上適量的蛋液㊵，放在烤盤上。

03 將烤箱以上火 190℃，下火 160℃預熱 10 分鐘，或直接預熱到上火 190℃，下火 160℃，放入烤盤烘烤 20 分鐘，前後對調後，續烤 10-15 分鐘，即可取出。

1. 如果沒有塔皮扎孔器，可以用家裡現有的叉子來取代。

酥油皮類

08 太陽餅

富有層次的酥香餅皮，
單純的餡軟香甜，
不喜歡太過複雜內餡的人來說，
太陽餅是很不錯的選擇

材料

| 油皮 |

中筋麵粉 … 331g
糖粉 … 33g
豬油 … 132g
水 … 176g

| 油酥 |

低筋麵粉 … 232g
豬油 … 104g

| 餡料調味料 |

麥芽糖 … 32g
無鹽奶油 … 32g
蛋白 … 19g
低筋麵粉 … 127g
糖粉 … 127g

份量：20 個
使用器具：烤箱
最佳賞味期：室溫半天
冷藏：2 天
冷凍：30 天

製作步驟

|製作油皮|

01 將中筋麵粉築成粉牆❶，依序加入豬油、水、蛋，一起混拌均勻❷-❺，用手搓揉麵團，揉到麵團呈現光滑狀，鬆弛10分鐘可以拉出薄膜❻。

02 把鬆弛好的麵團取出，搓揉成長條狀，用刮板均切成每分約32 g的小麵團，再一一擀成圓麵皮，其他麵團一一擀完，蓋上擰乾的濕布備用。

|製作油酥|

01 將低筋麵粉築成粉牆，中間放入豬油❼-❽，再充分揉拌均勻直到無顆粒即為油酥❾-❿，分割成每個大約16克的重量。

| 製作油皮油酥 |

01 取一張水油皮，放入油酥，⓫包覆好並收口，其他的油皮、油酥以同樣方式，再一一包覆完成。

02 將包覆好的油皮油酥壓扁，上下擀開成橢圓狀⓬，從上往下捲折到底⓭，轉向 90 度⓮，再次將其擀開⓯-⓰，從上往下捲折到底⓱-⓲，再次將油皮油酥上下擀開成長條狀⓳，從上往下捲折到底⓴-㉑，收口朝上鬆弛 20 分鐘，其他包覆好的油皮油酥以同樣方式一一擀捲完成，同樣鬆弛約 20 分鐘㉒。

03 捲好的油皮油酥在中間壓出壓痕㉓，從兩端拿捏後壓扁㉔，再擀成片狀㉕，其他油皮油酥依序完成。

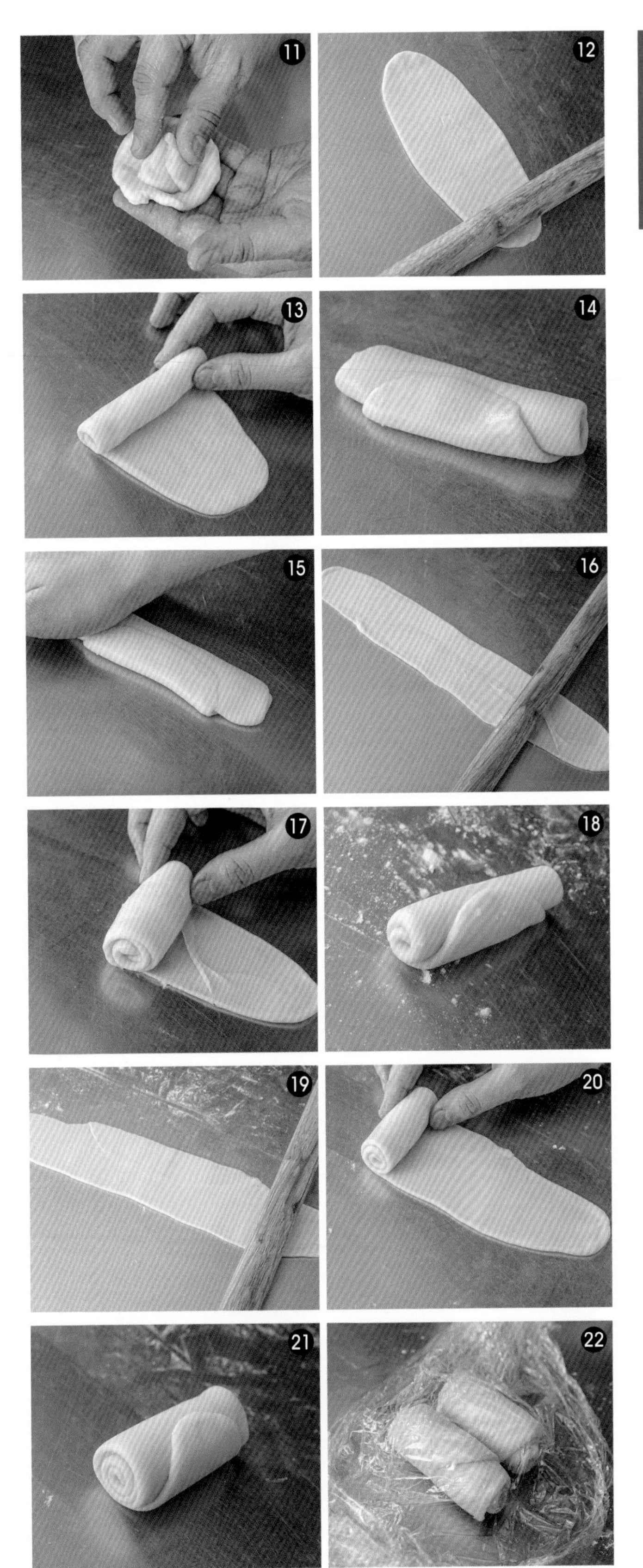

| 製作餡料 |

01 將麥芽糖、無鹽奶油、蛋白、低筋麵粉、糖粉一起混勻即為內餡。

| 包餡烘烤 |

01 取一張麵皮，包入 15 g 的內餡 ㉖，一手托好麵皮與餡料，同時也負責轉動麵皮，拇指則負責將餡料壓好，另一手則抓住麵皮邊旋轉收口 ㉗-㉘，其他依序完成，鬆弛　分鐘 ㉙。

02 將烤箱以上火 200 ℃，下火 200 ℃ 預熱 10 分鐘，或直接預熱到上火 200 ℃，下火 200 ℃，放入烤盤烘烤 10 分鐘，前後對調後，改成上火 0℃、下火 200℃烤 5-8 分鐘，即可取出。

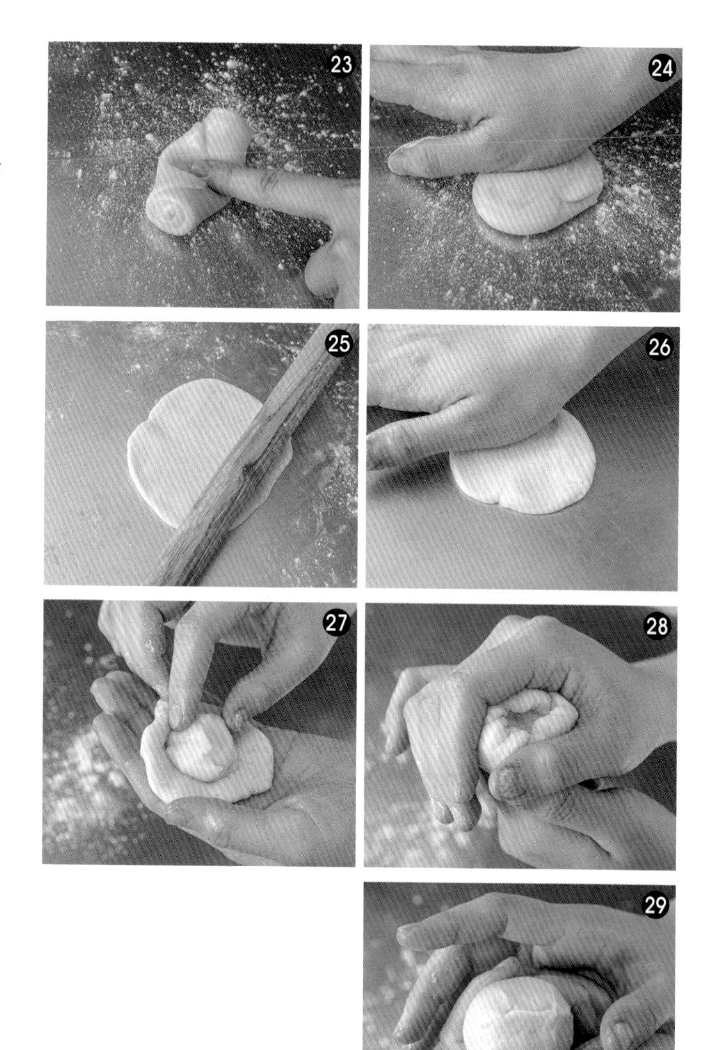

材料

|油皮|

中筋麵粉 … 129g
低筋麵粉 … 129g
糖 … 24g
水 … 105g
白油 … 64g

|油酥|

低筋麵粉 … 242g
白油 … 133g

|餡料調味料|

白蘿蔔絲 … 375g
鹽 … 1.5g
糖 … 7.5g
素調粉 … 2g
太白粉 … 18.75g
芡水（白蘿蔔汁）

|表面裝飾|

水 … 適量
生白芝麻 … 適量

酥油皮類

09 蘿蔔酥餅

份量：15 個
使用器具：烤箱
最佳賞味期：室溫半天
冷藏：3 天
冷凍：30 天

千層的酥脆美味，加上叉燒特有的口感，
在烘烤時，不論多遠都能感受到令人垂涎的香氣！

製作步驟

|製作油皮|

01 將中筋麵粉築成粉牆，依序加入酥油、白油、蛋、水，一起混拌均勻 ❶-❹，用手搓揉麵團 ❺，揉到麵團呈現光滑狀，重約 225g，鬆弛 10-15 分鐘 ❻-❽。

|製作油酥|

01 將低筋麵粉築成粉牆，中間放入白油與酥油 ❾-❿，再充分揉拌均勻直到無顆粒即為油酥，重約 187.5g⓫-⓬。

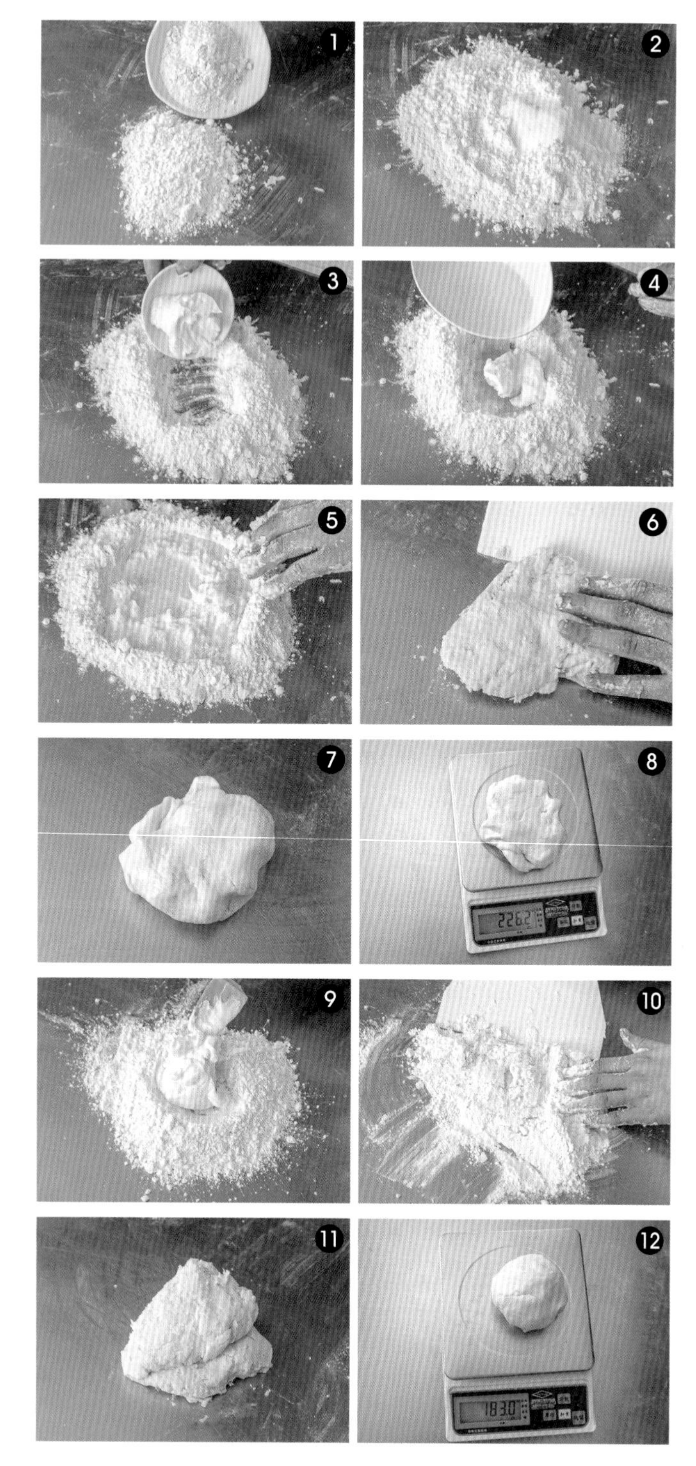

| 製作油皮油酥 |

01 將油皮從塑膠袋中取出，用擀麵棍擀壓成厚薄一致的圓片狀⓮，放上油酥⓮，收口直到完全密合⓯-⓰，用擀麵棍以邊壓邊敲打的方式，將油皮油酥展開⓱-⓳，將麵皮先向內折 1/3，再對折⓴-㉑，再次用擀麵棍以敲打的方式，將油皮油酥展開㉒，再擀平㉓-㉔。

02 將麵皮由上至下捲成圓柱狀，捲折到底，收口朝上㉕-㉗，將邊緣修掉㉘-㉙封上保鮮膜後放入冰箱冷藏 20 分鐘。。

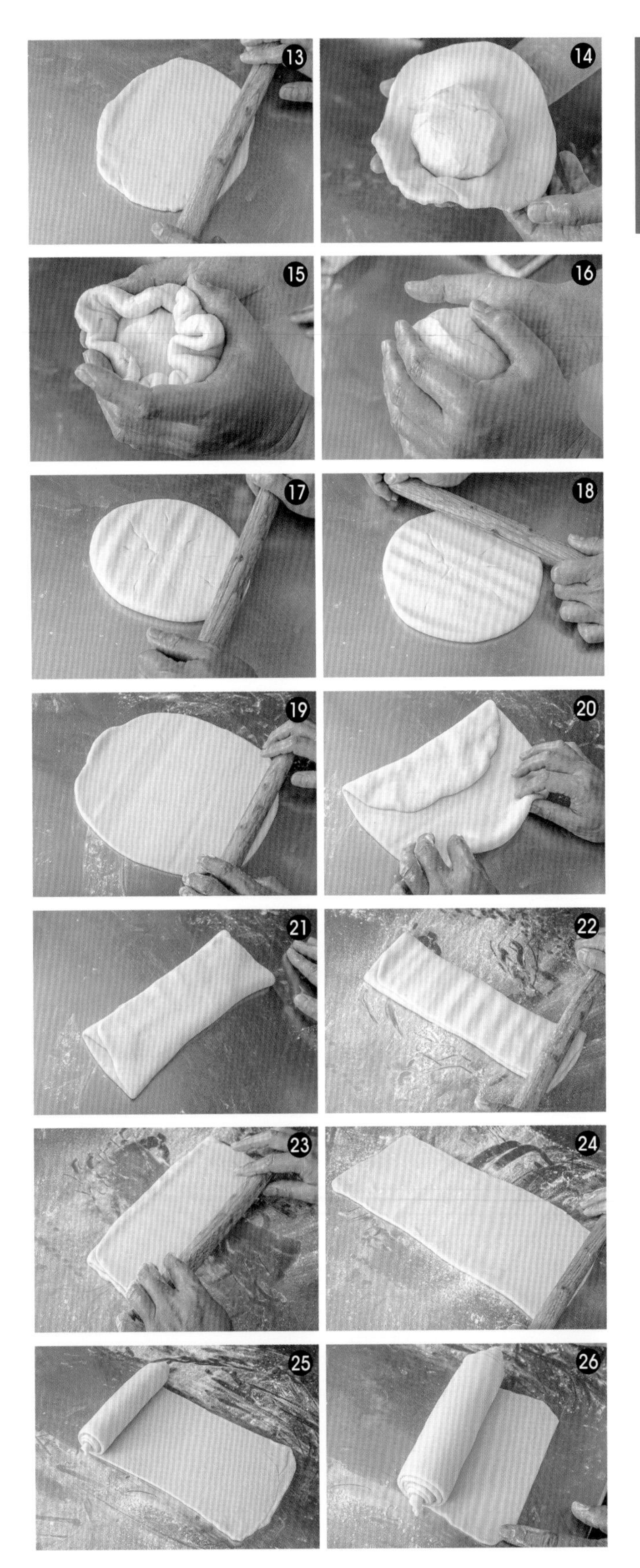

03 將整段平分成五段 ㉚，每段再從中間直切成兩半 ㉛-㉜，

04 取其中一個麵團，將每個麵皮擀大 ㉝-㉞，其他麵皮也依序完成。

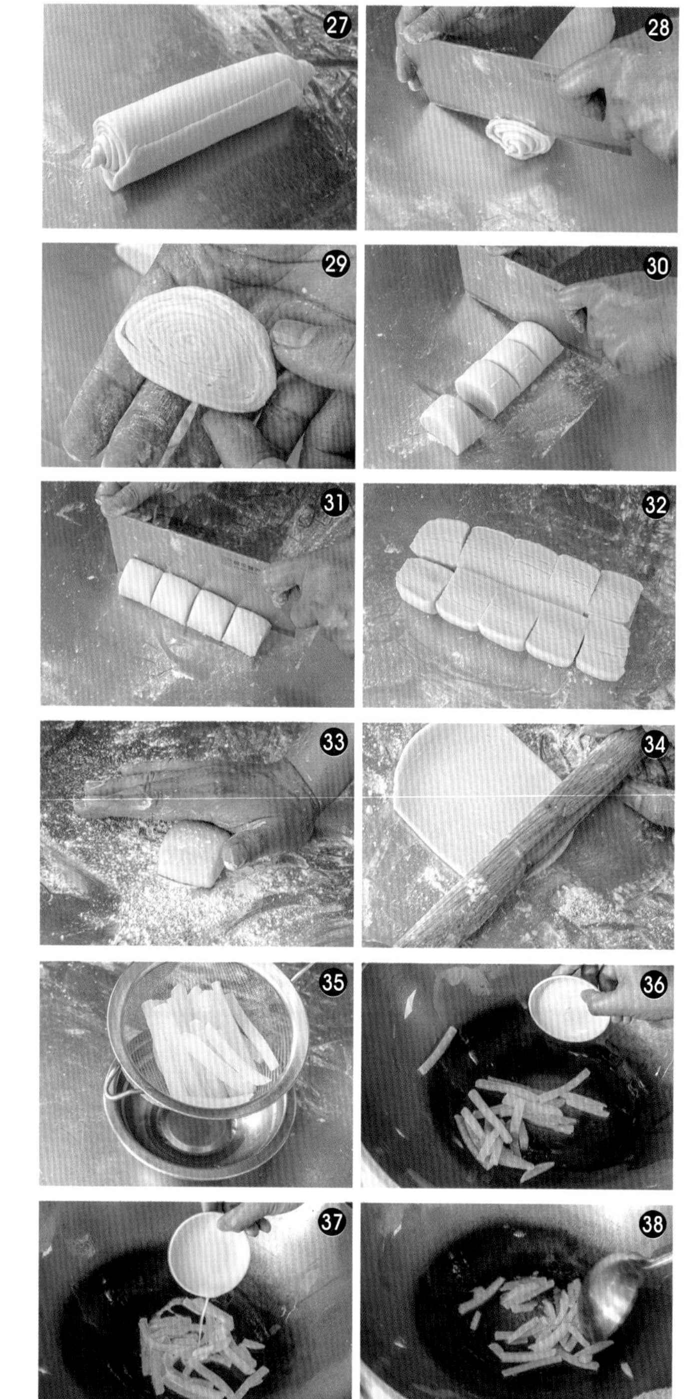

｜製作內餡｜

01 將白蘿蔔洗乾淨削皮，切成 1 公分的厚絲，將白蘿蔔絲放入一個疏離中下面再放鋼盆，蒸出來的白蘿蔔汁可以用來當芡水，蒸 15 分鐘 ㉟。

02 鍋中放入 1 匙的油燒熱，放入白蘿蔔絲，加入鹽、糖、素調粉炒勻 ㊱，再倒入將太白粉與白蘿蔔汁拌勻的芡水 ㊲-㊳，炒勻後起鍋放涼備用 ㊴。

| 包餡油炸 |

01 準備好內餡，取一張麵皮層次面朝外，包入 20 g 的內餡 ㊵-㊷，將麵皮對折壓好，將口收緊包魚翅餃型狀 ㊸-㊺，捏緊後將多餘的皮切掉捏緊 ㊻-㊼，沾水沾白芝麻即可。㊽-㊿

02 鍋中放入 2 杯油，燒熱至 150℃ 51-52，炸至熟透金黃即可撈出、瀝乾油分。

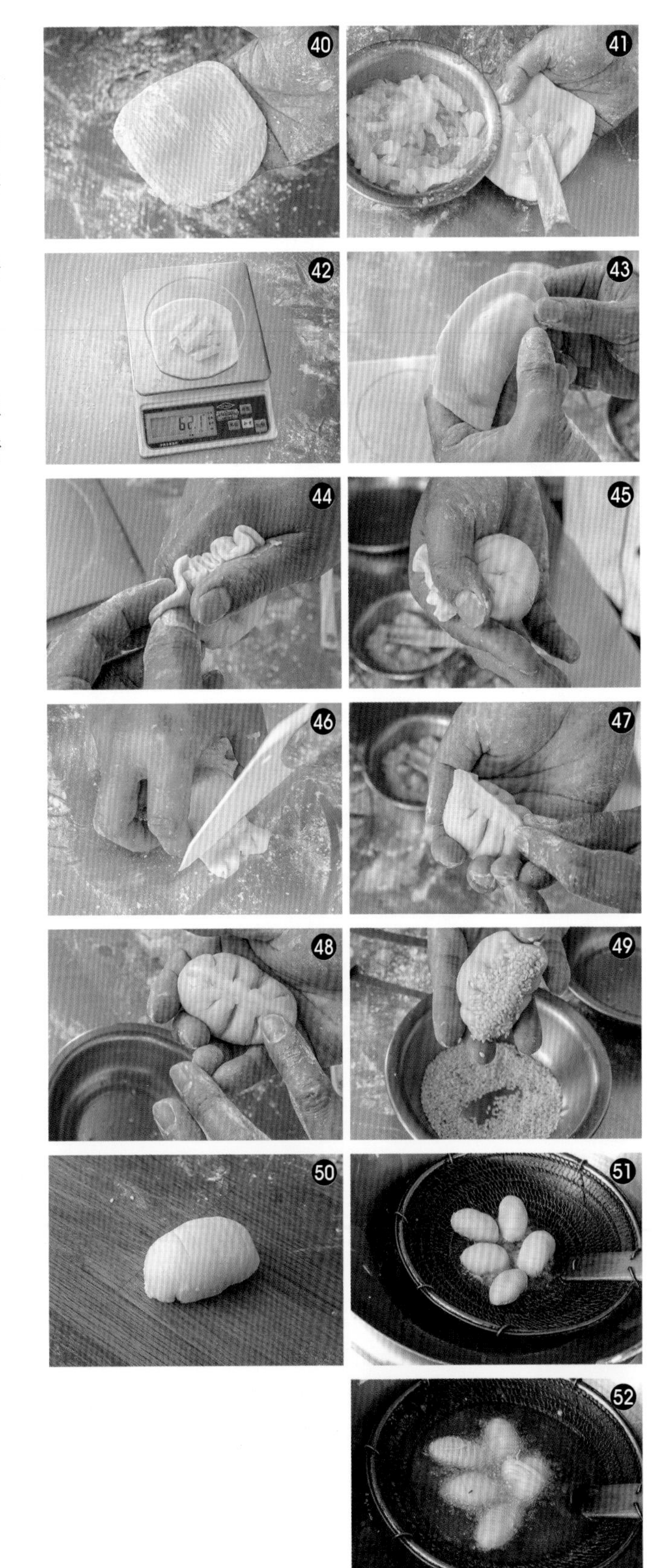

1. 油皮是由水與油所組成，所以在搓揉的過程中，必須要讓其表面出現光滑且具韌性，如此油皮在趕製過程中才能不碎裂。

酥油皮類

10
綠豆椪

鹹香的滷肉，
巧妙的中和了綠豆沙餡的甜膩
這款經典的台式酥點錯過可惜！

材料

份量：6 個
使用器具：烤箱
最佳賞味期：室溫半天
冷藏：2 天
冷凍：30 天

| 油皮 |

中筋麵粉 … 90g
糖粉 … 4g
豬油 … 36g
水 … 40g

| 油酥 |

低筋麵粉 … 66g
豬油 … 30g

| 餡料調味料 |

豬絞肉 … 54g
白芝麻 … 8g
油蔥酥 … 8g
鹽 … 0.2g
醬油 … 2g
糖粉 … 0.2g
綠豆沙餡 … 360g

製作步驟

| 製作油皮 |

01 將中筋麵粉揉至均勻光滑中筋麵粉、糖粉混合後築成粉牆❶，依序將豬油、水加入後一起混拌均勻❷-❸，用手來回的搓揉麵團❹-❺鬆弛約20分鐘，試著將麵團拉拉看，如果能拉出薄膜❻，麵團呈現光滑狀即可。

02 把鬆弛好的麵團取出，搓揉成長條狀，用刮板均切成每分約 25 g 的小麵團 ❼，蓋上擰乾的濕布備用。

|製作油酥|

01 低筋麵粉築成粉牆，中間放入豬油 ❽-❾，再充分揉拌均勻直到無顆粒即為油酥 ❿-⓫，分割成每個 15 克的重量 ⓬。

|製作油皮油酥|

01 取一個水油皮麵團，壓扁後放入油酥，包覆好並收口，其他的油皮、油酥以同樣方式，一一包覆完成。

02 將包覆好的油皮油酥壓扁，上下擀開成橢圓狀 ⓭，從上往下捲折到底 ⓮，轉向 90 度 ⓯，壓扁後擀開、捲折 ⓰-⓲，再重複一次，最後再次將油皮油酥轉向、壓扁再上下擀開成長條狀開，從上往下捲折到底收口朝上鬆弛 10 分鐘 ⓳，其他包覆好的油皮油酥以同樣方式一一擀捲完成，鬆弛約 10 分鐘。

|製作餡料|

01 鍋中倒入 1 大匙油燒熱，放入豬絞肉拌炒至變色，加入

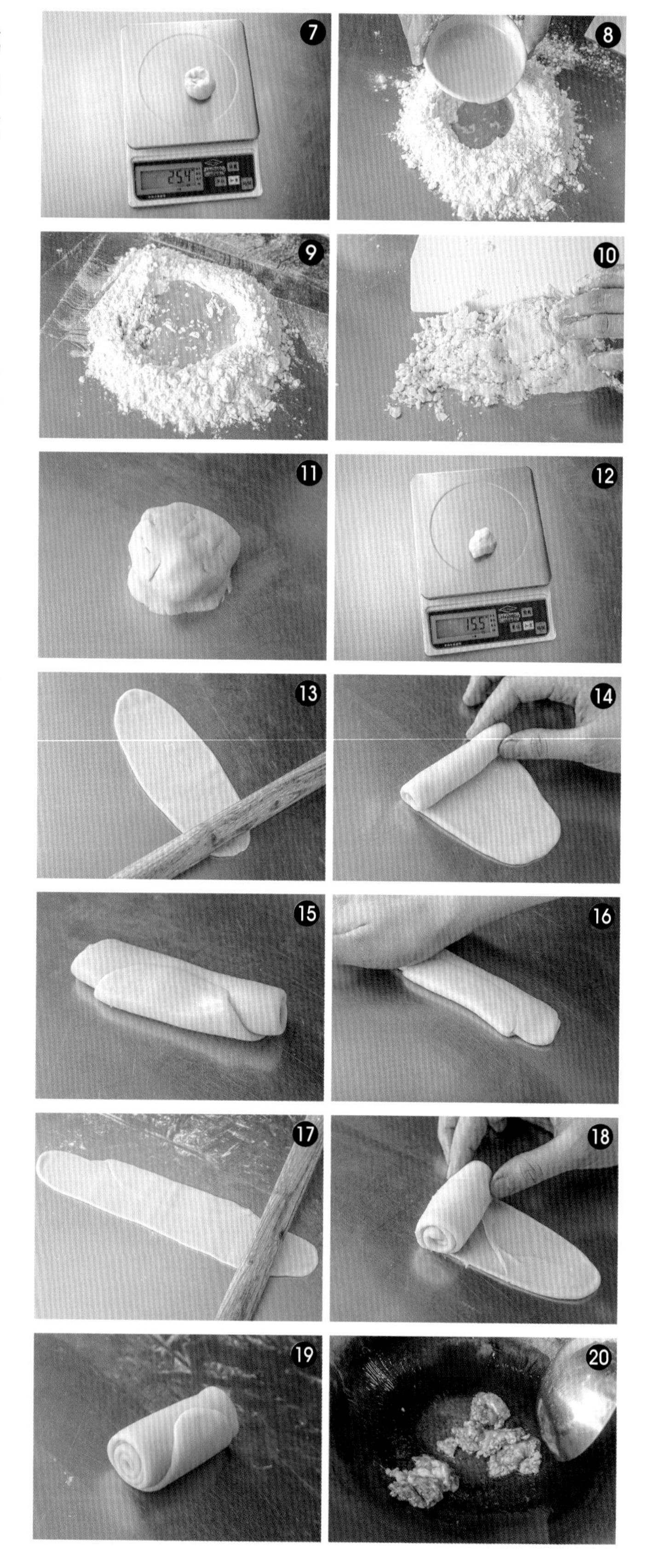

鹽、糖粉、油蔥酥後拌炒均勻 ⑳-㉒，繼續加入醬油、白芝麻 ㉓-㉕，炒勻後即可撈出放涼 ㉖。

02 將炒好的餡料倒入綠豆沙餡中 ㉗，一起拌勻 ㉘ 再均分為每個 60g 的內餡 ㉙。

| 包餡烘烤 |

01 鬆弛好的油皮油酥從中間壓下 ㉚，將兩端捏合，壓扁、擀成圓片狀 ㉛-㉝，其他麵皮依序完成。

02 取一張油皮油酥，放入內餡 ㉞，邊旋轉邊收口，慢慢將內餡完全包覆住 ㉟-㊲，其他依序完成 ㊳。

03 將烤箱以上、下火 180℃預熱 10 分鐘，或直接預熱到上、下火 180℃，放入烤盤烘烤 25 分鐘，前後對調後，繼續烤 10-15 分鐘熟透即可。

酥油皮類

11
葡式蛋塔

剛出爐的葡式蛋塔，
熱騰騰的酥皮忍不住大咬一口
千層的美味，讓人一吃就停不下來

材料

份量：25-30 個
使用器具：烤箱
最佳賞味期：室溫半天
冷藏：3 天
冷凍：30 天

| 油皮 |

中筋麵粉 … 131g
低筋麵粉 … 131g
糖 … 9g
酥油 … 37.5g
白油 … 37.5g
水 … 131g

| 油酥 |

低筋麵粉 … 300g
白油 … 450g

| 餡料調味料 |

牛奶 … 164g
糖 … 167g
蛋黃液 … 160g
鮮奶油 … 780g
全蛋 … 1 顆半

製作步驟

| 製作油皮 |

01 將中筋麵粉築成粉牆，依序加入酥油、白油、蛋、水，一起混拌均勻 ❶-❹，用手搓揉麵團 ❺，揉到麵團呈現光滑狀，鬆弛 20-25 分鐘 ❻。

02 把鬆弛好的麵團放入塑膠袋中，擀壓成長方形放入冰箱冷藏備用 ❼-❽。

| 製作油酥 |

01 將低筋麵粉築成粉牆，中間放入白油與酥油 ❾-❿，再充分揉拌均勻直到無顆粒即為油酥 ⓫-⓬，整型成長方形放入冰箱冷藏約 30 分鐘備用 ⓭。

| 製作油皮油酥 |

01 桌面上撒上手粉，將水油皮從塑膠袋中取出，用擀麵棍擀壓成厚薄一致的長方形 ⓮，放上油酥 ⓯，並將四邊往內折起 ⓰，用擀麵棍以敲打的方式，將油皮油酥展開 ⓱，將麵皮對折 ⓲，再次用擀麵棍以敲打的方式，將油皮油酥展開 ⓳，再擀平 ⓴。

02 先向內折 1/3，再對折 ㉑，再次用擀麵棍以敲打的方式，將油皮油酥均勻展開 ㉒，再擀平 ㉓。

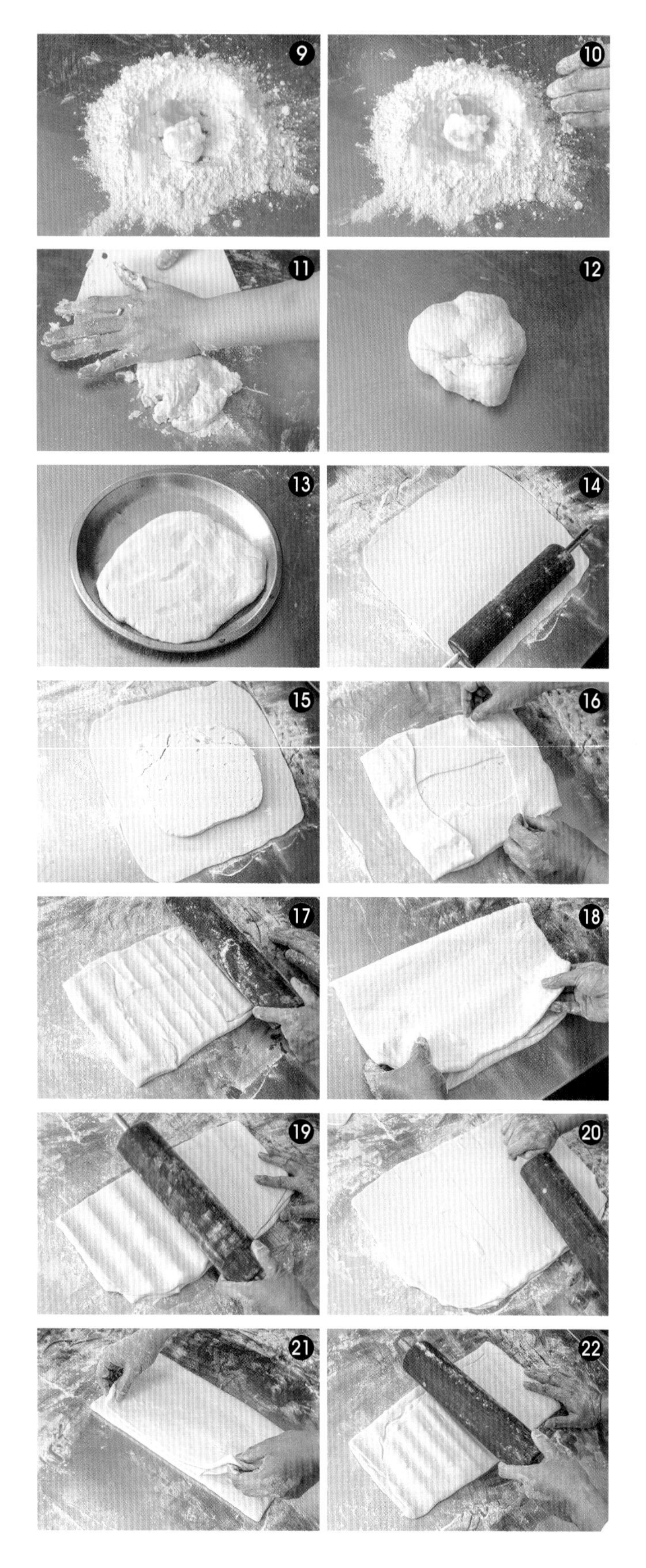

03 先向內折 1/3，再對折 ㉔，放入冰箱靜置鬆弛約 20 分鐘 ㉕。

04 將冰過的油皮油酥，用擀麵棍以敲打的方式，將油皮油酥展開 ㉖，再擀平 ㉗，用模具壓出形狀 ㉘。

05 將油皮油酥放入塔模中，用手壓回整平，讓酥皮貼緊，超過烤模邊緣約 1 公分高可以壓回 ㉙，其他的依序完成 ㉚。

| 製作內餡 |

01 鍋中放入牛奶、糖，以隔水加熱的方式直到糖融化 ㉛-㉜，放涼後加入鮮奶油、蛋黃液、全蛋一起拌勻 ㉝-㉞，再加以過濾 ㉟。

| 倒入蛋液烘烤 |

01 將蛋液倒入塔模中，大約 9 分滿即可。

02 將烤箱以上火 250℃，下火 230℃ 預熱 10 分鐘，或直接預熱到上火 250℃，下火 230℃，放入烤盤烘烤 20 分鐘，開門降溫 5 分鐘，悶 5 分鐘即可取出。

材料

| 油皮 |

無鹽奶油 … 40g
無水奶油 … 35g
糖粉 … 26g
全蛋 … 26g
低筋麵粉 … 131g
奶粉 … 9.5g

| 鳳梨餡 |

金鑽鳳梨 … 1000g
二砂糖 … 180g
麥芽糖 … 150g
檸檬汁 … 10g

份量：9 個
使用器具：方型空心模，烤箱
最佳賞味期：室溫半天
冷藏：3 天　冷凍：30 天

糕漿皮類

12 鳳梨酥

可說是台灣之光的鳳梨酥，餡軟又不甜膩，餅皮酥香
製作方法不困難，想吃不必等到中秋節

製作步驟

| 製作油皮 |

01 鋼盆中倒入無鹽奶油攪拌至軟，加入無水奶油❶，一起攪拌均勻。加入全蛋、糖粉❷，一起攪拌均勻後，依序加入低筋麵粉、奶粉❸-❹，再混拌均勻成團❺-❻。

02 將麵團分割成每一個 27 g❼，用手滾圓，其他依序完成。

| 製作內餡 |

01 準備好餡料❽。將土鳳梨塊，放入紗布中，並用力將汁液擠出❾-⓫後放入鋼盆中。

02 將鳳梨心片加入後拌勻⓬-⓭，再炒勻⓮，再加入水麥芽再加入檸檬汁及二砂糖⓯，一起炒到顏色呈現淡褐色⓰-⓱，即可熄火取出，待涼後，分成每個 25 g 的小團⓲。

| 包餡烘烤 |

01 將麵團壓扁⓳，包入一個鳳梨內餡⓴，一手托好麵皮與餡料，同時將餡料壓好，抓住麵皮邊旋轉邊完全收口，其他依序完成㉑-㉔，鬆弛。

02 將包好的鳳梨酥放入模具中，輕壓至兩面都平均，放入烤盤中，其他依序完成㉕-㉘。

03 烤箱預熱至上火230℃、下火180℃，或以上火230℃、下火180℃預熱10分鐘後，烘烤8分鐘，使其紋路固定，取出後刷上蛋黃液，再進烤箱，改成上火180℃、下火180℃，烘烤8-10分鐘，烤至表面金黃色上色即可取出㉙。

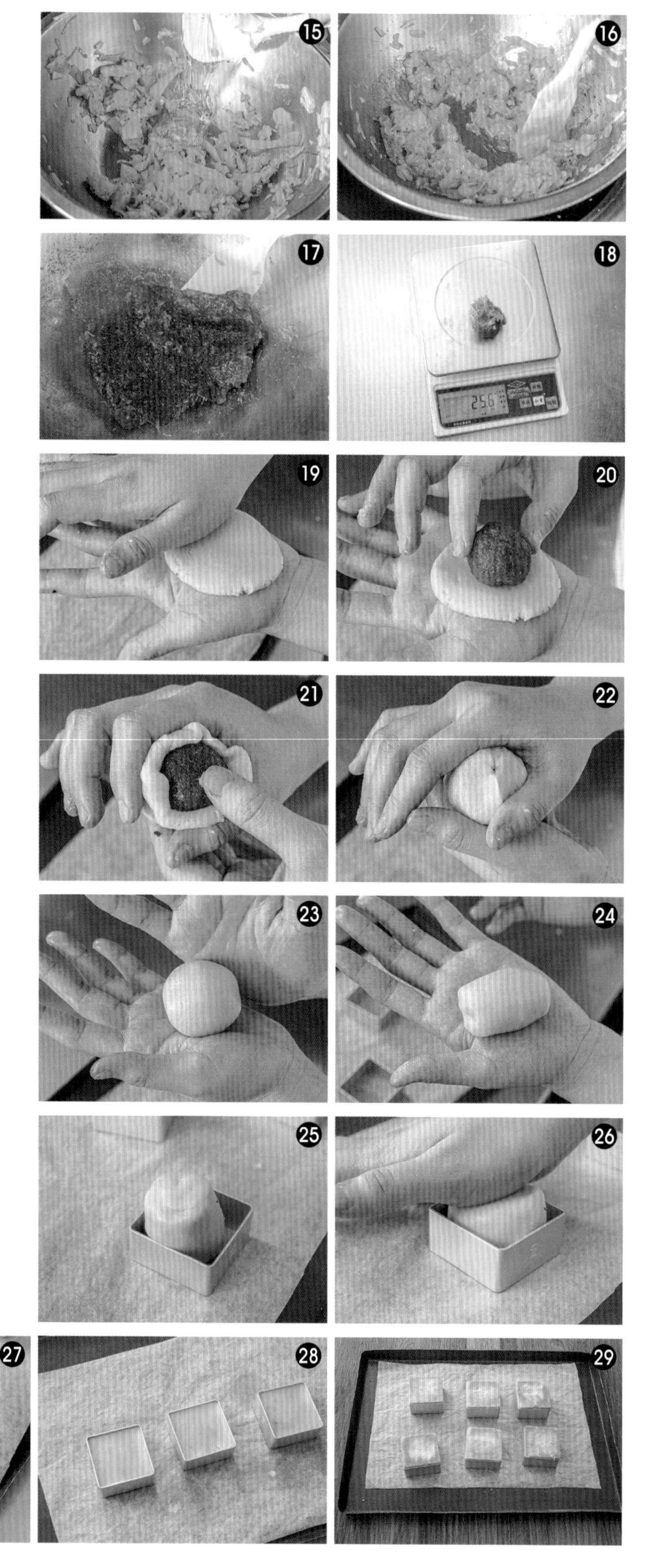

材料

| 油皮 |

低筋麵粉 … 60g
轉化糖漿 … 39g
鹼水 … 2.5g
花生油 … 17g

| 餡料調味料 |

市售低糖烏豆沙餡 … 456g
（豆沙餡分割成每個 72 g。）

份量：6 個
使用器具：烤箱
最佳賞味期：室溫半天
冷藏：3 天　冷凍：30 天

糕漿皮類

13 廣式月餅

有多層次的酥香餅皮，入口即化，
加上餡軟又不甜膩，口感滿分！

製作步驟

| 製作餅皮 |

01 鋼盆中倒入麥芽糖、低筋麵粉、糖粉、奶粉、泡打粉、鹽、蛋一起攪拌均勻 ❶-❹。

02 將麵團分割成每一個 19g 後用手滾圓 ❺，外皮沾麵粉後放入塑膠袋中 ❻，壓扁成薄片狀 ❼-❽。

| 包餡烘烤 |

01 將豆沙餡分割成每個 76g。

02 麵皮連同塑膠袋一起翻面，包入內餡 ❾，左手托好麵皮與餡料，同時將餡料壓好 ❿-⓫，去除塑膠待後，抓住麵皮邊旋轉邊完全收口 ⓬-⓮，其他依序完成，鬆弛 分鐘。

03 包好的台式月餅沾粉，放入月餅模中，將月餅壓入月餅模中 ⓯-⓲，輕敲餅模的前兩端的兩角，即可扣出月餅 ⓳-⓴。

04 烤箱預熱至上火 230℃、下火 180℃，或以上火 230℃、下火 180℃預熱 10 分鐘後，烘烤 8 分鐘，使其紋路固定，取出後刷上蛋黃液，再進烤箱，改成上火 180℃、下火 180℃，烘烤 8-10 分鐘，烤至表面金黃色上色即可取出。

1. 廣式月餅因為皮很薄，所以在包餡過程中，利用塑膠袋，可以讓操作過程更順利，比較不會破皮露餡。

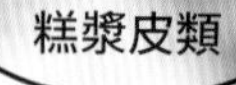

14
核桃甘露酥

有多層次的酥香餅皮，入口即化，
加上餡軟又不甜膩，口感滿分！

材料

｜油皮｜

奶油 … 50g
糖 … 50g
鮮奶 … 23.5g
泡打粉 … 0.75g
吉士粉 … 7.5g
低筋麵粉 … 100g

｜餡料調味料｜

市售棗泥餡 … 195g
（棗泥餡分割成每個13g。）

｜裝飾｜

核桃 … 適量
蛋黃液 … 適量

份量：15個
使用器具：烤箱
最佳賞味期：室溫半天
冷藏：3天
冷凍：30天

製作步驟

|製作麵皮|

01 鋼盆中倒入奶油及糖一起攪拌均勻❶-❷，再加入鮮奶一起攪拌均勻。

02 再加入泡打粉、吉士粉、低筋麵粉混拌均勻❸-❹，至麵團呈現光亮狀❺，將麵團分割成每一個15g的小團❻，再用手滾圓，其他麵團依序滾圓後備用。

|包餡烘烤|

01 將麵團壓扁成圓形薄片❼，包入一個內餡❽，一手托好麵皮與餡料，同時也負責轉動麵皮，拇指則負責將餡料壓好，另一手則抓住麵皮邊旋轉收口❾-❿，其他依序完成，在表面插入適量的核桃⓫-⓬，刷上蛋液⓭。

02 將烤箱以上火230℃，下火150℃預熱10分鐘，放入烤盤烘烤9分鐘，前後對調後繼續烤5-10分鐘，即可取出⓮。

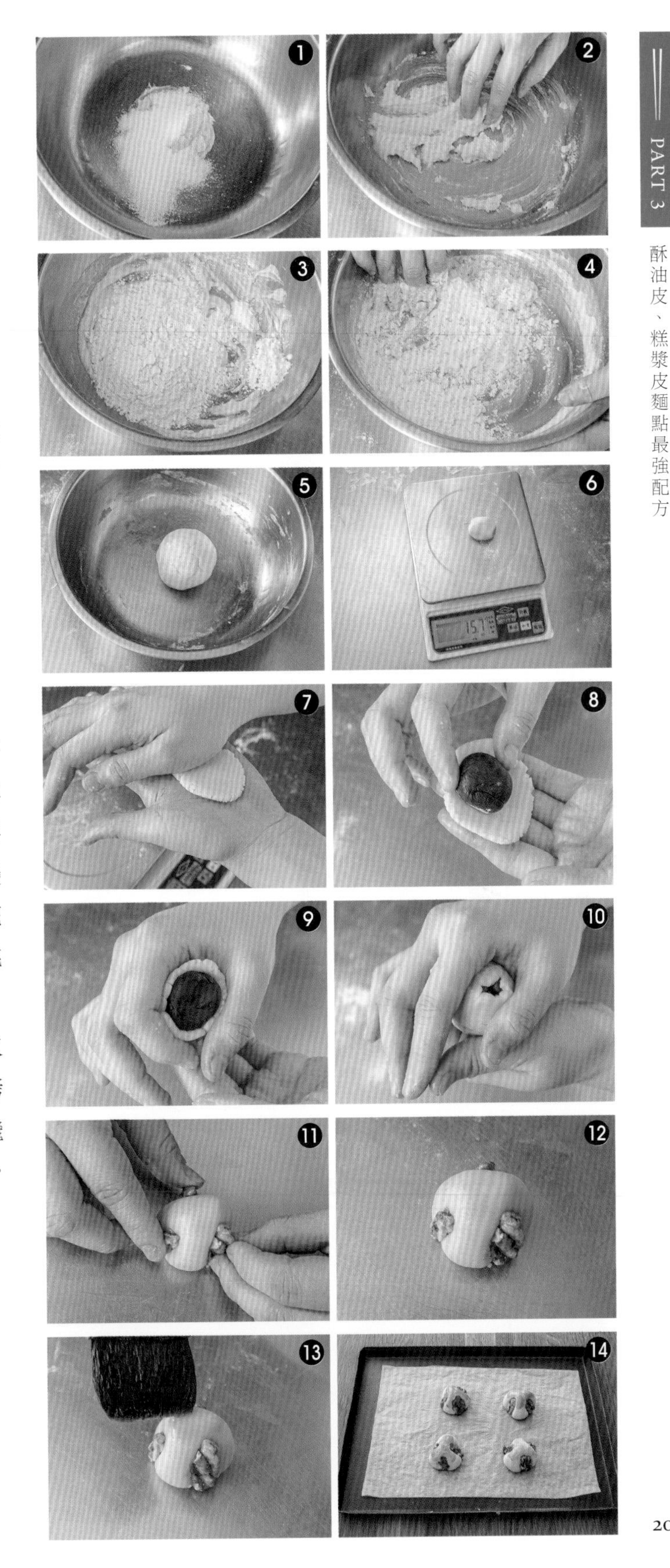

1. 第一次操作，可以參考台式月餅的包餡方式，因為都屬於皮薄餡多，所以在包餡過程中，利用塑膠袋，可以讓操作過程更順利，比較不會破皮露餡。

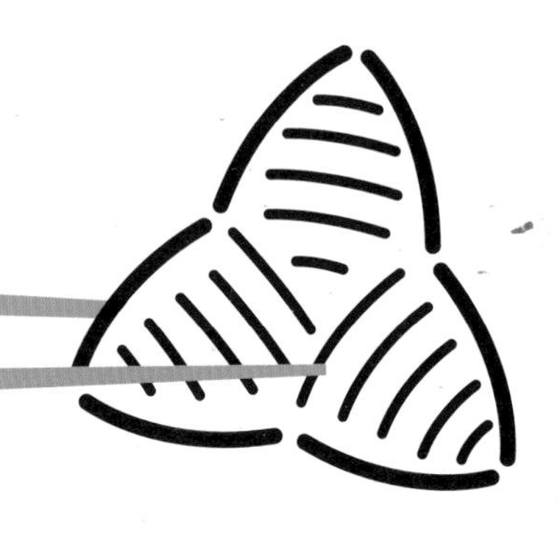

PART 4

米粒、
米漿點心
最強配方

什麼是米粒、米漿類麵點？

米粒類：

從字面上不難理解主要的原料就是我們常吃的米，米粒類的點心即便進行了調理製作，還是可以一眼看出米粒形狀，例如我們常吃的肉粽、紫米珍珠丸子、桂花糖藕、荷葉糯米雞、五色米菓球、脆皮糯米雞，或是八寶粥、狀元及第粥等等。

漿、團類：

米粒在泡軟後，再以磨碎機加水打成濃稠漿狀，可以直接使用做成米糊，若以在來米粉磨碎，可以可以用來製作用碗粿、蘿蔔糕、芋頭糕、九層炊等等；經過脫水就能做成粿團，最常用到的就是或是芋粿巧、草仔粿、湯圓、鹹水餃等等。

熟粉類：

熟粉類則是利用米磨成粉狀，並經過蒸或烘熟，常吃的鳳片糕就是利用熟粉所製成。

完全破解！米粒、米漿類點心容易失敗的點 Q & A

Q1 蒸好的粽子黏粽葉，形狀不完整，到底出了什麼問題？

A 主要在於粽葉濕潤度不足。所以，製作前一定要讓粽葉的濕潤度足夠，在準備包粽子前，一定要先以水煮過，或是浸泡過，讓粽葉吸足水分後再進行。此外，如果能把要包入的糯米事先加一些油拌勻再進行包裹，也可以避免黏粽葉的情況發生。

Q2 為什麼蘿蔔糕會過糊？

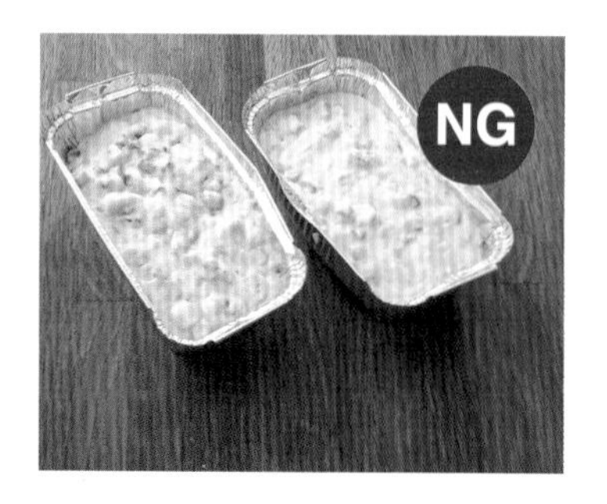

A 在做蘿蔔糕時，通常米粉跟水的比例約 1：1 或 1：2，會有這樣的差別，這是因為蘿蔔的含水量是一個變數，如果蘿蔔的含水量比較高，那麼加入的水就要比較少。而蘿蔔在炒熟後與米漿一起拌煮到糊化不能過於濃稠，以免澱粉沉澱，影響蒸出來的外觀與口感。

Q3 為什麼九層炊的層次不平均？

A 層層分明的九層炊，不僅外觀漂亮，且口感上更是綿密柔軟。但因每一層都要綿密緊黏，因此倒入漿粉時的厚薄必須一致，且熟成度也必須一致，再倒入另一層的粉漿，在這個過程中，如果有其中一個步驟不到位，就會影響切開後的層次與外觀。此外，火候和時間也要控制得宜。

Q4 五色米果球為什麼會爆餡，要怎麼避免？

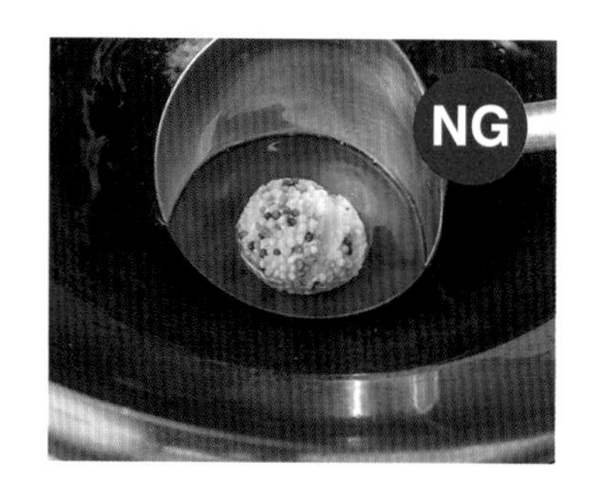

A 要炸出外酥內嫩又保持完整外型的五色米果球的炸物，先以溫度較低、短時間讓形狀固定，熱量逐漸滲入食材內部，取出，升高油溫後，再放入鍋中進行複炸，當再次入鍋的食材被高油溫所重重包圍，表面能因快速吸收熱量而讓水分汽化，這樣就能做出外焦酥而裡軟嫩又不爆餡的絕佳效果。

Q5 酒釀湯圓要怎麼煮才不會破皮？

A 要避免破皮，首先水量一定要夠多，如此可以避免湯圓互相沾黏而導致破皮，在水滾之後，放入湯圓就要將火力調小一點，使用鍋剷也比較能避免湯圓破皮。

Q6 製作米漿時的水量要怎麼把握？

A 米漿做成的糕點軟硬，取決於加水時的多寡，多加一點，會呈現漿狀，口感上會比較軟，水量加得少，呈現團狀，吃起來口感較硬，但因為各種米漿類需要的水含量不一，但都必須攪拌均勻，避免有沒攪散的粉而導致失敗。

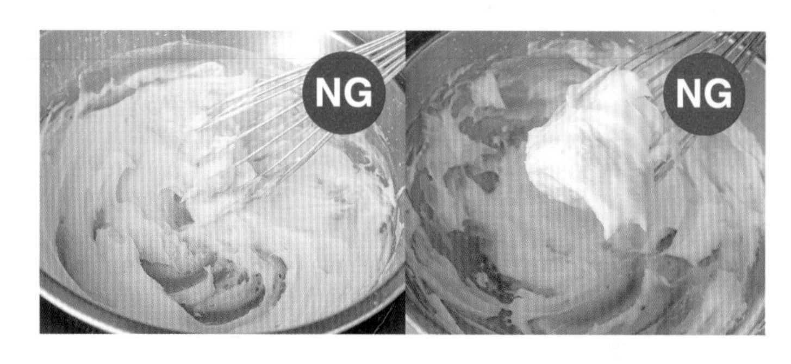

米漿在加熱初期時要完全攪拌均勻，且不能使用大火，而是要以小火來進行加熱，並且視製作成品時所需要的狀況來決定糊化程度。在加熱過程中，如果沒有進行攪拌，容易造成底部燒焦。

Q7 鹹水餃在製作時為何會破皮？油炸時為何會露餡？

A 部份粿粉團以滾水煮熟再放入生粿粉糰搓揉後，不僅能做出粿皮的Q度，同時也更容易包餡，包餡時的內餡份量不要太多，如果一次包入太多，容易在下鍋前就出現破皮的情況。此外，油炸鹹水餃要炸出外觀酥脆，色澤金黃，餡心的滋味更為鮮美，油溫是絕對關鍵，因此要控制好溫度，絕對不能太高，可以先用溫油入油鍋中炸，讓內部熟化，再拉高油溫讓外表的口感更為酥脆。如果全程油溫過高，就容易出現爆餡或出現內餡不熟的情況。

包入太多餡，容易出現破皮。

全程都用高溫油炸，爆餡的機率很高。

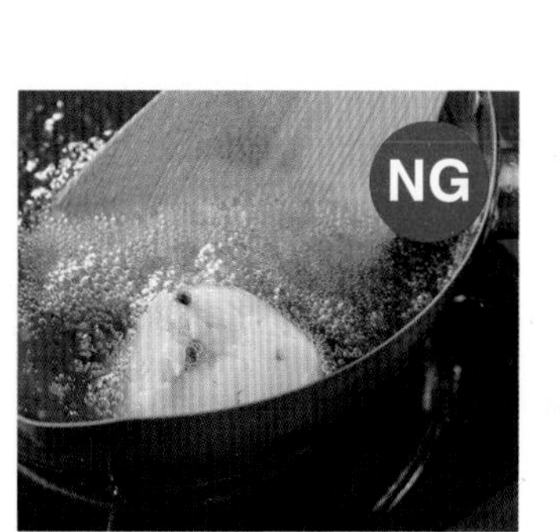

油溫過高，容易出現爆餡。

製作時沒有將收口捏緊，就容易出現口裂。

米粒類

01 肉粽

泡過滷汁的米粒，口感上更富層次，
水煮過的軟嫩，是專屬南部粽的美味！

材料

| 米料 |

長糯米 ⋯ 2400g

| 餡料 |

五花肉塊 ⋯ 40 塊

蒜末 ⋯ 50g
（大蒜去皮、頭尾切末）

鹹蛋黃 ⋯ 40 顆
（鹹蛋黃加入適量米酒去腥蒸過）

帶皮花生 ⋯ 450g
（水中加少許鹽、八角、桂皮、月桂葉）
（放入帶皮花生水煮 30 分鐘）

栗子 ⋯ 40 個
（栗子泡軟煮透）

小香菇 ⋯ 20 朵
（泡軟後對切一半）

| 調味料 |

米酒 ⋯ 10g

醬油 ⋯ 187.5g

糖 ⋯ 187.5g

胡椒 ⋯ 適量

五香粉 ⋯ 適量

鹽 ⋯ 10g

八角 ⋯ 5g

桂皮 ⋯ 1 片

月桂葉 ⋯ 5 片

味醂 ⋯ 44g

| 包裹材料料 |

粽葉 ⋯ 80 葉
（刷洗乾淨用熱水煮過後瀝乾備用）

份量：40 個
使用器具：深鍋
最佳賞味期：室溫半天
冷藏：3 天
冷凍：21 天

製作步驟

| 製作餡料 |

01 五花肉塊放入滾水中汆燙，撈出❶。

02 鍋中放入1匙油，放入蒜末爆香❷，加入八角、桂皮、月桂葉，再加入醬油、米酒、糖、胡椒、五香粉、味醂煮滾❸-❺，再加入適量的水，煮滾❻。

02 繼續加入加入五花肉塊、栗子以及香菇❼-❾，煮約20分鐘後熄火，放入深碗中❿-⓬，讓肉泡在滷汁中以小火煨煮約35分鐘。

| 準備米料 |

01 糯米洗乾淨泡1小時，拌入滷汁浸泡　分鐘⓭-⓯，將滷汁瀝乾⓰。

| 包粽蒸煮 |

01 挑選兩片粽葉，將硬梗部分剪除 ⓱，光滑面朝上，兩片粽葉相疊，並從三分之二處轉折起來，交叉後形成漏斗狀 ⓲-⓳，並且在尾端折出折角，包裹時米才不會掉出去。

02 放入 1 大匙的糯米，並略微壓實一下 ⓴，繼續放入五花肉塊、鹹蛋黃、栗子、香菇及其他配料 ㉑，再繼續填入糯米至滿 ㉒。

03 一手按住邊角保持粽子外型後將粽葉蓋下來，另一手順勢壓緊 ㉓-㉔，再將粽葉往下包覆，前端多餘的粽葉向一側折疊，最後用粽繩將粽子繞兩圈後綁緊，綁上活結即完成 ㉕-㉖。

04 鍋中放入水至 8 分滿，放入綁好的粽子 ㉗，水煮 35-40 分鐘，吊起來滴水，放涼即可 ㉗-㉘。

材料

紫米 … 100g
圓糯米 … 300g
燒賣餡 … 700g（作法請參考 P.064）
中芹 … 30g（中芹洗淨後切末）
黑胡椒 … 3g
鹽 … 4g
太白粉 … 適量

份量：25-30 顆
使用器具：蒸籠
最佳賞味期：室溫 1 小時
冷藏：3 天
冷凍：30 天

米粒類

02 紫米珍珠丸子

粒粒皆清楚的米粒外觀上圓潤好看、
內餡美味不油膩，
只要掌握好蒸米步驟，在家也能完美上桌

製作步驟

| 處理米粒 |

01 紫米、圓糯米洗淨後分別泡水一個晚上，瀝乾水分 ❶-❷，將紫米蒸 10-15 分鐘至米心熟透，放涼後。鍋中倒入圓糯米，並將紫米、太白粉倒入後一起混拌均勻 ❸-❹。

| 處理內餡 |

01 鋼盆中放入燒賣餡，加入中芹末、黑胡椒、鹽 ❺，一起拌勻 ❻。

02 用虎口處捏出丸子狀 ❼，每個丸子的重量為 25 g❽。

| 組合料理 |

01 將肉丸子放入米粒鋼盆中，手掌先放入一些米粒再放入肉丸並讓其表面沾滿紫米圓糯米後壓實搓圓 ❾-⓫，其他的珍珠丸子依序完成，放入蒸籠中 ⓬。

02 鍋中放入適量的水煮滾，放入蒸籠，以大火蒸 8 分鐘至內餡、米心熟透即可取出。

1. 珍珠丸要放入蒸籠之前，要在底部先墊上蒸籠布或是烘焙紙，就可以預防沾黏。
2. 糯米的黏性強，由於外型上的差別，又有長糯米和圓糯米的分別。選擇圓糯米時以外型圓短、整齊，米粒的顏色潔白為首選。

米粒類

03
桂花糖藕

帶著桂花淡淡的香氣，
以及藕斷絲連的口感，
這道傳統江南小點，
作法不難，需要的是時間慢煮

份量：4-5 人份
使用器具：深鍋
最佳賞味期：室溫 1 小時
冷藏：3 天
冷凍：30 天

材料

蓮藕 … 600g
紫米 … 150g
冰糖 … 750g
水 … 2500g
桂花蜜 … 適量
太白粉 … 適量
水 … 適量

製作步驟

|處理紫米 & 蓮藕|

01 紫米洗淨並浸泡 3 小時，撈出瀝乾 ❶。

02 將蓮藕洗淨後，依節切開，並將頂部切開，當成蓋子 ❷。

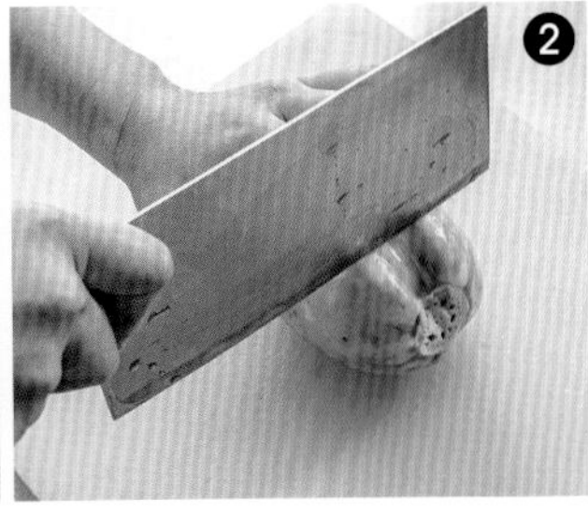

| 組合料理 |

01 將紫米灌入蓮藕的洞內 ❸，可以用筷子輔助會更順利壓實，並將切斷的蓮藕頭塞滿米後蓋回，並用牙籤固定 ❹-❻。

02 把蓮藕放入鍋中，加入 2500g 的水蓋過蓮藕，加入冰糖，煮滾後蓋上鍋蓋，以小火燜煮約 120-180 分鐘 ❼-❾，再關火燜 30 分鐘 ❿，取出蓮藕並將汁液倒掉待涼。

03 將桂花醬、加入適量的太白粉水芶薄欠即為醬汁 ⓭。

04 將蓮藕切片淋上醬汁即可 ⓮。

1. 這是一道非常考驗耐性的點心，作法上其實並不困難，而是只要掌握好燜煮時間，即使不是過年期間，你也能在家品嚐。

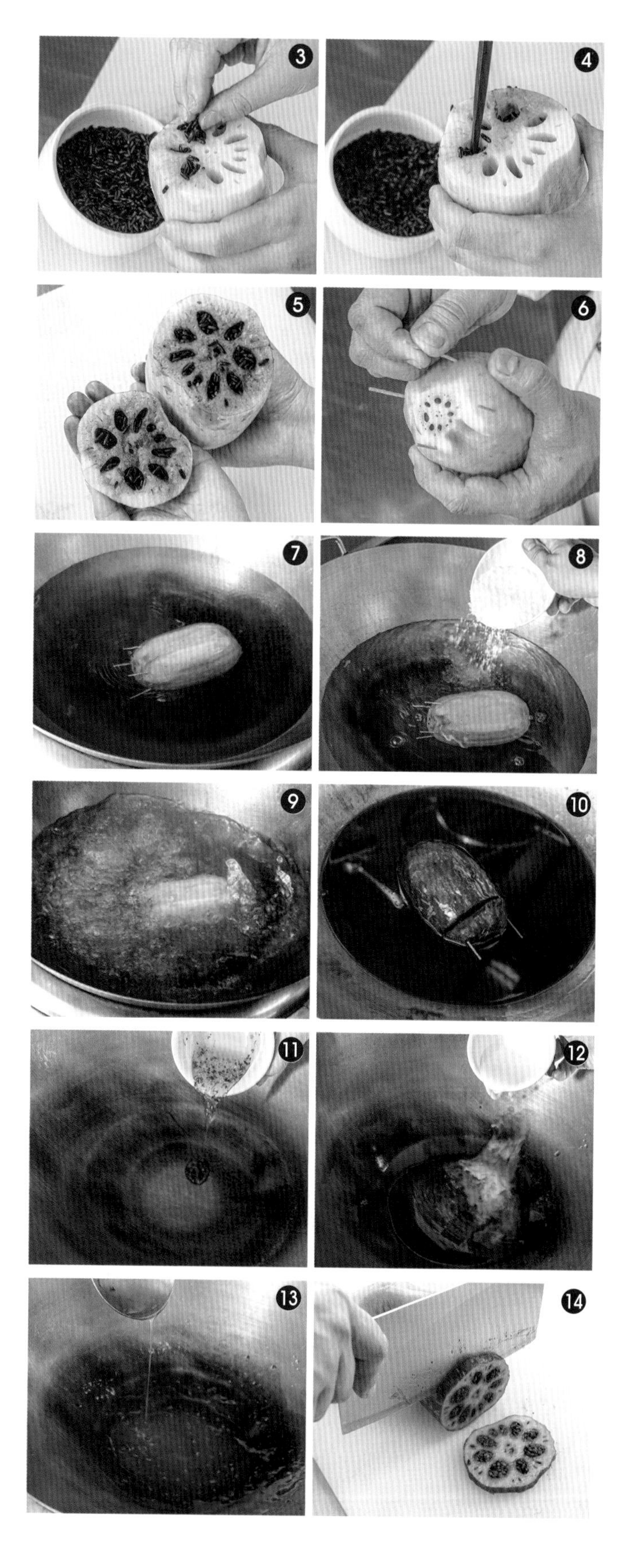

米粒類

04 荷葉糯米雞

有著荷葉特有的香氣，
只要將餡料炒香，以糯米完整包覆，
在家就能品嚐到人間美味！

材料

份量：50 個
使用器具：深鍋
最佳賞味期：室溫半天
冷藏：3 天
冷凍：21 天

長糯米 … 3000g
（前一天晚上先泡長糯米）
鹹蛋黃 … 30g
（鹹蛋黃蒸 12 分鐘蒸熟，1 個切 8 小塊備用）
去骨雞腿肉 … 1500g
（去骨雞腿肉，去除碎骨頭，切小丁 1cm×1cm）
臘腸 … 150g
（臘腸、香菇切小丁 0.5cm×0.5cm）
香菇粒 … 150g
（臘腸、香菇切小丁 0.5cm×0.5cm）
荷葉 … 25g

| 米飯調味料 |

鹽 … 37.5g
糖 … 93.75g
素調粉 … 36.25g
胡椒粉 … 7.5g
美極 … 15g
水 … 300g
豬油 … 150g
蔥油 … 37.5g
香油 … 37.5g

| 餡料調味料 |

紹興酒 … 28g
水 … 750g
素調粉 … 5.5g
糖 … 10g
胡椒粉 … 3.75g
美極 … 6g
蠔油 … 49g
金蘭醬油 … 30g
老抽 … 11.5g
芡汁
（太白粉 94g、水 103g）
香油 … 15g

| 包裹材料 |

荷葉 … 80 葉

製作步驟

| 處理荷葉 |

01 荷葉洗淨後，用溫水浸泡約3小時，泡軟後取出❶，從中間對半切開，再切除頂端較硬的部分，兩側不規則部分也一併切除，最後修剪成直徑35×35的形狀❷-❻。

| 處理米飯 |

01 長糯米瀝乾水，放入容器內不加水乾蒸30分鐘，打開後觀察一下❼-❽，如果米心沒有熟透，可以灑點溫熱水後，蓋上蓋子繼續蒸10分鐘。

02 將鹽、糖、素調粉、胡椒粉、美極、水、豬油、蔥油、香油等米飯的調味料一起攪拌均勻❾-⓫，倒入蒸熟的米飯中，趁熱拌勻⓬-⓭。

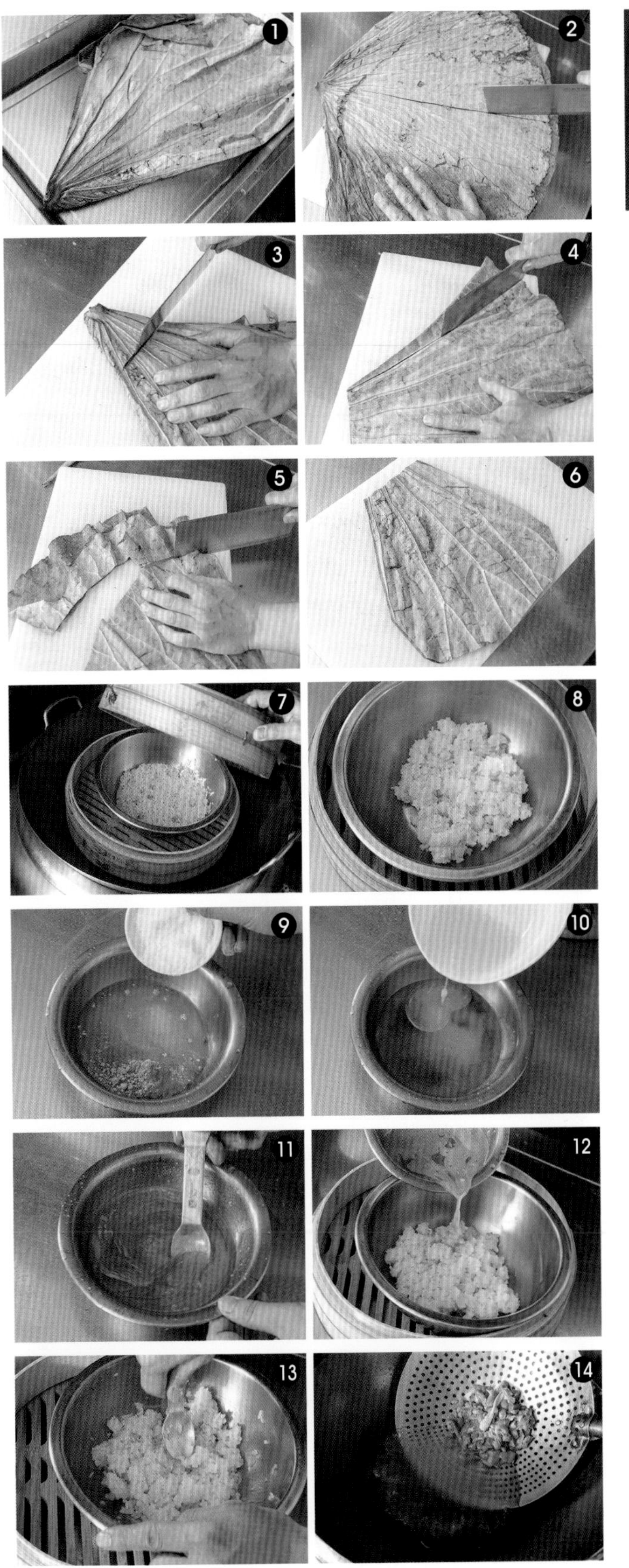

| 製作餡料 |

01 雞肉放入滾水中汆燙一下⑭，汆燙時可以加一點紹興酒。臘腸與香菇分別放入滾水中汆燙一下，撈出、瀝乾水分。

02 鍋中倒入1匙油燒熱，放入臘腸、香菇爆香⑮，接著加入雞肉一起拌炒⑯，繼續加入餡料的所有調味料（芡汁、香油除外）一起炒勻後煮滾⑰-⑱。

03 將芡汁裡的太白粉跟水拌勻，關火後倒入鍋中拌勻炒熟，加香油拌勻後放涼⑲。

| 包裹蒸煮 |

01 取一片荷葉，有紋路的那一面朝上，在1/3處先鋪入一層約35g的飯⑳-㉑，再放餡料22g以及鹹蛋黃後㉒-㉓，再鋪入一層飯略微壓實㉔。

02 先將荷葉一側往中間折，再將另一邊往中間折，接著從下往上折捲到底即完成，其他則依序完成㉕-㉘。

03 放入蒸籠中以大火蒸15分鐘即可取出。

米粒類

05
五色米菓球

五彩繽紛的顏色，搭配入口時的酥脆
與豆沙甜甜的滋味互搭，口感滿分！

材料

| 外皮 |

澄粉 … 18.75g
滾水 … 18.75g
糯米粉 … 60g
細砂糖 … 22.5g
水 … 45g
白油 … 22.5g

| 餡料調味料 |

市售低糖烏豆沙 … 105g

| 表面裝飾 |

五色米果球 … 適量

份量：18 個
使用器具：深鍋
最佳賞味期：室溫半天
冷藏：3 天
冷凍：30 天

製作步驟

| 製作糯米皮 |

01 鋼盆中先倒入澄粉，再倒入滾水後攪拌均勻 ❶-❷。

02 將糯米粉、細砂糖、水一起放入鋼盆中攪拌至糖融化 ❸-❺，加入澄粉團一起揉勻後再加入白油揉勻即可 ❻。

1

2

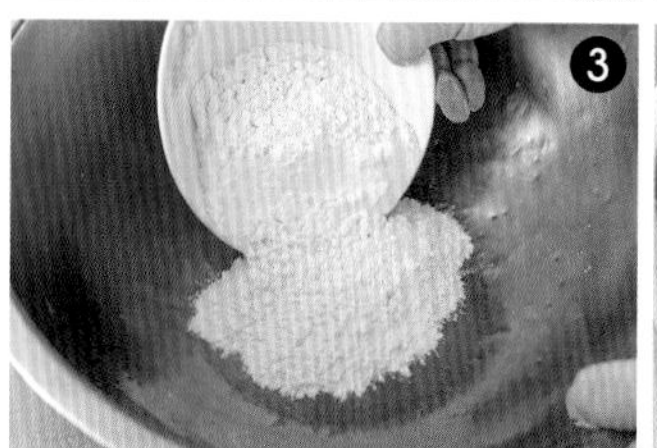
3

4

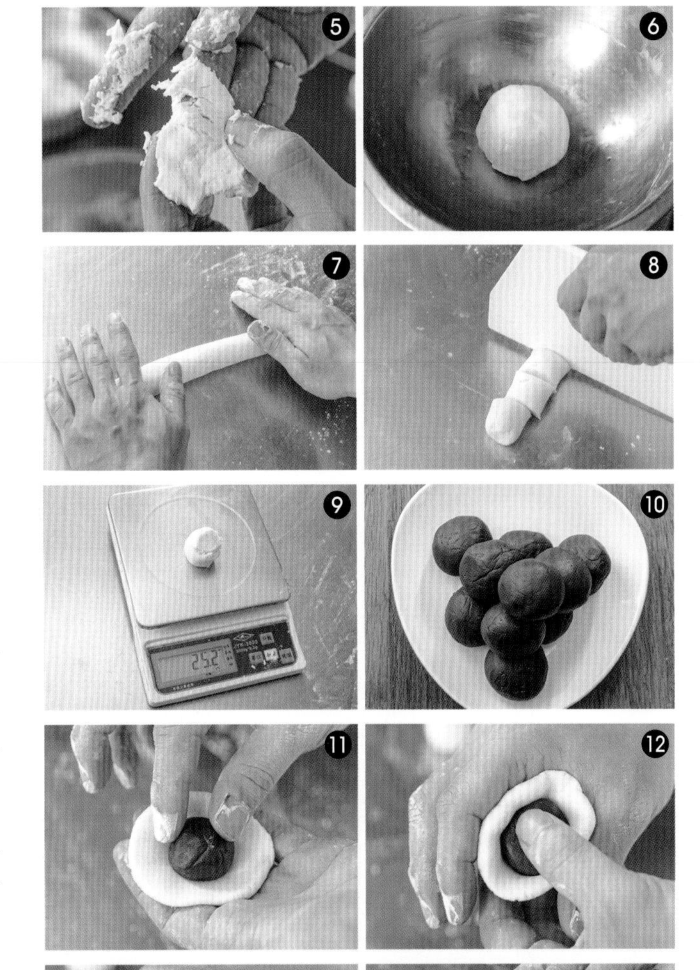

| 包餡油炸 |

01 將糯米皮材料搓成長條狀，再均切成每個 25 g 的粉團 ❼-❾，再擀成圓薄狀。

02 將豆沙餡分割成每個 15 g❿。

03 取一張糯米皮，放上一個豆沙餡，一手托好糯米皮與內餡，同時將餡料壓好 ⓫-⓬，抓住糯米皮邊旋轉邊完全收口並滾圓 ⓭，其他依序完成。

04 表面均勻沾上水後再沾五色米果球 ⓮-⓱，其他依序完成。

05 深鍋中放入適量的油燒熱至 130℃，放入五色米果球油炸至金黃酥脆即可撈出瀝油 ⓲。

1. 如果油溫過低，很難炸出漂亮的金黃色，而油溫控制不準，就會產生外焦內生的狀況，所以建議新手可以選購一支測溫計，有助掌控好溫度變化。
2. 油炸食物，最重要的就是要吃起來不會有油膩感，看起來有好吃，以及入口時有酥脆的口感，所以「去油」、「上色」、「搶酥」這三大要訣，都要藉由油溫的變化來達成，因此掌控好油溫，是美味的關鍵。

米粒類

06 脆皮糯米雞

對於喜歡多重口感的人來說
軟嫩的內餡加上酥脆的外皮，
絕對可以一次滿足

份量：5 顆
使用器具：深鍋
最佳賞味期：室溫 60 分鐘
冷藏：3 天
冷凍：30 天

材料

荷葉糯米雞 … 5 顆
（作法請參照 P.225）

｜脆漿材料｜

低筋麵粉 … 30g
泡打粉 … 2.5g
吉士粉 … 15g
太白粉 … 2.5g
水 … 適量
威化紙 … 10 張

製作步驟

| 製作脆漿 |

01 鋼鍋中依序放入低筋麵粉、泡打粉、吉士粉、太白粉後拌勻❶-❷，加入適量的水攪拌均勻即為脆漿❸-❹。

| 包裹油炸 |

01 將荷葉糯米雞的荷葉去除。

02 準備兩張威化紙，放上糯米雞❺-❻，先將一邊往內折起，再將另一邊也往內折起❼，接著捲折到底之前，沾抹一些水後使其密合❽，均勻沾裹上脆漿粉❾-⓫，其他糯米雞也依序完成。

03 鍋中放入適量的油燒熱至160℃，放入裹好脆漿粉的糯米雞，油炸至金黃酥脆撈出瀝油後即完成⓬。

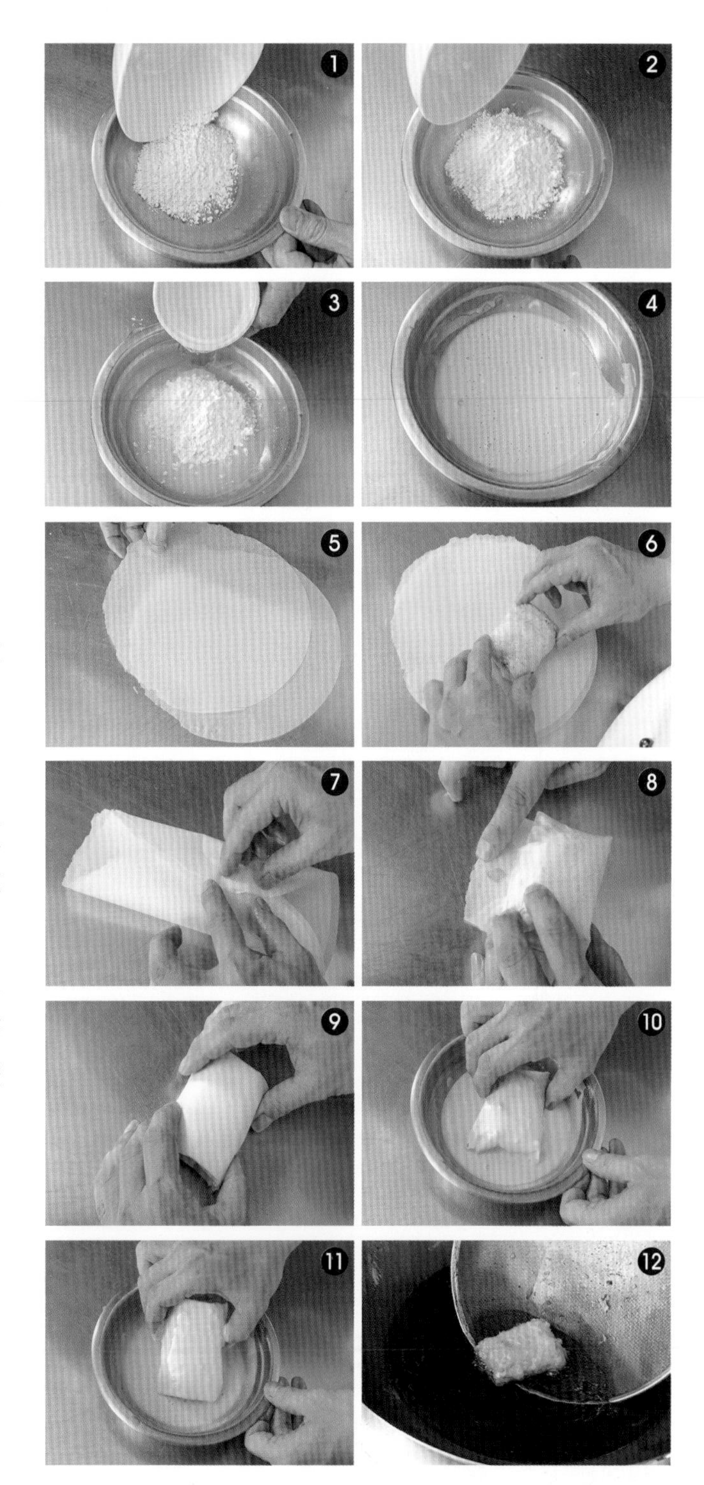

粥品型

07 八寶粥

看似麻煩但作法不難，
且成功率超高的八寶粥，
自己做不僅甜度可以自由掌控，
更重要的是營養滿分！

份量：7-8 碗
使用器具：蒸籠
最佳賞味期：室溫 30 分鐘
冷藏：3 天
冷凍：30 天

材料

紅豆 … 220g
蓮子 … 55g
薏仁 … 95g
紫米 … 92g
小米 … 92g
黑糖 … 適量
紅棗 … 5 顆
桂圓 … 80g
水 … 2000g
糖 … 適量

製作步驟

01 紅豆、蓮子、薏仁、紫米洗淨後，分別浸泡一個晚上放入。

02 鍋中放入適量的水煮滾，放入蒸籠，將紅豆加水後，蒸 1 小時❶；紫米加水蒸 45 分鐘。

03 蓮子、薏仁、小米加水蒸 20 分鐘❷。

04 最後將紅豆、薏仁、蓮子、紫米、小米、水放入鍋中，再加入紅棗、桂圓、黑糖❸-❺以中小火煮約 45 分鐘即完成。

八寶粥的材料，可以依照個人喜好來調整，而加入的量多寡，會影響到整體的濃稠度，可以自行斟酌。

粥品型

08 狀元及第粥

有著滿滿餡料，
可以飽足一餐的狀元及第粥
只要掌握好工序，
就能品嚐到營養滿分的美味！

份量：6-7 碗
使用器具：深鍋
最佳賞味期：室溫 30 分鐘
冷藏：3 天
冷凍：30 天

材料

豬粉腸 … 100g
豬心 … 400g
豬肝 … 100g
里肌肉 … 150g
蓬萊米 … 300g
水 … 1530g
蔥 … 15g
（蔥洗淨、切成蔥花）
薑 … 3g
（薑切絲）
香菜 … 10g
（香菜洗淨、切碎）
鹽 … 10g
糖 … 3g
胡椒 … 1g

製作步驟

01 豬粉腸徹底洗乾淨❶。豬心、豬肝、里肌肉均、洗乾淨切薄片❷-❸。

02 鍋中放入適量的水煮滾，分別放入豬心片、豬肝片、里肌肉及豬粉腸汆燙❹-❺，將汆燙過的豬粉腸切成薄片❻。

03 蓬萊米洗淨加入水後煮 20-30 分鐘❼-❽，再加入薑絲、鹽、糖、胡椒後拌勻❾-⓫。

04 繼續加入豬粉腸、豬心、豬肝、里肌肉、一起煮至熟透⓬-⓭。最後加入香菜、蔥花即可盛盤⓮。

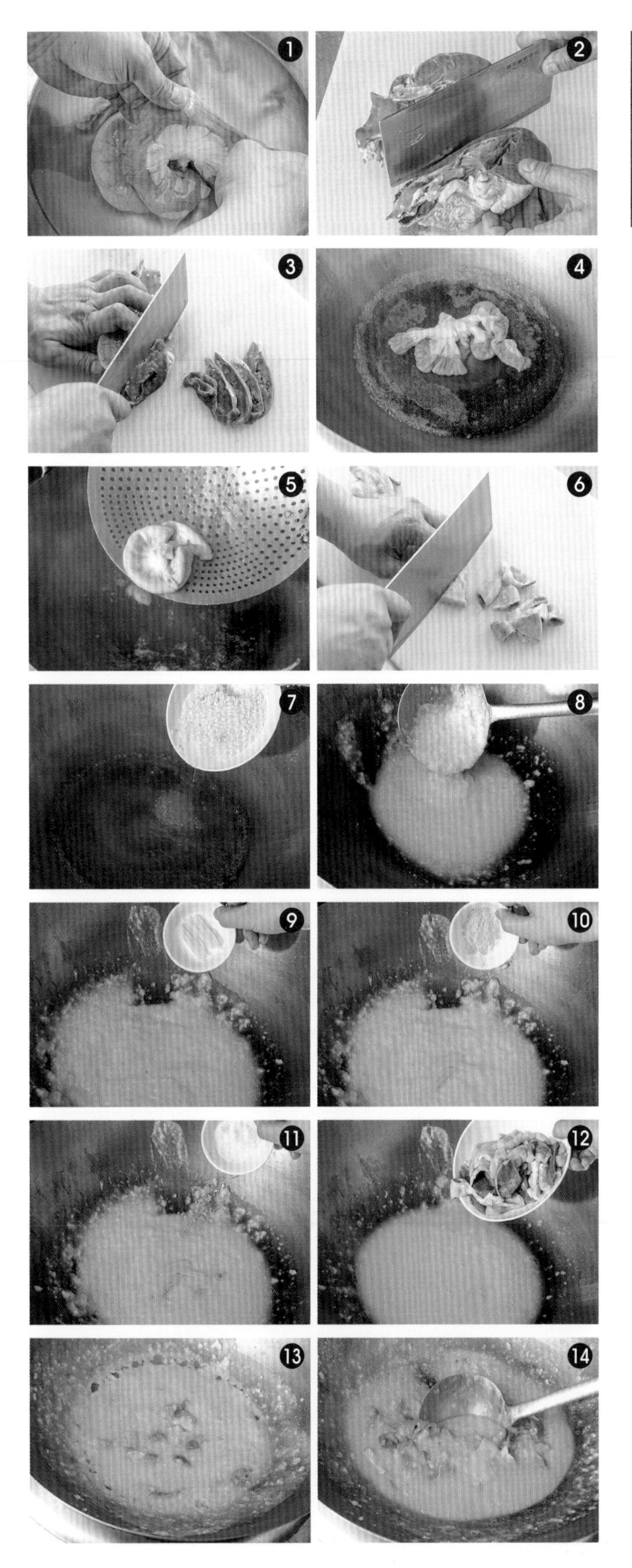

米漿類

09
碗粿

不論當成早餐、點心還是宵夜，
碗粿軟嫩又充滿米香的滋味，
以及甜鹹的醬汁，總是令人回味！

材料

在來米粉 … 600g
澄粉 … 30g
水 … 2400g
鹹蛋黃 … 9 顆
（鹹蛋黃拌米酒開半蒸 5-10 分鐘）
鈕扣菇 … 18 顆
（鈕扣菇泡發洗乾淨）

| 餡料調味料 |

蝦米 … 20g
菜脯 … 80g
豬絞肉 … 160g
油蔥酥 … 20g
米酒 … 適量
胡椒粉 … 適量
糖 … 80g
醬油 … 160g
水 … 320g
五香粉 … 5g
醬油膏 … 30g
糖 … 15g
水 … 15g
蒜泥 … 15g
油蔥酥 … 3g

份量：15-18 碗
使用器具：蒸籠
最佳賞味期：室溫半天
冷藏：3 天

製作步驟

| 製作米漿 |

01 在來米粉、澄粉、水混勻隔水加熱到 65 度，分裝成一碗約 160-170g。❷-❻。

| 製作餡料 |

01 鍋中倒入 1 匙油燒熱，放入蝦米爆香，再加入菜脯、豬絞肉一起拌炒 ❼-❿。

02 炒至豬肉變色後，繼續加入油蔥酥、米酒、醬油、糖、胡椒、水一起混勻滾 ⓫-⓮，再加入五香粉、鈕扣菇炒勻後即為肉燥 ⓯-⓲。

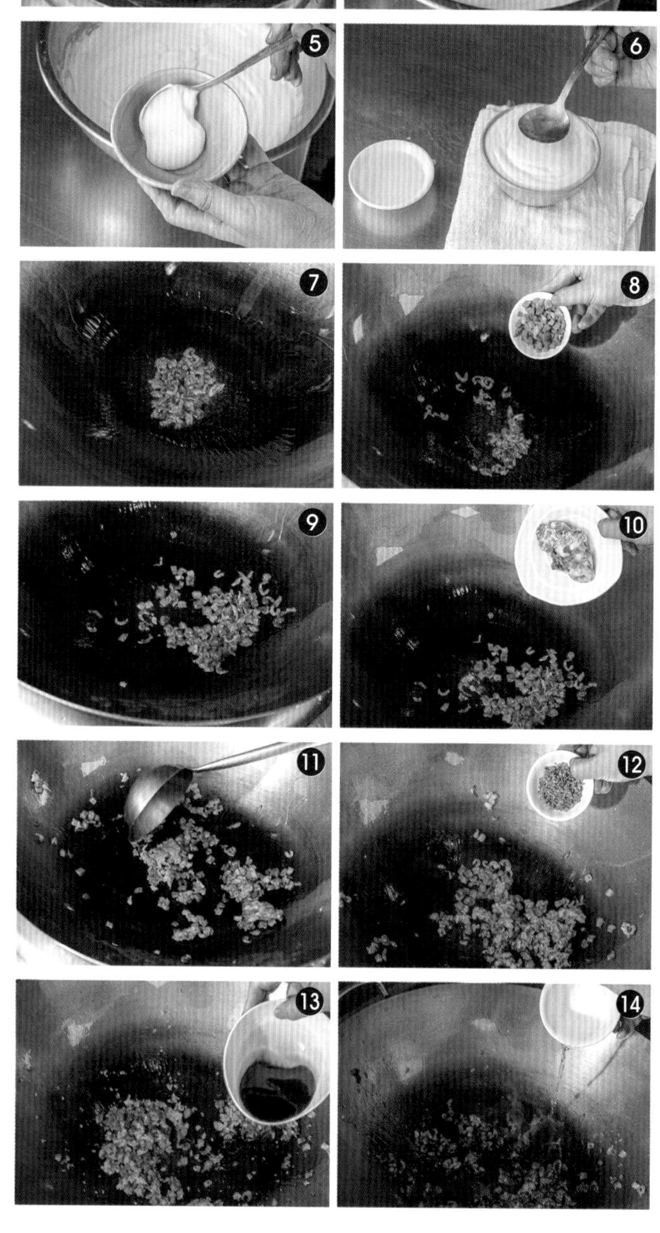

蒸煮料理

01 將盛裝好的米漿，先放上半顆鹹蛋黃、一顆鈕扣菇，淋入約1匙的肉燥，再放入蒸籠中 ⓳-⓴。

02 將鍋中的水煮滾，放上蒸籠，蒸35分鐘後即可取出 ㉑-㉒。

03 將醬油膏、糖、水、蒜泥、油蔥酥拌勻做成沾醬或淋醬，可以搭配蒸好的碗粿一起食用。

1. 在蒸製碗粿這類的米製點心，記得一定要先把鍋子裡的水煮滾後，再把放置碗粿的蒸籠放上去。如果要計算蒸煮的時間，不論過程中是使用哪一種火力，都以出現水蒸氣之後開始計時。
2. 像碗粿、蘿蔔糕這類的米漿型製品，最好的保存方式是放入保鮮盒中，採低溫冷藏來保存。

份量：4-5 條
使用器具：蒸籠
最佳賞味期：室溫半天
冷藏：3 天
冷凍：21 天

米漿類

10 臘味蘿蔔糕

臘味蘿蔔糕是許多人童年時的年節食物
製作步驟不困難，想吃，
隨時都可以在平日就做出來

材料

白蘿蔔絲 … 1200g
臘腸 … 150g
開陽 … 37.5g
（鹹蛋黃拌米酒開半蒸 5-10 分鐘）

| 餡料調味料 |

在來米粉 … 600g
太白粉 … 15g
澄粉 … 15g
馬蹄粉 … 75g
鹽 … 18g
水 … 1250g
水 … 900g

製作步驟

| 製作米漿 |

01 在來米粉、太白粉、澄粉、馬蹄粉、鹽、1250g 的水一起放入鋼盆中攪拌均勻後即為米漿❶-❷。

02 將白蘿蔔去皮後切絲；臘腸洗淨後切成小丁。

03 鍋中放入適量水煮滾，放入開陽、臘腸一起汆燙約 1 分鐘❸，撈出，放入油鍋中拌炒至香味逸出❹，撈出放涼，放入粉漿中一起拌勻❺-❻。

| 調理蒸煮 |

01 鍋子不洗，直接加入 900g 的水加熱，再加入蘿蔔絲煮熟，蘿蔔絲煮熟後加入粉漿拌勻❼-⓬，倒入容器中，放入蒸籠中蒸約 1 小時至完全熟透即可⓭-⓮。

米漿類

11 五香芋頭糕

充滿芋頭及蝦米香氣的五香芋頭糕
對於喜愛古早味的人來說，
建議可以試著做做看

材料

在來米漿 … 300g
澄粉 … 75g
水晶粉 … 19g
水 … 300g
水 … 1050g

| 餡料調味料 |

芋頭粒 … 450g
蝦米 … 56.5g
臘腸 … 56.5g
鹽 … 9.5g
糖 … 56.5g
香油 … 5g
五香粉 … 2.5g
白胡椒粉 … 2.5g

份量：3-4 條
使用器具：蒸籠
最佳賞味期：室溫半天
冷藏：3 天
冷凍：21 天

製作步驟

| 製作米漿與餡料 |

01 鋼盆中放入在來米漿、澄粉、水晶粉、鹽、糖、香油、白胡椒粉、五香粉及 300g 的水一起攪拌均勻後即為米漿 ❶-❹。

02 蝦米洗淨後、切碎；臘腸洗淨、切丁，將以上的食材炒至香味逸出。

03 將芋頭去皮、切小丁；放入熱油中以 160℃油炸至香酥，撈出、瀝乾油分 ❺-❻ 加入 1050g 的水中煮滾。

04 將炒好的配料，倒入粉漿中一起拌勻 ❼-❽。

| 調理蒸煮 |

01 將煮滾的芋頭水，直接沖入粉漿中拌勻 ❾-❿，倒入容器中 ⓫，放入蒸籠中蒸約 40-60 分鐘至完全熟透即可。

米漿類

12 九層炊

用在來米粉製成的九層炊，
一層層分明的層次，
不論給幼兒或是老人家，
都是很不錯的米製點心

份量：10 人份
使用器具：鋁箔盒、蒸籠
最佳賞味期：室溫半天
冷藏：3 天
冷凍：21 天

材料

在來米粉 … 600g
蓬萊米粉 … 180g
太白粉 … 120g
水 … 2100g
黑糖 … 270g
桂花蜜 … 適量

製作步驟

| 製作粉水 |

01 將在來米粉、蓬萊米粉、太白粉依序倒入鋼盆中，再加入水一起混合均勻做成粉水❶-❹。

02 將粉水均分一半❺，其中一半加入黑糖後調勻為黑糖漿❻。

| 調理蒸製 |

01 鋁箔盒中均勻抹上一層薄薄的油，先倒入354g黑糖漿，❼後蓋上蓋子蒸5-6分鐘，打開蓋子觀察是否定型❽-❾。

02 再倒入375g的白漿❿，蓋上蓋子蒸5-6分鐘至定型⓫，如此重複動作，一共可倒入黑糖漿五層，白漿四層，等全部完成後再續蒸30分鐘至完全熟透。

TIPS：在倒入粉漿時可以利用湯匙來做緩衝，如此可以確保蒸製後的整體外觀更為完整。

03 放涼倒扣出來⓬，可依自己喜歡的方式加以分割後裝盤⓭-⓮，並在表面淋上桂花蜜即可。

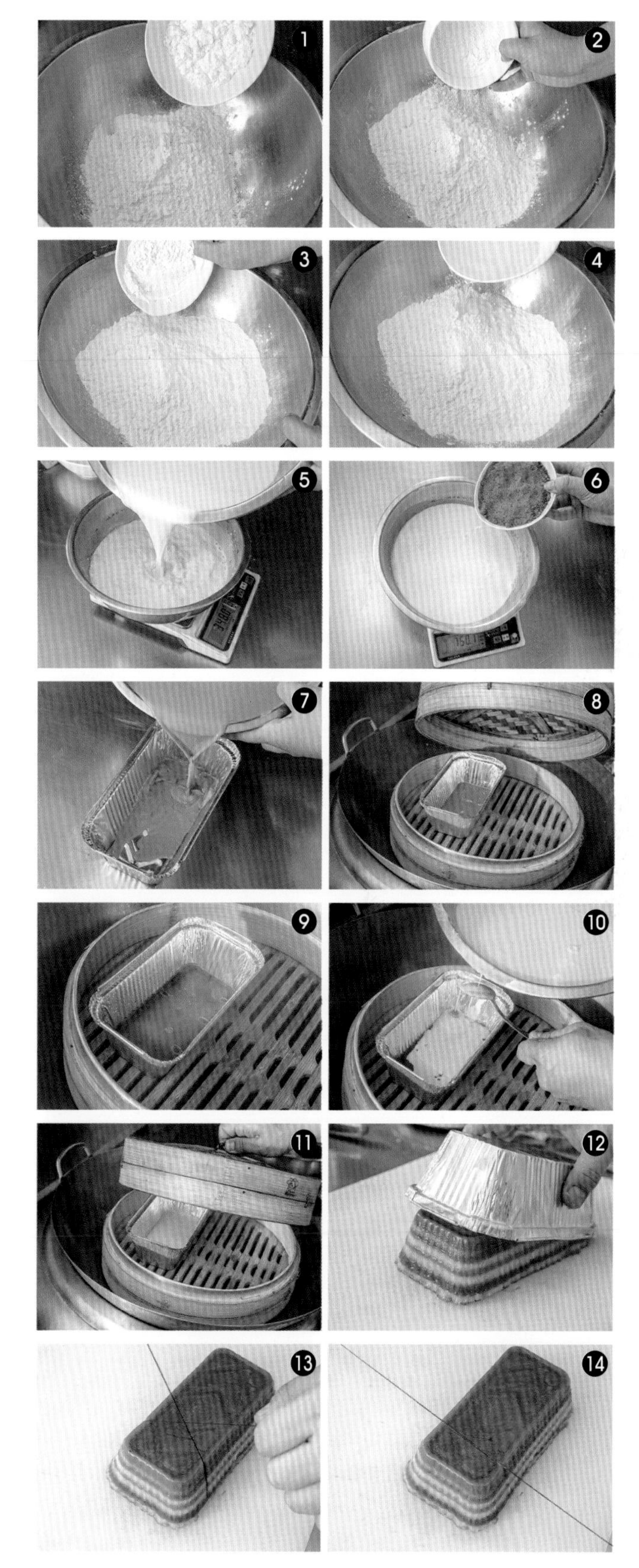

為了讓蒸製出來的每一層粄的厚薄能很均勻，鋁箔盒要放置得平穩、不傾斜，這樣蒸製出來的外觀，層次才會更明顯，視覺效果會更好。

漿糰類

13
芋粿巧

據說是因為冬季天冷，
礦工把熱熱的芋粿握於手中，
要吃時已呈彎曲狀，
台語叫作巧，後來芋粿巧之名由此誕生。

材料

糯米粉 … 120g
在來米粉 … 80g
水 … 140g
沙拉油 … 20g

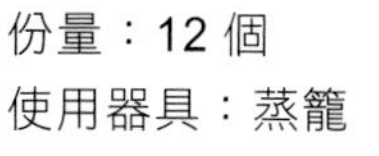

份量：12 個
使用器具：蒸籠
最佳賞味期：室溫半天
冷藏：3 天

| 餡料調味料 |

紅蔥頭 … 10g
（洗淨後切薄片）
蝦米 … 10g
（蝦米洗淨後，瀝乾水分）
芋頭 … 100g
（芋頭切 0.5×0.5cm 丁）
五香粉 … 1g
鹽 … 2g
胡椒 … 1g
醬油 … 4g
香油 … 4g

製作步驟

| 製作粿團 |

01 將糯米粉、在來米粉放入鋼盆中，倒入水後一起揉勻❶-❸。

02 再加入沙拉油搓揉後成米漿團❹-❺，取出 1/10 的漿團，壓扁後，放入滾水中煮成粿粹❻-❼。

03 將米漿糰弄散後，加入粿碎一起揉勻❽-❾，完全揉均勻後靜置鬆弛。

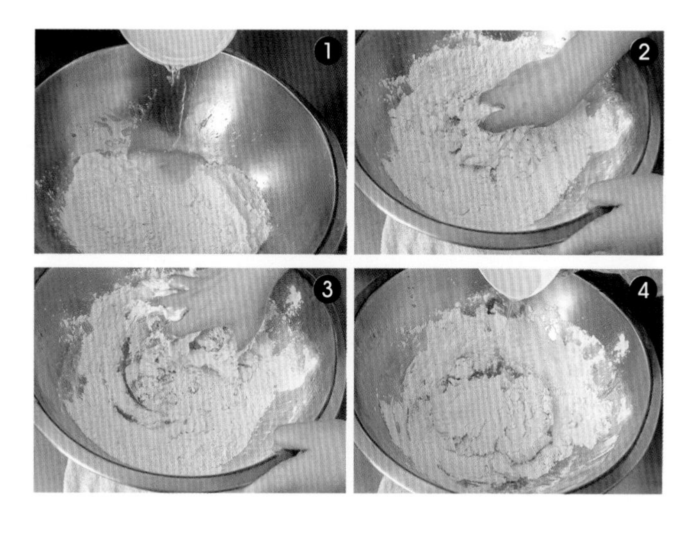

| 處理配料 |

01 炒鍋中放入沙拉油燒熱，放入蝦米爆香，再繼續爆香紅蔥頭、芋頭一起翻炒，繼續加入五香粉、鹽、胡椒、醬油、香油後拌炒均勻 ⑩。

02 炒勻的配料，撈出後放涼。

| 調理蒸煮 |

01 將炒好的餡料加入漿糰中一起揉拌均勻 ⑪-⑫，均勻分成每個 35 g 的小團 ⑬。

02 將小團用三指一一按壓成型成月牙形 ⑭-⑯，放入已經墊入烘焙紙的蒸籠裡 ⑰。再放入深鍋裡，以大火蒸 20-25 分鐘至熟即可取出 ⑱-⑲。

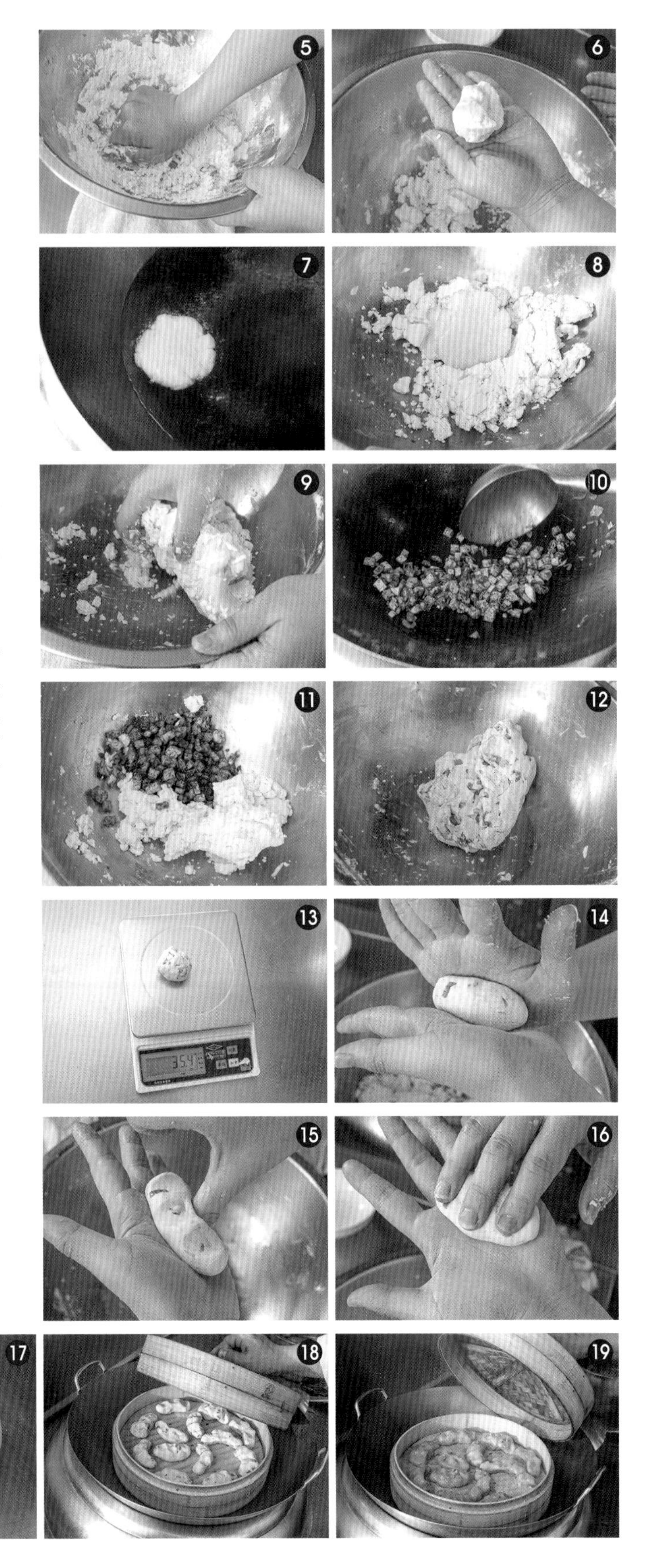

漿糰類

14 草仔粿

Q 彈的外皮，咀嚼起來有著淡淡的草香，
菜脯米、蝦米、乾香菇的鹹香滋味，深受許多人喜愛

材料

| 餡料調味料 |

蝦米 … 40g
（洗淨後瀝乾水分）
乾香菇 … 7-8 朵
（洗淨後瀝乾水分切粒）
菜脯 … 90g
（洗淨後瀝乾水分切粒）
豬五花絞肉 … 120g
油蔥酥 … 20g
醬油 … 30g
鹽 … 5g
糖 … 10g
胡椒 … 適量
香油 … 適量

| 外皮 |

糯米粉 … 270g
在來米粉 … 30g
水 … 200~210g
糖 … 70g
油 … 適量
乾艾草 … 5g

份量：11 個
使用器具：蒸籠
最佳賞味期：室溫半天
冷藏：3 天

製作步驟

製作餡料

01 鍋中倒入1匙油燒熱，放入蝦米、香菇、菜脯爆香❶-❷，接著加入豬五花絞肉一起拌炒❸，炒至肉變白色，繼續加入油蔥酥炒勻❹-❺，再依序加入餡料裡的所有調味料❻-❽，一起炒勻後撈出，待涼備用❾。

製作粿團外皮

01 艾草洗淨後泡水、汆燙去除苦味後，撈出、剁碎❿-⓬。

02 將糯米粉、在來米粉、艾草碎放入鋼盆中，倒入水後一起揉勻⓭。

03 再加入沙拉油搓揉後成米漿團⓮-⓰，取出 1/10 的漿團，壓扁後，放入滾水中煮成粿粹⓱。

04 將米漿糰弄散後，加入粿粹一起揉勻 ⓲-㉑，揉勻後靜置鬆弛。

調理蒸煮

01 雙手抹上少許的沙拉油，將粿團一一分成每個 50g 的小團㉒-㉓。

02 將粿團揉圓後，壓扁成外皮，包入炒好的餡料，每個約 20g㉔-㉕。收口做成餃子形，並從中間捏出造型線條㉖-㉘。

03 放入已經墊入烘焙紙的蒸籠裡。再放入深鍋裡，中火蒸 20 分鐘至熟即可取出。

TIPS：出蒸籠後趁熱抹上少許的油防止表面乾裂。

漿糰類

15
酒釀湯圓

喜歡酒釀風味的人，
絕對不要錯過這道能為自己親手製作的美味

材料

糯米粉 … 200g
太白粉 … 20g
糖 … 20g
熱水 … 140g
豬油 … 10g

| 餡料調味料 |

黑芝麻粉 57g
低筋麵粉 38g
糖 … 47g
煉乳 4g
花生醬 … 19g
白油 9.5g
鮮奶油 15g

| 其他 |

糖 … 適量
水 … 適量
酒釀 … 適量

份量：3-4 碗
使用器具：深鍋
最佳賞味期：室溫半天
冷藏：3 天
冷凍：21 天

製作步驟

| 製作外皮 |

01 將糯米粉、太白粉、糖放入鋼盆中拌勻，加入熱水調勻至糖融化 ❶-❷。

02 繼續加入豬油後一起揉勻成團後靜置 ❸-❻。

| 製作餡料 |

01 低筋麵粉炒熟或是烤到上色後取出放涼。

TIPS：也可以換成糕粉。

02 將黑芝麻粉、熟的低筋麵粉、糖、煉乳、花生醬、白油放入鋼盆中 ❼，一起攪拌成團 ❽-❿。

03 繼續加入鮮奶油一起混合成團後 ⓫-⓬，整型成長條狀，放入冰箱冷藏冰硬，取出，切成每個為 10g 的內餡 ⓭-⓯。

| 包裹料理 |

01 將外皮均切成每個 20g⑯-⑰，滾圓後壓扁 ⑱。

02 取一張外皮，一手托好麵皮與內餡，同時也負責轉動麵皮，邊旋轉邊收口，⑲-㉑，其他的依序完成 ㉒。，再將湯圓煮至熟透，撈出放在碗中備用。

03 鍋中放入糖、水煮融再放入酒釀，倒入湯圓裡 ㉓-㉔，即可。

漿糰類

16 椰香糯米糍

軟糯 Q 彈的外皮、椰子粉的顆粒感，
加上綿密微甜的豆沙餡，吃起來特別對味

份量：18 顆
使用器具：蒸籠
最佳賞味期：室溫半天
冷藏：3 天

材料

澄粉 … 47g
滾水 … 47g
糯米粉 … 150g
糖 … 56.25g
水 … 112.5g
白油 … 56.25g
紅麴粉 … 適量

| 餡料調味料 |

市售低糖烏豆沙 … 270g

| 裝飾 |

椰子粉 … 10g

製作步驟

| 製作外皮 |

01 鋼盆中倒入澄粉，倒入滾水後攪拌均勻 ❶-❹。

02 將糯米粉、糖、水一起放入鋼盆中攪拌至糖融化 ❺-❾，加入澄粉團一起揉勻 ❿-⓫。

03 再加入白油揉勻 ⓬-⓭，最後加入紅麴粉染色揉製均勻即可 ⓮-⓰。

04 將外皮材料搓成長條狀，再均切成每個 25 g 的粉團 ⓱-⓳，再壓扁成圓薄狀。

| 包餡蒸煮 |

01 將烏豆沙餡分割成每個為15g⑳。

02 取一張麵皮，放上一個豆沙餡，一手托好麵皮與內餡，同時將餡料壓好㉑-㉓，抓住麵皮邊旋轉邊完全收口並滾圓㉔-㉕，其他依序完成放入已經鋪上烘焙紙的蒸籠中㉖。

03 鍋中放入適量的水煮滾，放入蒸籠，以大火蒸6分鐘即可取出，均勻沾裹上椰子粉即可㉗-㉘。

TIPS：沾裹椰子粉，可以增加糯米糍的口感，同時，也為表面帶來不同的視覺感受。

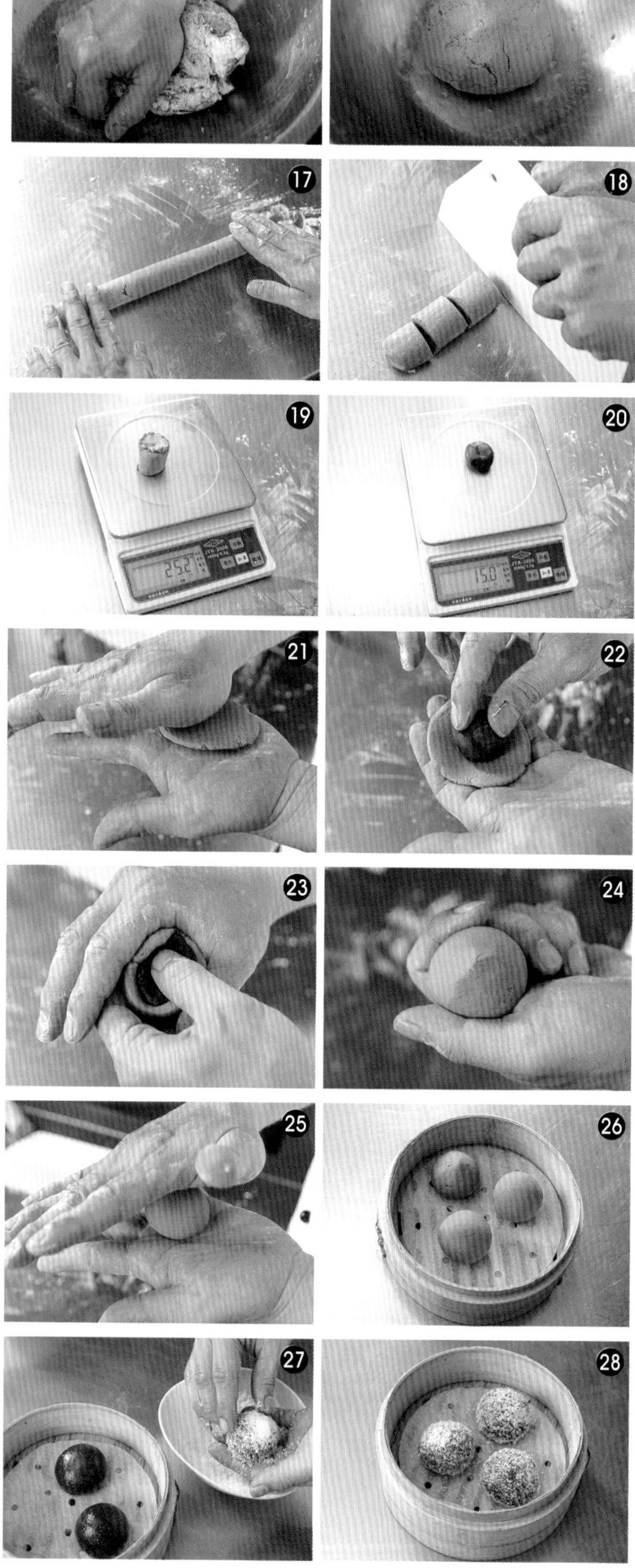

漿糰類

17
煎豆沙軟餅

份量：18 顆
使用器具：平底鍋
最佳賞味期：室溫半天
冷藏：3 天
冷凍：21 天

外皮有著 Q 彈的口感，
還有滿滿的芝麻香氣
搭配甜甜的綠豆沙內餡，
是搭配下午茶的最佳點心之一

材料

澄粉 … 47g
滾水 … 47g
糯米粉 … 150g
糖 … 56.25g
水 … 112.5g
白油 … 56.25g

| 餡料調味料 |

市售綠豆沙餡 … 270g
白芝麻 … 適量

製作步驟

| 製作外皮 |

01 鋼盆中倒入澄粉，倒入滾水後攪拌均勻。

02 將糯米粉、糖、水一起放入鋼盆中攪拌至糖融化，加入澄粉團一起揉勻後再加入白油揉勻即可 ❶-❷。

| 包餡料理 |

01 將外皮材料搓成長條狀，再均切成每個 30 g 的粉團 ❸-❺，再壓扁成圓薄狀 ❻。

02 將豆沙餡分割成每個 15 g。

03 取一張外皮，放上一個豆沙餡，一手托好外皮與內餡，同時將餡料壓好 ❼，抓住外皮邊旋轉邊完全收口並滾成長條狀，略微壓實一下 ❽，其他依序完成。

04 將兩面沾水，再均勻沾裹白芝麻 ❾-❿，放入蒸籠蒸 6 分鐘後取出 ⓫。

05 平底鍋中放入適量的油燒熱，再放入蒸好的餅煎到表面金黃，即可撈出盛盤 ⓬。

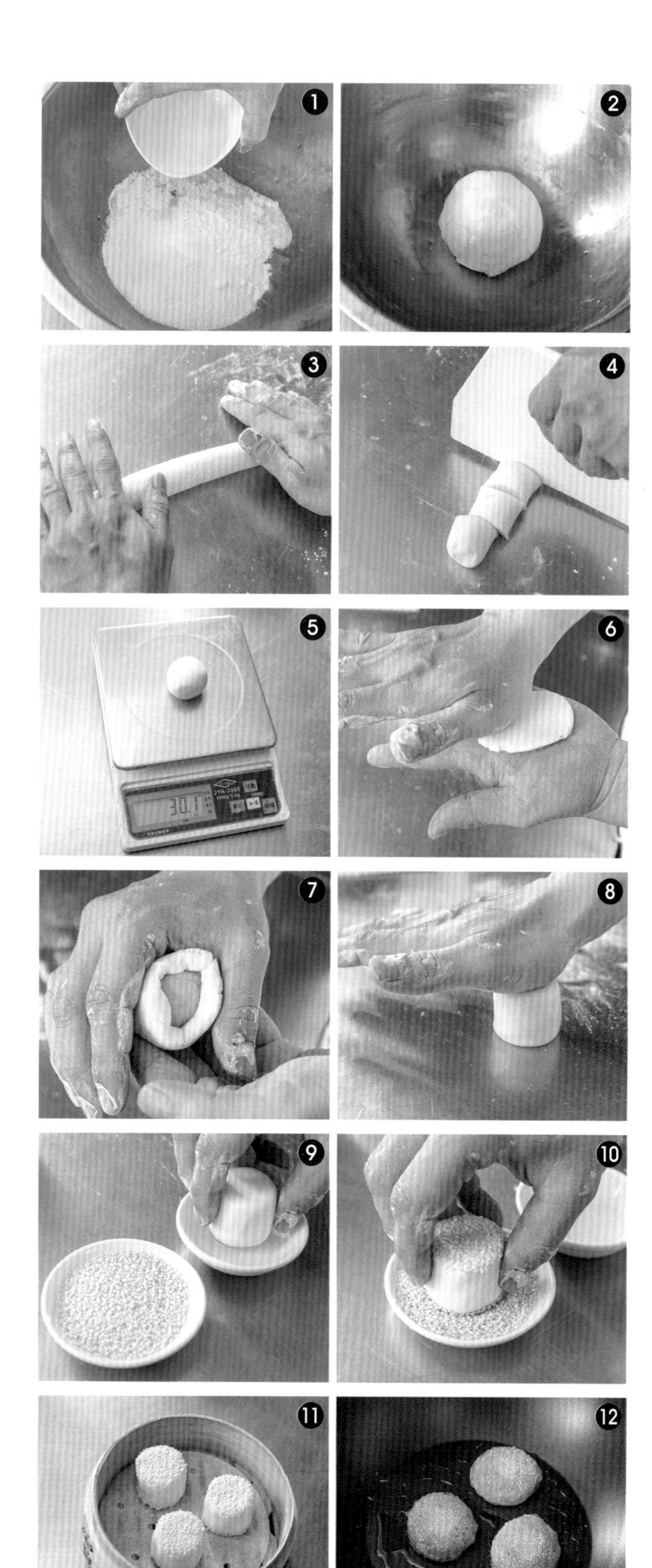

漿糰類

18 驢打滾

外觀看起來就像毛驢在黃土打滾後沾滿渾身般
又軟又甜的口感，也深受小孩的喜愛

份量：3-4 人份
使用器具：方形鐵盤、蒸籠
最佳賞味期：室溫半天
冷藏：3 天

材料

糯米粉 … 250g
馬蹄粉 … 40g
糖 … 62.5g
冷水 … 333g
熱水 … 166g
沙拉油 … 適量

| 餡料調味料 |

市售低糖烏豆沙 … 100g
黃豆粉 … 200g

製作步驟

| 製作粉皮 |

01 糯米粉、馬蹄粉、糖放入鋼盆中，加入冷水後後攪拌均匀❶-❷。

02 加入熱水拌勻後再加入沙拉油，再次攪拌均匀成粉漿水。❸-❺

03 取一個方形鐵盤，上面覆上一層耐熱保鮮膜，倒入適量的食用油，並平均的抹勻❻-❼，倒入適量的粉漿水，搖晃一下鐵盤，讓其均勻的散佈在鐵盤上❽-❿。

04 放入蒸鍋中蒸 5-7 分鐘至完全凝固後取出，待涼⓫。

| 製作內餡 |

01 將烏豆沙放入塑膠袋中，並且用擀麵棍將其壓成薄薄的方形⓬-⓭。

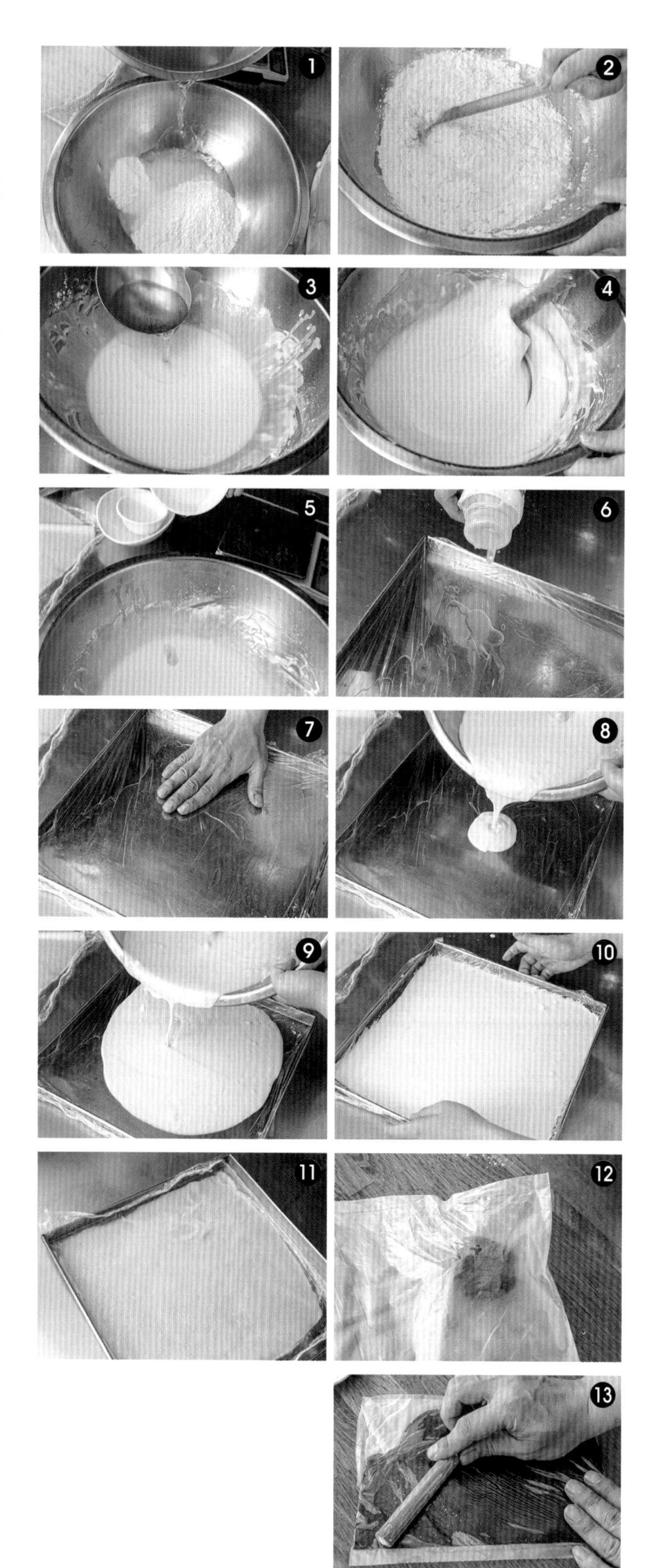

| 包餡捲折 |

01 桌面鋪上黃豆粉，放上蒸好的粉漿片，撕除保鮮膜 ⓮-⓰。

02 鋪上烏豆沙後撕除塑膠袋 ⓱，先將多餘的邊切除 ⓲-⓳。

03 將其一端捲起捲到底後 ⓴-㉑，即可先將頭尾先去除，再切成約 5 公分的長段即可 ㉒-㉔。

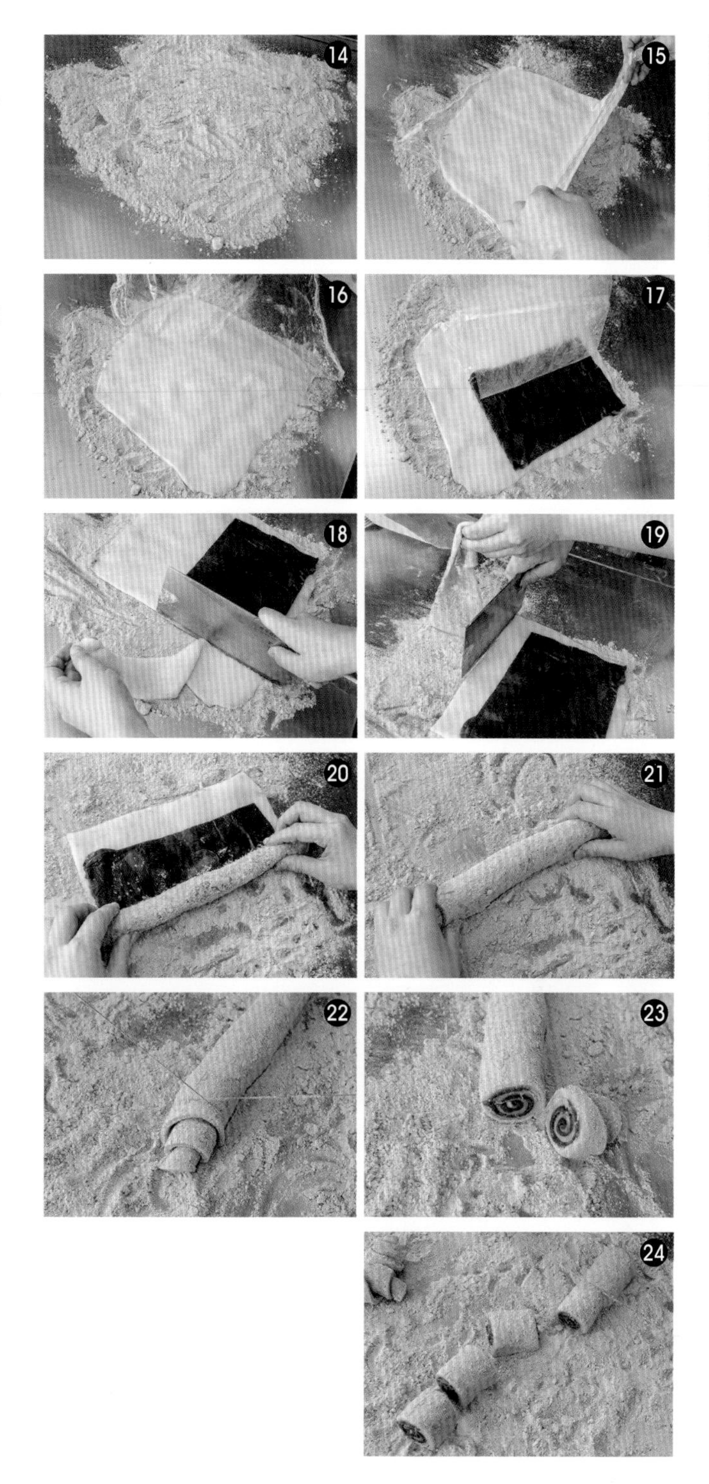

1. 做出來的驢打滾放涼口感不變硬的祕訣，只要把握好水和糯米粉的比例即可。還有，水一旦過多，蒸出來的粉皮會太軟，成型就會有問題。

漿糰類

19
鹹水餃

有著豐富內餡的鹹水餃，搭配酥脆的外皮
多層次的美味，喜歡鹹酥口感的人，絕對不能錯過

材料

澄粉 … 47g
滾水 … 47g
糯米粉 … 150g
糖 … 56.25g
水 … 112.5g
白油 … 56.25g

| 餡料調味料 |

後腿赤肉 … 80g
（後腿赤肉切成 0.5*0.5 小丁）
火腿片 … 20g
（火腿片切成 0.5*0.5 小丁）
香菇 … 20g
（香菇切成 0.5*0.5 小丁）
蝦米 … 12.5g
蔥 … 20g
蔥切成蔥花
菜脯 … 20g
蠔油 … 10g
龜甲萬醬油 … 5g
美極 … 1.5g
五香粉 … 0.2g
胡椒 … 0.5g
太白粉 … 10g
蔥油 … 5g
紹興酒 … 0.1g
水 … 50g
太白粉勾芡用水 … 12.5g

份量：18 顆
使用器具：深鍋
最佳賞味期：室溫半天
冷藏：3 天

製作步驟

| 製作外皮 |

01 鋼盆中倒入澄粉，倒入滾水後攪拌均勻 ❶-❷。

02 將糯米粉、糖、水一起放入鋼盆中攪拌至糖融化 ❸-❹，加入澄粉團一起揉勻 ❺-❻ 再加入白油揉勻。

03 將麵皮材料搓成長條狀，再均切成每個 25 g 的粉團 ❼-❽，再壓扁成圓薄狀 ❾。

| 製作內餡 |

01 豬肉放入滾水中汆燙一下後撈出 ❿。繼續放入火腿、香菇丁、蝦米燙熟，菜脯以滾水燙過兩次、撈出 ⓫。

02 鍋中放入 1 匙的油燒熱，放入菜脯、肉丁爆香，繼續加入火腿、香菇丁、蝦米炒勻一起炒到香味逸出 ⓬，加入 50g 的水後，繼續加入五香粉、胡椒粉拌勻。

03 接著加入蠔油、龜甲萬醬油、美極、紹興酒拌勻，開小火燒煮 1-2 分鐘，開大火煮滾，關火太白粉與 12.5g 的水調勻的粉水勾芡後拌入蔥油 ⓭-⓮。

04 放涼，拌入蔥花，拌勻後即為內餡 ⓯。

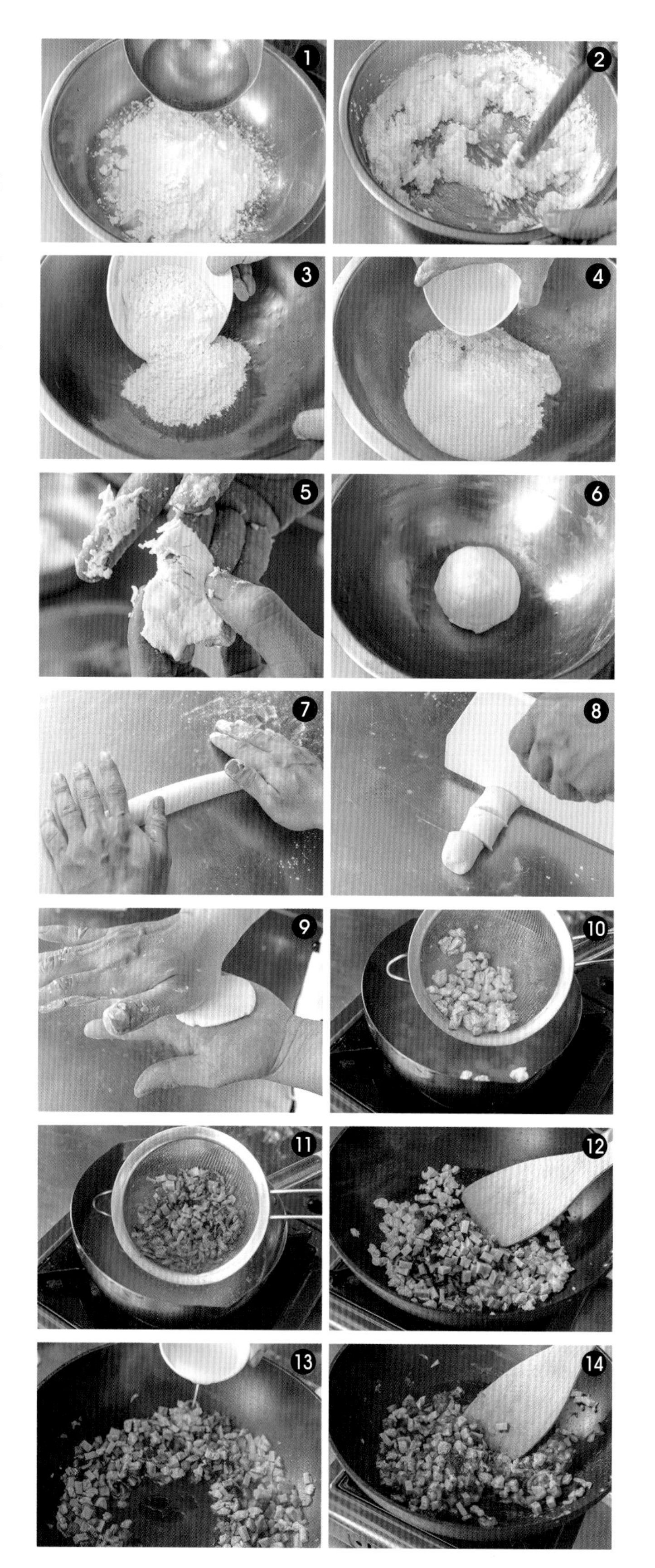

|包餡油炸|

01 取一張外皮，包入15 g的內餡⑯-⑰，左手托好外皮與餡料，將外皮對折後捏合成餃子狀⑱-⑳。其他的水餃也依序完成㉑。

02 鍋中放入適量的油燒熱至140℃，放入鹹水餃油炸至熟透且金黃酥脆即可撈出瀝油㉒-㉖。

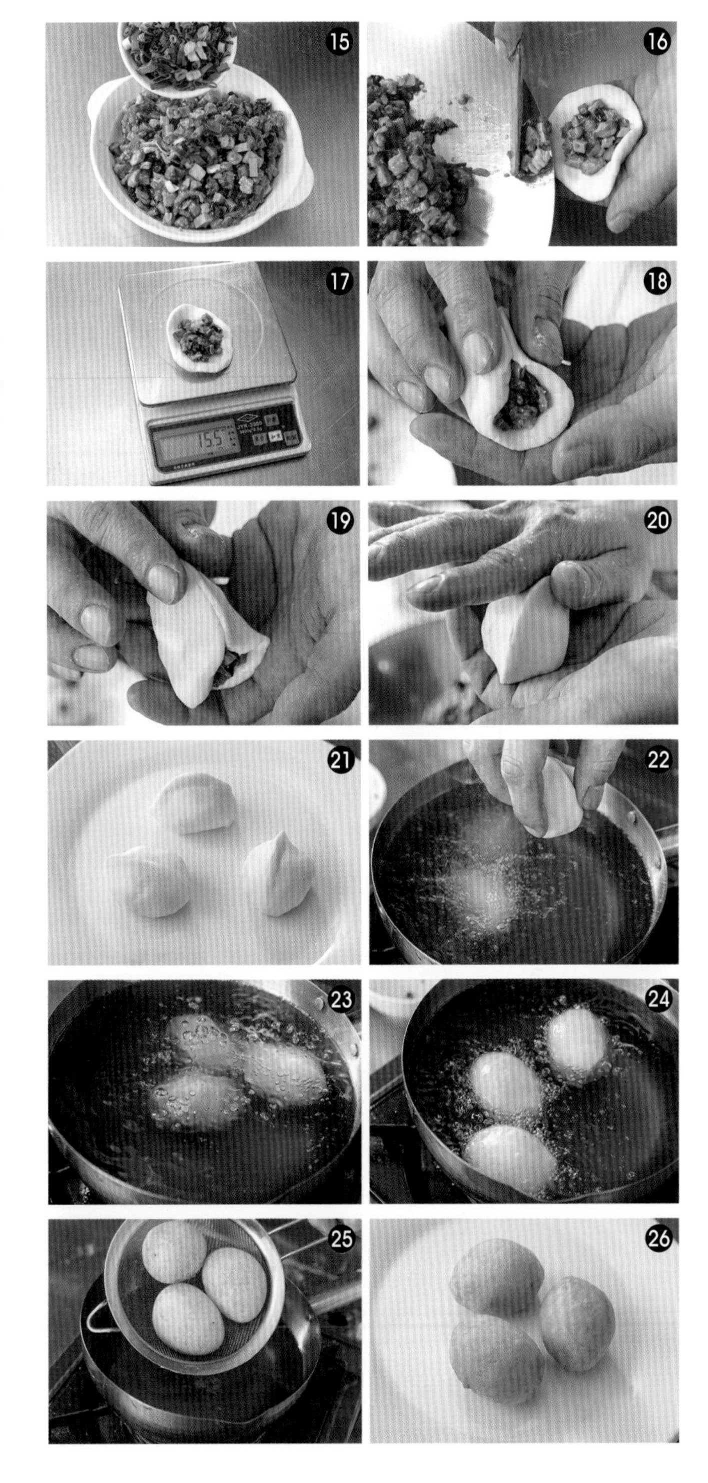

1. 通常炸不出漂亮的金黃色，大多是因為油溫過低所致。會造成油溫過低，有些是因為一次放入過多的食材，或是食材過冰導致油溫驟降。因此最好的作法就是將食物分批投入，儘量讓油溫維持在理想溫度，這樣就能炸出酥脆金黃的外表了。

糕粉類

20 鳳片糕

份量：25 個
使用器具：花紋壓模器
最佳賞味期：室溫半天
冷藏：3 天

充滿古早味的鳳片糕，又甜又 Q 的口感，
對許多年長者來說，每一口都有著滿滿的回憶

材料

| 外皮 |

糖粉 … 280g
冷水 … 140g
水麥芽 … 40g
鳳片粉 … 200g
香草精 … 適量
紅色色膏 … 適量

| 內餡 |

市售白豆沙餡 … 375g

製作步驟

| 製作外皮 |

01 鋼盆中放入糖粉、冷水、水麥芽一起混勻 ❶。

02 繼續加入加入紅色色膏、香草精後攪拌均勻 ❷。

03 加入鳳片粉打勻 ❸-❺，放置室溫靜置約 30 分鐘直到不黏手。

04 先搓成長條形，再均切成每個 25 g 的小團 ❻。

| 製作內餡 |

01 將白豆沙均分成每個 15 g 的小團 ❼。

| 包餡調理 |

01 取一張外皮 ❽，一手托好麵皮與內餡，收口 ❾，放入模具塑形，即完成 ❿-⓬。

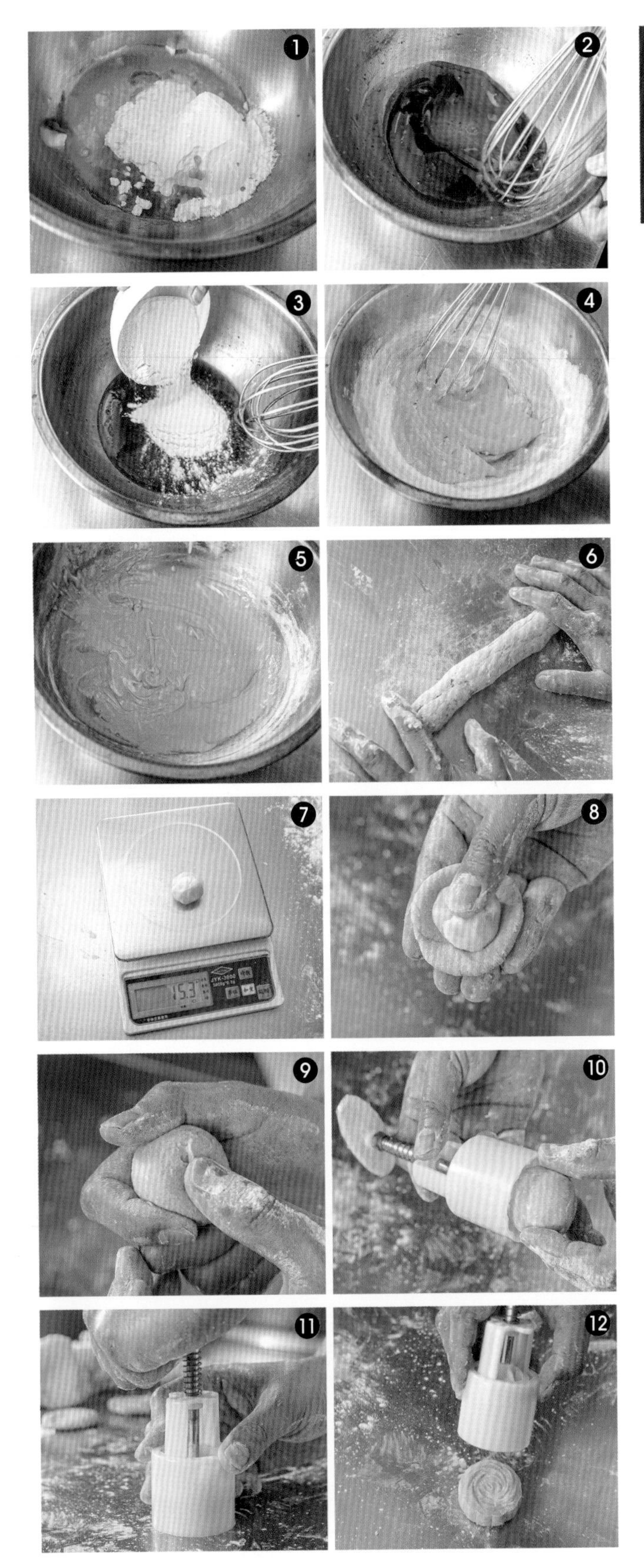

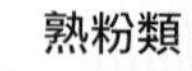

熟粉類

21 冰皮月餅

不需要烘烤就可以完成
外皮又軟又Q，
冰冰涼涼吃起來的風味會更好。

份量：20個
使用器具：月餅模
最佳賞味期：室溫半天
冷藏：3天

材料

| 餅皮 |

糖粉 … 150g
冷開水 … 200g
糕仔粉 … 200g
酥油 … 70g
香草精 … 5g

配料

| 餡料調味料 |

市售烏豆沙 … 1200g

製作步驟

| 製作麵皮 |

01 鋼盆中倒入糖粉、香草精、冷開水拌勻 ❶-❷。

02 再加入糕仔粉後，充分拌勻成團 ❸。

03 繼續加入酥油攪勻，靜置 20 分鐘 ❹-❺，揉至可以拉出極佳的延展性，且為光滑狀 ❻，再均分為每個為 30g 的小團。

| 製作內餡 |

01 將烏豆沙分為每個 60 g 的小團。

| 包餡塑形 |

01 將餅皮材料搓成碗狀，再再擀成圓薄狀 ❼。

02 取一張餅皮，放上一個豆沙餡，一手托好餅皮與內餡，同時將餡料壓好，完全收口並滾圓 ❽，其他依序完成。

03 在表面均勻沾裹糕仔粉（份量外）❾，再把月餅壓入模子後倒扣取出 ❿-⓭，冷藏 30 分鐘即可 ⓮。

1. 冰皮月餅可以說是成功率極高的一道點心，且因為不用烘烤，對於想要嘗試手做的人來說，是一道不錯的入門選擇。

膨發類

22
倫教糕

屬於米漿的發酵食品，有著微微的發酵酸味
帶有孔洞的組織切面，放涼了更爽口

材料

酵母 ··· 6g
水 ··· 30g
冰糖 ··· 200g
水 ··· 250g
在來米粉 ··· 250g

份量：4-5 份
使用器具：蒸籠
最佳賞味期：室溫半天
冷藏：3 天

製作步驟

01 酵母放入碗中加入 30g 的水，攪勻後放蔭涼處靜置 5-10 分鐘❶。

02 鍋中放入冰糖以及 250g 的水煮融後放涼❷-❹。

03 鋼盆中放入在來米粉後，加入放涼的糖水後拌勻❺-❼。

04 繼續加入酵母水，攪拌均勻❽-❾，發酵約 1 小時，再倒入容器後蒸 15 分鐘後熟透即可取出切片❿-⓬。

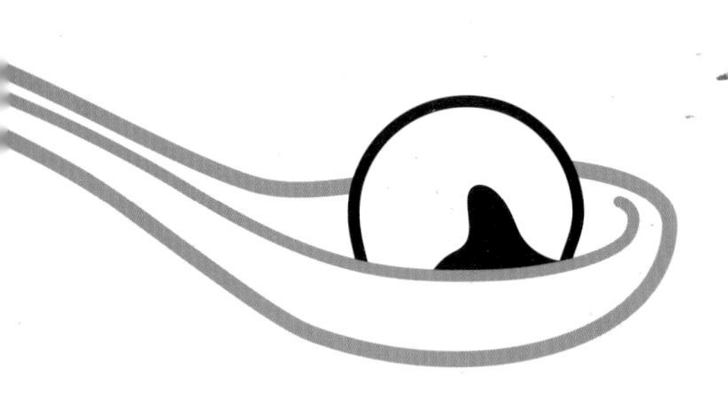

PART 5

澄粉類、油炸類、甜品&甜湯類

什麼是澄粉類、油炸類、甜品&湯品類點心？

澄粉類：

是麵粉以水洗出的沉澱粉漿，經過乾燥之後所得，因此沒有筋度，常用在製作港式蝦餃、水晶豆苗餃、鮮蝦韭菜餃等等透明餃皮的中式點心。

油炸類

這一類的點心都是利用油的熱量讓食物熟透，像是糕渣、棗餅、鮮蝦腐皮捲、杏片鮮蝦捲、炸脆奶等等，都是利用油脂做為媒介，讓水分完全蒸發，而有酥、脆特有的口感。通常用來製作油炸類的油溫大多為150℃以上，雖然高溫可以讓食物有更好的滋味，但油溫不宜過高，否則不但會把外表炸焦，內部也會不熟。因此油炸要成功，油溫高低就必須控制得宜，若油溫太高，就會發生炸焦或不熟的現象；反之，若油溫過低，則油炸品較易變軟、不酥脆，吃起來的口感會變得非常油膩。油溫的控制是做出好吃油炸類食物的至要關鍵。

甜品＆甜湯類

包括八寶芋泥、奶酪、焦糖布丁、紅豆鬆糕、蜂巢芋棗、西米焗布丁、楊枝甘露、薑汁芋圓等等，用不同食材、不同的料理方式製作出來的甜品與甜湯，也是深受許多人喜愛的點心之一。

完全破解！澄粉類、油炸類、甜品&湯品類點心 Q & A

Q1 蜂巢芋棗過焦，要怎樣才能炸出酥脆金黃的炸物？

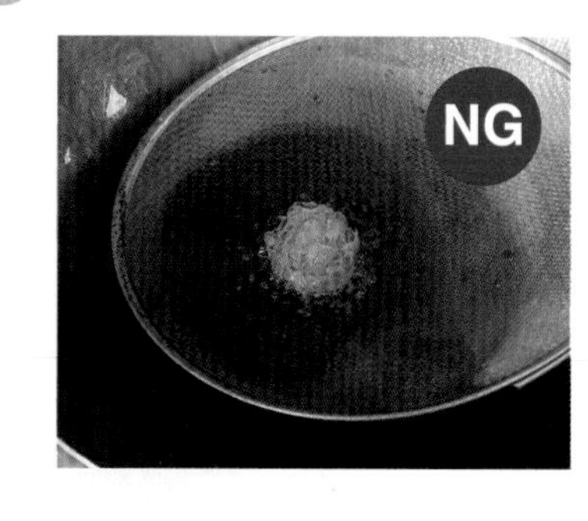

A 炸物要漂亮金黃，切記要把炸物分批投入油鍋，儘量讓鍋內的油維持在理想的狀態，這樣就能炸出酥脆金黃的炸製品。

其次，鍋中的油溫也不能太高，以免食材放入後表皮變焦，內部卻還沒熟或是仍是冰冷的。因此可以在油炸食物時，先以大火快炸定型，再轉小火慢炸，一旦油溫偏高，可以先將食材撈起，待油溫稍微下降後再放回鍋中油炸。

此外，酥炸食物時，一定要使用深鍋。這是因為深鍋鍋底深，能夠盛裝的油量足夠的話，就能避免炸物黏鍋的狀況發生。

Q2 杏片鮮蝦捲的外表不夠漂亮？

A 選擇杏仁片時，要選擇完整、不碎裂的，這樣沾裹油炸出來的外表才會漂亮。另外，威化紙不要事先暴露在空氣中，以免沾黏在一起，要用時再拿出來。

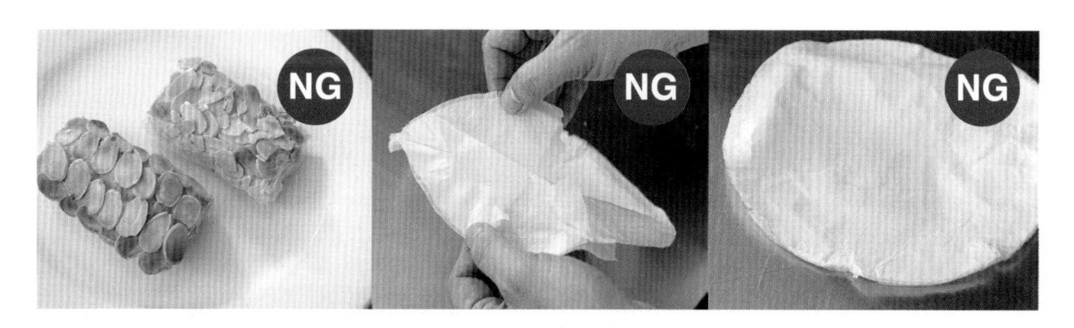

材料

外皮

太白粉 … 12.5g
澄粉 … 25g
滾水 … 67.5g
（做為壓粉的太白粉 32.5g）

餡料調味料

草蝦仁 … 250g
（建議購買帶殼鮮蝦，再自己剝成蝦仁。）
白表粒 … 9g
豬油 … 25g
香油 … 3g
鹽 … 1.5g
美極 … 1g
糖 … 7g
胡椒 … 0.2g
馬蹄 … 16.5g（切碎）
太白粉 … 5g

份量：15 顆
使用器具：蒸籠
最佳賞味期：室溫半天
冷藏：3 天
冷凍：21 天

澄粉類

01 港式蝦餃

晶瑩剔透的外表，
加上飽滿多汁的鮮美蝦味，
是港式飲茶中的招牌點心

製作步驟

製作外皮

01 先將外皮的太白粉以及做為壓粉的太白粉分別過篩。

02 鋼盆中倒入澄粉、太白粉拌均 ❶，倒入滾水後攪拌均勻 ❷-❹，倒在桌面上。

03 將壓粉揉至麵團中 ❺-❻，揉勻後加入適量沙拉油保濕，揉勻即可 ❼-❽。

04 將麵團分為每個約 8g 的小團，滾圓後，用刀子片成薄圓狀 ❾-❿，其他小團一一完成後備用。

製作內餡

01 草蝦仁去除腸泥後清洗乾淨，用餐巾紙將水分完全擦拭乾淨、剁碎。

02 將草蝦仁、鹽、胡椒、太白粉一起攪勻，打出膠質，再加入美極、糖一起拌勻後，加入白表粒打勻，再加入香油、豬油攪拌一下，最後加入切碎的馬蹄攪拌均勻後即為內餡 ⓫-⓭。放入冰箱冷藏 30 分鐘，讓蝦餃吃起來的口感會更加彈牙爽口。

TIPS：攪拌時以同一方向進行，更容易拌出膠質。

包餡料理

01 取一張外皮，一手托好麵皮，包入 20g 的餡料後往外皮的中心壓入 ⓮-⓯，從一端開始捏合，並且捏出花紋，最後捏緊即完成 ⓰-⓳。其他外皮與內餡依序完成。

02 其他的蝦餃依序完成，放入蒸籠中 ⓴。

03 鍋中放入適量的水煮滾，放入鋪好烘焙紙的蒸籠中，以大火蒸 5 分鐘即可取出。

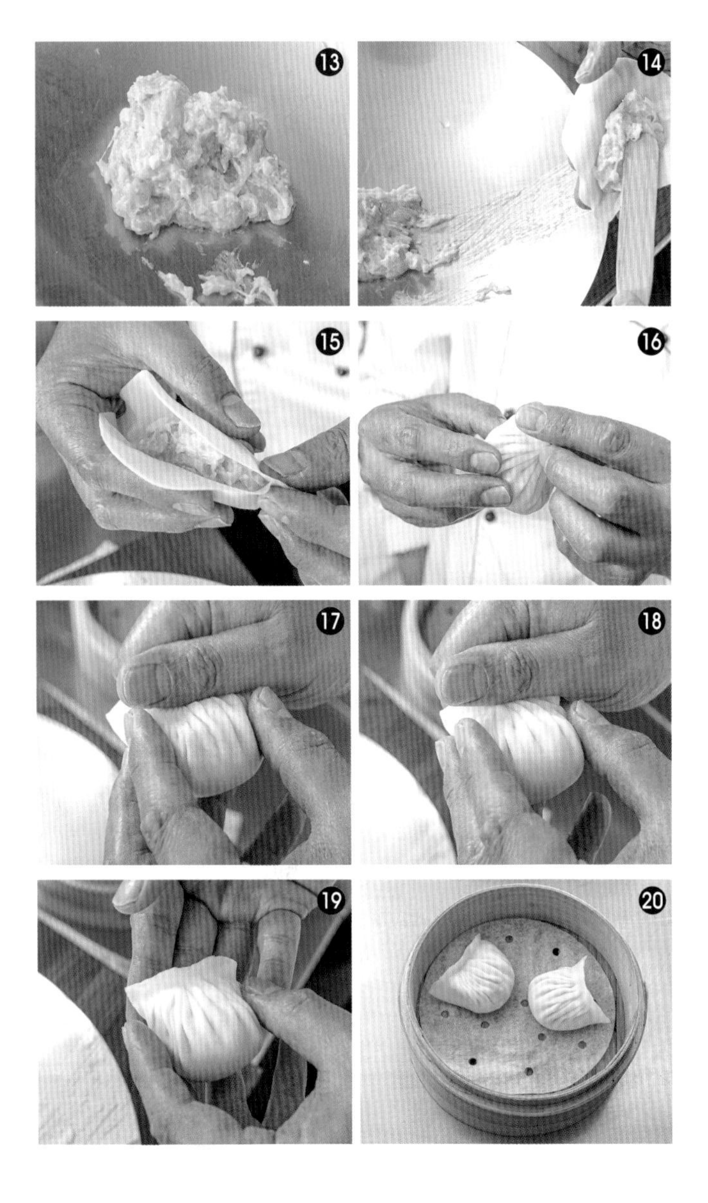

1. 蝦餃要放入蒸籠之前，要在底部先墊上蒸籠布或是烘焙紙，可以預防沾黏。

澄粉類

02 水晶豆苗餃

水晶豆苗餃即便經過蒸煮，
晶瑩剔透裡仍帶有翠綠的色澤
不僅視覺滿分，同時也滿足了口感

份量：20 顆
使用器具：蒸籠
最佳賞味期：室溫半天
冷藏：3 天

材料

澄粉 … 33g
日本太白粉 … 15.75g
水晶粉 … 15.5g
水 … 56.25g
滾水 … 130g
做為壓粉的日本太白粉 … 65.75g

| 餡料調味料 |

小豆苗 … 120g
鹽 … 3g
碎干貝 … 30g
蝦餃餡 … 240g
（作法參考 P.064）
油蔥酥 … 3g
糖 … 3g
白胡椒粉 … 0.2g
美極鮮味露 … 3g
豬油 … 2g
香油 … 3g

製作步驟

| 製作內餡 |

01 小豆苗洗淨、汆燙、撈出 ❶，冰鎮後切小段後把水分瀝乾。

02 鋼盆中放入小豆苗、油蔥酥、鹽、豬油、蝦餃餡、美極 ❷，一起抓拌均勻後 ❸-❹，再加入糖、胡椒、干貝絲，最後加香油一起攪拌均勻即為內餡 ❺-❼。放入冰箱冷藏 30 分鐘，讓餃子吃起來的口感會更加彈牙爽口。

TIPS：攪拌時以同一方向進行，更容易拌出膠質。

| 製作外皮 |

01 鋼盆中倒入澄粉、太白粉、水晶粉、水後攪拌均勻 ❽-❿。

02 將滾水倒入鋼盆中攪拌均勻 ⓫，倒在桌面上，再倒入做為壓粉的日本太白粉，一起混合拌勻成團 ⓬-⓭。

03 將外皮材料搓成長條狀，再均切成每個 15g 的粉團 ⓮-⓯，再擀成圓薄狀，其他粉團一一完成 ⓰-⓳。

｜包餡料理｜

01 取一張外皮，一手托好外皮，包入 20g 的餡料 ⑳-㉑ 後往餅皮的中心壓入，從一端開始捏合，並且捏出三角形，最後捏緊即完成 ㉒-㉕。其他外皮與內餡依序完成。

02 其他的水晶豆苗餃依序完成，放入蒸籠中 ㉖。

03 鍋中放入適量的水煮滾，放入蒸籠，以大火蒸 4 分鐘，關火後燜 4 分鐘，再開火蒸 2 分鐘即可取出。

1. 如果沒有烘焙紙，也可以使用吸水和透氣佳的蒸籠布來進行蒸製。如果要使用紗布來代替，記得要事先刷上一層薄薄油，以免造成沾黏。

米漿類

03 鮮蝦韭菜餃

材料

澄粉 … 33g
日本太白粉 … 15.75g
水晶粉 … 15.5g
水 … 56.25g
滾水 … 130g
（做為壓粉的日本太白粉 65.75g）

| 餡料調味料 |

燒賣餡 … 240g（作法參考 P.064）
韭菜 … 120g
（韭菜切小段）
蝦米 … 4g
（蝦米泡水）
米酒 … 4g
油蔥酥 … 8g
鹽 … 1.6g
糖 … 6.2g
胡椒粉 … 0.3g
素調粉 … 0.3g
胡麻油 … 0.6g
香油 … 7g
豬油 … 5g

份量：13 顆
使用器具：蒸籠
最佳賞味期：室溫半天
冷藏：3 天

製作步驟

| 製作麵皮 |

01 鋼盆中倒入澄粉、日本太白粉、水晶粉、水後攪拌均勻 ❶。

02 將滾水倒入鋼盆中攪拌均勻 ❷，倒在桌面上，再倒入做為壓粉的日本太白粉，一起混合拌勻成團 ❸-❹。

03 將外皮材料搓成長條狀，再均切成每個 15g 的粉團 ❺-❻，再擀成圓薄狀，其他粉團一一完成 ❼-❽。

| 製作內餡 |

01 蝦米爆香，加入韭菜段拌炒，再加入米酒炒到沒有酒氣，加入鹽、胡椒糖拌勻，關火後加入胡麻油、香油、豬油拌勻，將韭菜放涼後瀝乾水分，加入燒賣餡、油蔥酥拌勻 ❾-⓬。

｜包餡料理｜

01 取一張外皮，一手托好麵皮，包入 20g 的餡料 ⓴-㉑ 後往外皮的中心壓入，從一端開始捏合後，將兩個角往後繞再捏合起來。其他外皮與內餡依序完成。

02 其他的餃子依序完成，放入蒸籠中 ㉒。

03 鍋中放入適量的水煮滾，放入蒸籠，以大火蒸 4 分鐘，關火後燜 4 分鐘，再開火蒸 2 分鐘即可取出。

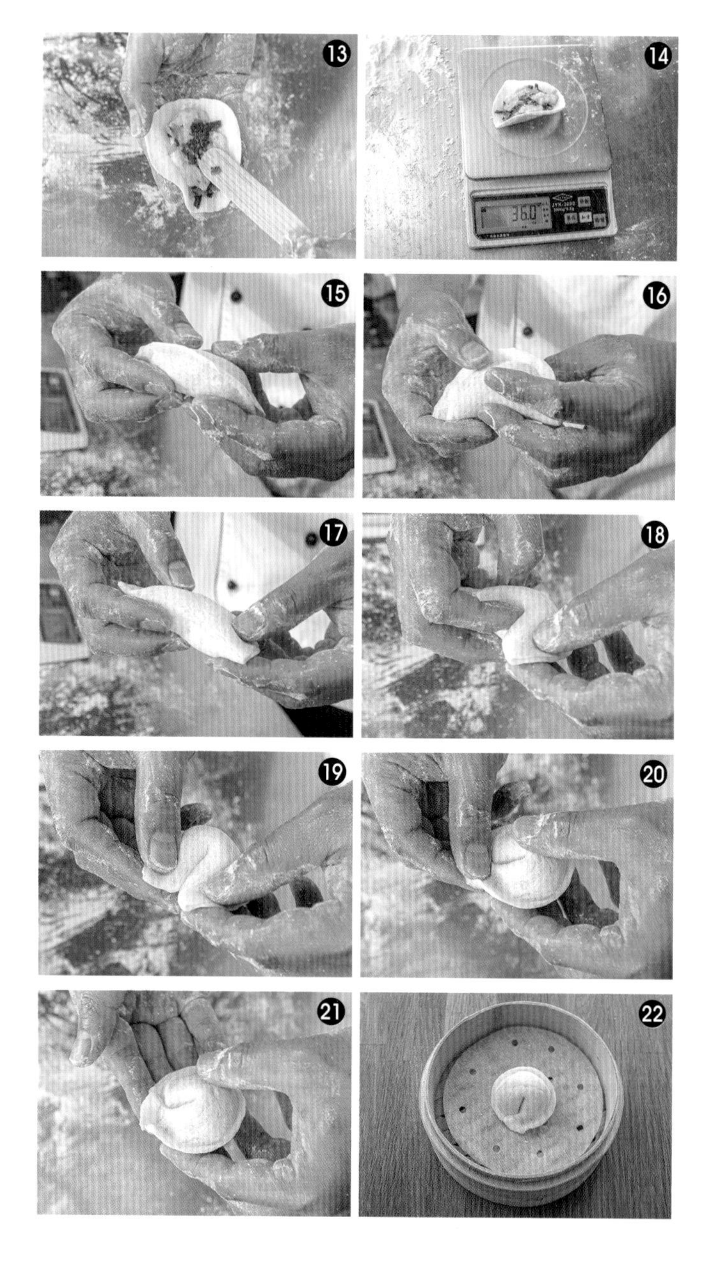

1. 澄粉又稱為澄麵、汀粉或是小麥澱粉。它是一種無筋的麵粉，可以用來製作蝦餃等點心，使用澄粉製作出來的成品麵皮具有透明的特性。

油炸類

04 糕渣

「糕渣」是宜蘭著名小吃，
把汆燙雞肉後的高湯加以變化
一口咬下有滿滿的鮮蝦香氣，滋味甘甜

材料

太白粉 … 90g
玉米粉 … 30g
蛋黃 … 1 顆
高湯 … 450g
蝦仁丁 … 120g
（將蝦仁丁再剁碎）
絞肉 … 120g
（將絞肉再剁碎或再次絞碎）

| 高湯 |

雞骨 … 200g
豬骨 … 200g
家鄉肉 … 20g
水 … 600g
薑 … 2 片
蔥 … 1 根

份量：5-6 人份
使用器具：深鍋
最佳賞味期：室溫半天
冷藏：3 天
冷凍：21 天

製作步驟

| 製作高湯 & 前置處理 |

01 鍋中放入雞骨、水、豬骨、家鄉肉、薑、蔥後 ❶-❹，以大火煮滾，改小火煮 2 小時，過濾後即為高湯 ❺。

TIPS：熬煮的過程中，需將浮沫撈除。

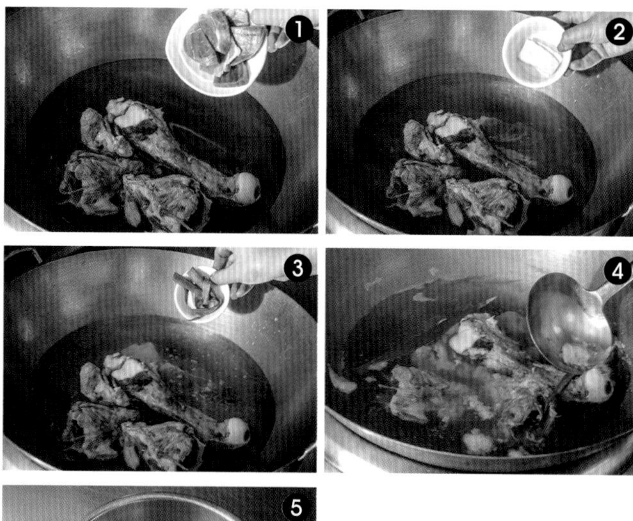

02 攪拌盆中放入太白粉、玉米粉、蛋黃，再倒入高湯 150g 後充分攪拌均勻做成芡汁 ❻。

| 料理油炸 |

01 將高湯、剁碎絞肉、蝦仁加熱煮滾 ❼，一邊要把浮沫撈除，再加入拌好的芡汁 ❽，一邊加一邊攪拌均勻，等到出現濃稠狀，改小火繼續攪拌 ❾-❿，持續約 10 分鐘後關火。

02 倒入抹油的鋼盆中，放涼大約 2 小時，倒扣出來 ⓫-⓭，先切成條狀，再切成菱形 ⓮-⓯。

03 均勻沾裹上太白粉（份量外）⓰，放入鍋中以 150℃油炸至熟透且金黃酥脆即可撈出瀝油 ⓱-⓳。

油炸類

05
春捲

炸春捲香酥可口感，很受歡迎，
只要掌握好調味順序與油炸溫度，
在家就能慢慢品嚐。

份量：20 條
使用器具：深鍋
最佳賞味期：室溫 30 分鐘
冷凍：30 天

材料

| 麵皮 |

市售春捲皮 … 20 張
（可在蝦皮購物買到。春捲皮一張切 4 等分備用。）

| 餡料與調味料 |

五花肉 … 155g
（五花肉修筋膜切絲 6cm）
黑木耳 … 61.5g
（木耳切絲 6cm）
沙拉筍 … 61.5g
（沙拉筍切絲 6cm）
香菇 … 46g
（香菇切絲 6cm）
韭黃 … 61.5g
（韭黃切段 3cm）
龜甲萬醬油 … 20g
美極 … 2g
素調粉 … 1g
五香粉 … 2g
蠔油 … 11.5g
香油 … 6g
蔥油 … 6g
糖 … 3g
胡椒粉 … 0.7g
紹興酒 … 1g
水 … 123g
太白粉 … 17g
太白粉勾芡用水 … 21g

製作步驟

| 拌炒內餡 |

01 鍋中放入適量的水煮滾，加入五花肉絲、黑木耳絲、沙拉筍、香菇絲汆燙至熟後撈出備用 ❶。

02 鍋中倒入 1 大匙的油燒熱，放入五花肉絲、黑木耳絲、沙拉筍、香菇絲一起炒至香味逸出 ❷。

03 加入紹興酒去腥 ❸，再加入素調粉、五香粉、胡椒粉、糖一起拌炒均匀，加入鍋水煮至小滾 ❹-❽，再加入龜甲萬醬油、美極、蠔油，開小火燒 5 分鐘，再轉大火煮滾後關火勾芡 ❾。

04 倒入香油、蔥油一起炒匀後即可起鍋 ❿-⓬。等放涼後，再加入韭黃，一起攪拌均匀後即為內餡 ⓭-⓮。

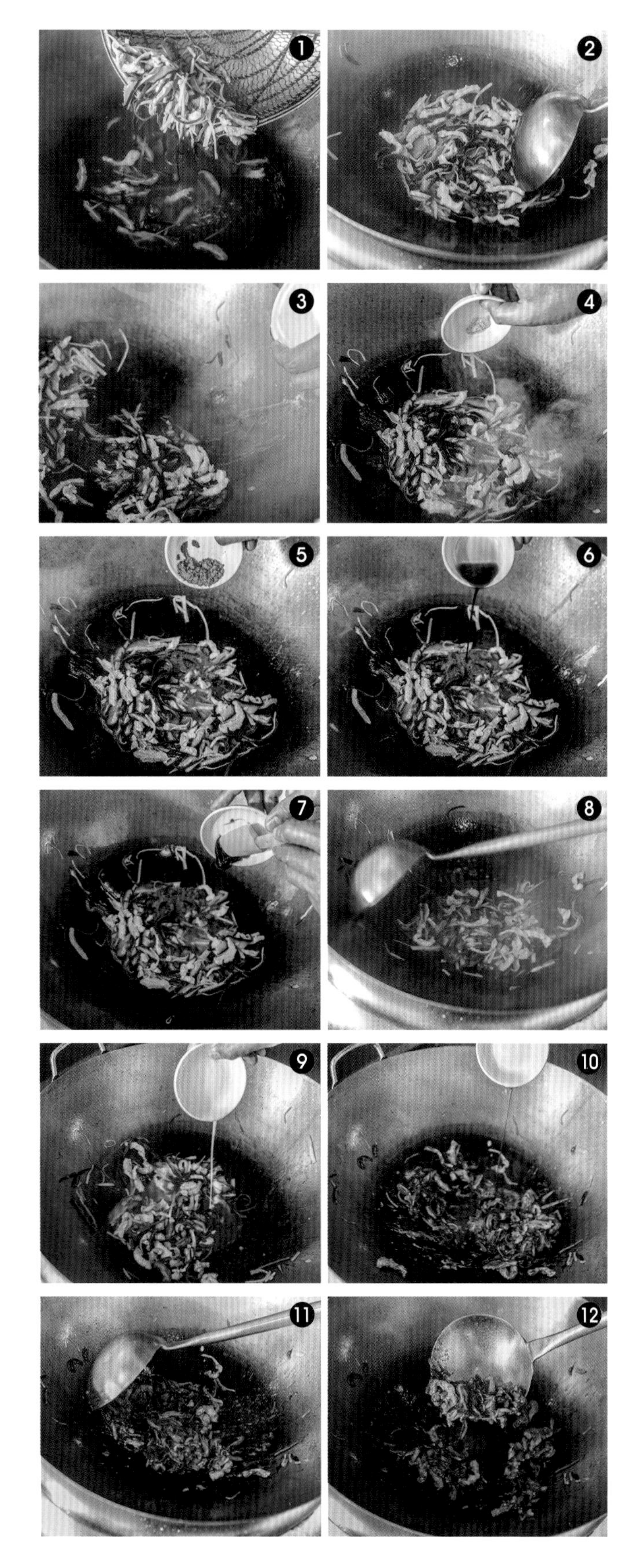

| 包餡料理 |

01 取一張 1/4 的春捲皮，放入 30g 的內餡 ⑮-⑯，再放在一張完整的春捲皮上，先將 1/4 的春捲內餡對折 ⑰，再將完整的春捲皮左右往內折 ⑱，再將下方往上折 ⑲，開始翻折，春捲皮的最上方可以抹上適量的麵糊 ⑳，幫助黏合，最後包捲成 8cm 的長條 ㉑，其他春捲依序完成。

02 鍋中放入適量的油燒熱至 140℃，放入春捲油炸至金黃酥脆即可撈出瀝油。

⑬

⑭

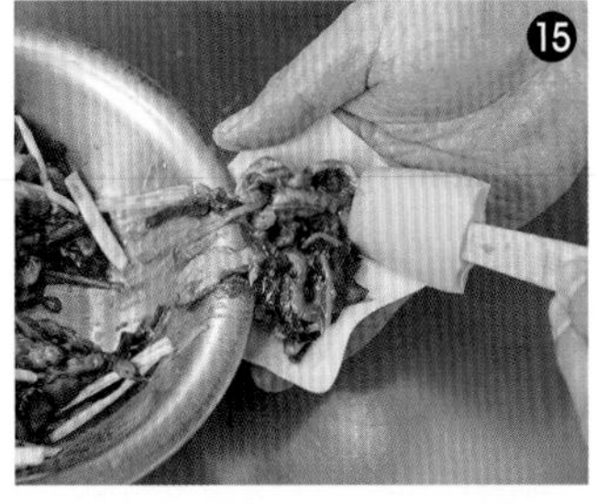
⑮

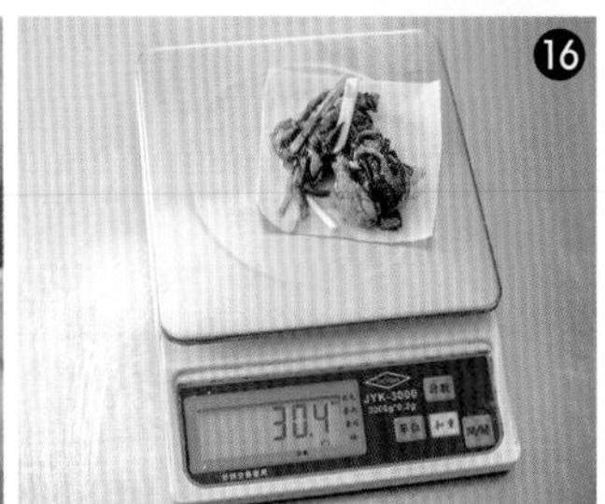

⑯

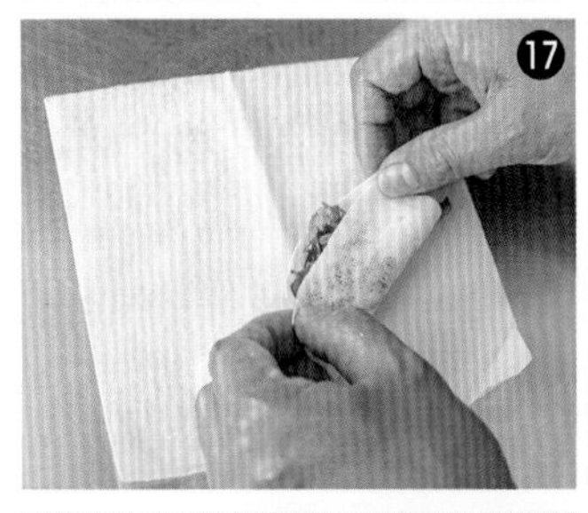
⑰

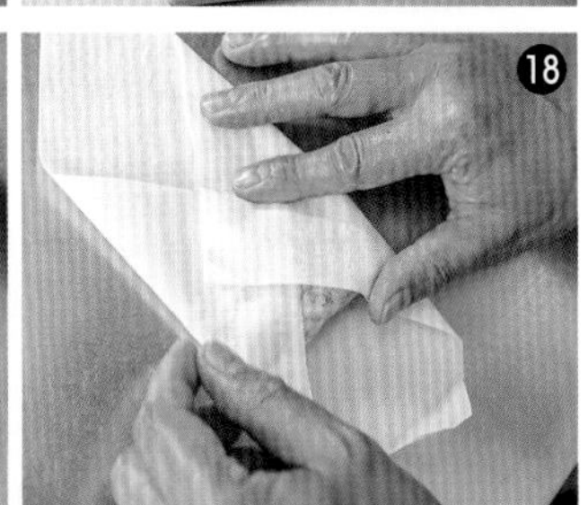
⑱

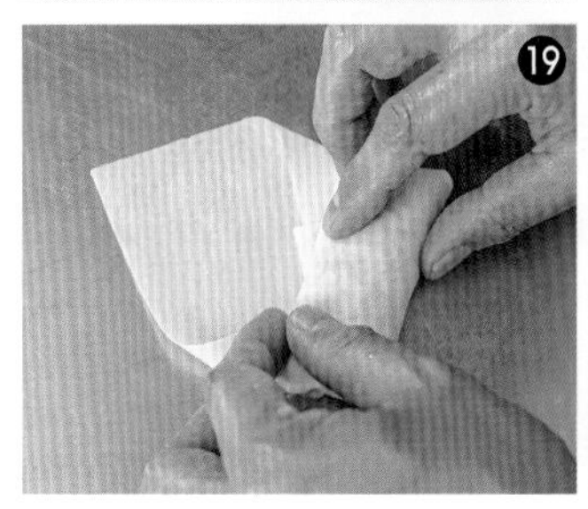
⑲

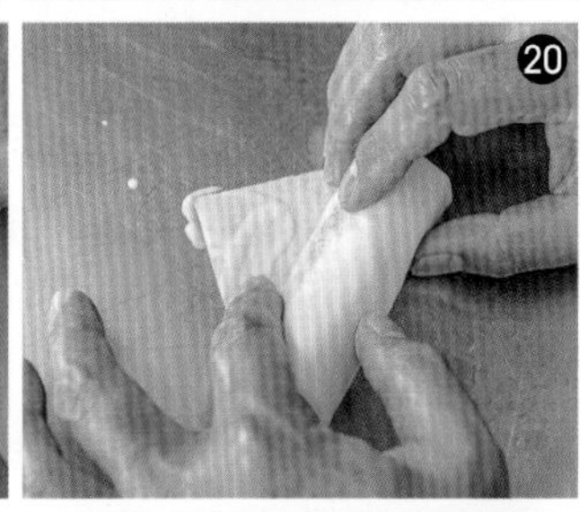
⑳

㉑

1. 如果油溫過低，很難炸出漂亮的金黃色，而油溫控制不準，就會產生外焦內生的狀況，所以建議新手可以選購一支測溫計，有助掌控好溫度變化。
2. 油炸食物，最重要的就是要吃起來不會有油膩感，看起來有好吃，以及入口時有酥脆的口感，所以「去油」、「上色」、「搶酥」這三大要訣，都要藉由油溫的變化來達成，因此掌控好油溫，是美味的關鍵。

油炸類

06 馬蹄糕

做工並不繁複，只是需要時間等待，
油炸後的馬蹄糕，品嚐時有種歡度年節的錯覺

材料

|麵皮|

市售四方春捲皮 … 10-20 張
（春捲皮一張切 4 等分備用。）

|餡料與調味料|

糖 … 60g
馬蹄肉 … 90g
粉水 … 180g
鍋水 … 300g
馬蹄粉 … 60g
吉士粉 … 15g
酥油 … 5g
粉水 … 21g
麵糊水
（中筋麵粉 1 大匙、水 1.5 大匙）

份量：10-20 條
使用器具：蒸籠、深鍋
最佳賞味期：室溫 30 分鐘
冷藏：3 天
冷凍：30 天

製作步驟

| 製作馬蹄條 |

01 馬蹄肉切碎，放入滾水中汆燙後撈出。

02 鍋中倒入鍋水，加入砂糖煮至糖融化，加入馬蹄碎❷，一起攪拌均勻後。

03 粉水加入吉士粉跟馬蹄粉一起拌勻做成粉水漿，熄火後，倒入馬蹄糖水中❸，用湯勺推勻❹。

04 再加入酥油，攪拌到酥油完全與粉漿融合至適合的糊度，倒入模具中，將表面抹平❺-❼，放入蒸籠蒸約 40 分鐘即可取出，放涼冰後冷藏一晚，取出後切成長條狀。

| 包餡料理 |

01 切成條狀的馬蹄條以廚房紙巾擦拭水分❽。

02 取一張春捲皮，放入一條馬蹄條❾，左右往內折❿，再將下方往上折，開始翻折，春捲皮的最上方可以抹上適量的麵糊水⓫，幫助黏合，最後包捲成長條⓬，其他馬蹄糕依序完成。

03 鍋中放入適量的油燒熱至 140℃，放入馬蹄糕油炸至金黃酥脆即可撈出瀝油。

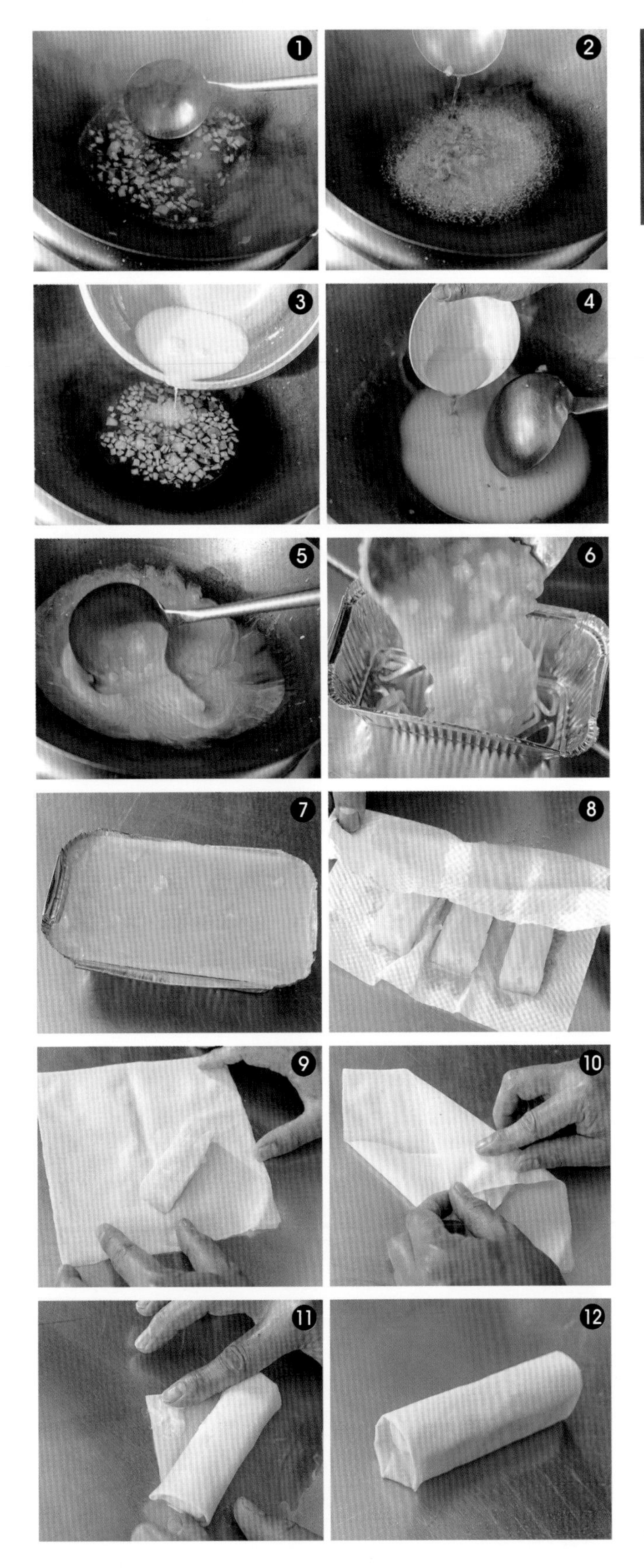

油炸類

07 蜂巢芋棗

外形美，香香酥酥又脆嫩
加上香氣四逸鹹香的餡料，
是古早味的傳承美食之一

份量：50 顆
使用器具：深鍋
最佳賞味期：室溫半天
冷藏：3 天
冷凍：21 天

材料

削皮芋頭 … 600g
澄粉 … 300g
滚水 … 300g
胡椒粉 … 適量
麻油 … 適量
五香粉 … 適量
鹽 … 7.5g
糖 … 7.5g
氨粉 … 7.5g
豬油 … 300g

| 餡料調味料 |

後腿赤肉 … 600g
（切成 0.5*0.5 小丁）
火腿片 … 150g
（切成 0.5*0.5 小丁）
香菇 … 150g
（切成 0.5*0.5 小丁）
蝦米 … 94g
菜脯 … 150g
（切成 0.5*0.5 小丁）
蔥 … 150g
（洗淨後切成蔥花）
蠔油 … 75g
醬油 … 37.5g
美極 … 9.4g
五香粉 … 1.8g
胡椒 … 3.7g
蔥油 … 37.5g
紹興酒 … 10g
鍋水 … 375g
太白粉 … 75g
水 … 94g

製作步驟

| 製作內餡 |

01 鍋中放入適量的水燒熱，將後腿赤肉、火腿、香菇丁、蝦米燙熟後取出，瀝乾水分 ❶。再放入菜脯，氽燙兩次。

02 鍋中放入 1 匙油燒熱，放入菜脯、肉丁爆香，加入火腿、香菇丁、蝦米炒勻 ❷-❸。

03 加入 375g 的水後，再加入五香粉、胡椒粉一起拌勻，繼續加入蠔油、醬油、美極、紹興酒拌勻，開小火燒煮約 1-2 分鐘 ❹。

04 轉成大火煮滾，關火後淋入以太白粉及 94g 的水調製而成的芡汁勾芡後 ❺，拌入蔥油。

05 放涼後拌入切碎的蔥花 ❻。

| 製作外皮 |

01 先把芋頭切片蒸至熟透後 ❼，取出，揉成團狀 ❽。

TIPS：如果用筷子可以輕鬆戳透，即可取出

02 滾水中加入澄粉攪拌均勻 ❾，再搓揉成團 ❿。

03 鋼盆中放入芋頭團、澄粉團、胡椒粉、麻油、五香粉、鹽、糖、氨粉趁熱揉勻後加入，蒸熟芋頭加入燙熟澄粉 ⓫ 揉成糰。

04 最後加入豬油揉勻 ⓬-⓭。

| 包餡油炸 |

01 將外分搓成長條後⓮，分成每個 30 克的小團，包入 20 g 的內餡⓰。

TIPS：製作外皮時，中間要比較厚，邊緣要較薄，這樣在包入餡料後油炸，比較不會出現爆餡的情況。

02 先對折，再從一側開始捏合⓱-⓳，最後塑形成橢圓形⓴。

03 鍋中放入適量的油燒熱至 140℃，先放入炸至變色㉑，撈出後，待油溫上升再放入油炸第 2 次，取出，溫度到達 170℃時再次放入油炸至定色，分階段油炸到熟透且金黃酥脆即可撈出瀝油。

1. 炸物要漂亮金黃，一定要記得油溫不能太低。而會造成油溫過低的原因很多，像是食物本身是冰的，而最常見的就是一次投入太多的炸物，這些作法都會導致鍋中的油溫驟降，低於正常標準。要避免油溫過低，最好的做法就是食物要分批投入油炸，儘量讓油鍋維持在理想的油溫，如此就能炸出酥脆金黃的口感。

油炸類

08 棗餅

雖然做工上比較繁複
但在家就可以復刻出古早美味，
值得一試

材料

冬瓜糖 … 6 根
桔餅 … 10 粒
金棗膏（糖漬金棗） … 10 粒
蔥白 … 3 根
白表 … 115g
生鴨蛋 … 1 顆
低筋麵粉 … 150g
熟白芝麻 … 40g
三花奶水 … 100g
豆皮 … 1 張（切成一半）
太白粉 … 適量

份量：7-8 人份
使用器具：蒸籠、深鍋
最佳賞味期：室溫半天
冷藏：3 天
冷凍：21 天

製作步驟

| 製作餡料 |

01 分別把冬瓜糖、桔餅、金棗膏切成碎末 ❶-❸。

02 將蔥白及白表切成小丁 ❹。

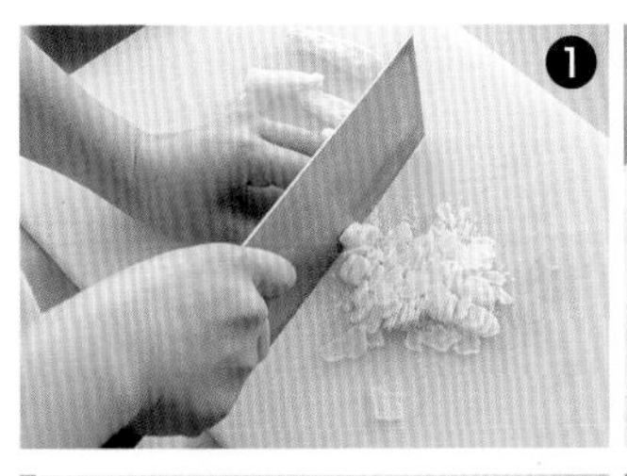

調理蒸製後油炸

01 鍋中放入白表及蔥白，炒至香味逸出，撈出後放涼備用 ❺。

02 把切碎的蜜餞放入鋼盆中，加入炒過的白表、蔥白，再加入低筋麵粉、熟白芝麻、三花奶水、鴨蛋後一起混均勻即為夾餡 ❻-❾，蒸盤上抹上適量的油備用 ❿。

03 將豆皮攤開，把餡料均勻的抹上 ⓫-⓬，再覆蓋上另一片豆皮，用刀背略微敲打，將空氣打出，放到蒸盤上 ⓭-⓯。

04 深鍋中倒入適量的水，再放入蒸籠，以中小火蒸20分鐘 ⓰。

TIPS：切記不要使用大火。

05 取出後放涼、切塊 ⓱，再均勻沾沾裹上太白粉。

06 鍋中放入適量的油燒熱至170℃，再油炸約2分鐘，直到表面金黃酥脆即可撈出瀝油 ⓲。

油炸類

09
鮮蝦腐皮捲

要讓腐皮捲入口時有酥脆口感
一定要掌握好油溫，
溫度過低就會徒增油膩感！

材料

份量：7 條
使用器具：深鍋
最佳賞味期：室溫半天
冷藏：3 天
冷凍：21 天

| 外皮 |

腐皮 … 7 張
中筋麵粉 … 適量
水 … 適量

| 配料調味料 |

香菜 … 10g
韭黃 … 30g
馬蹄 … 16g
蝦餃餡 … 240g（作法參考 P.039）

| 炸漿 |

低筋麵粉 … 50g
太白粉 … 2.5g
泡打粉 … 2.5g
水 … 80g
沙拉油 … 2.5g

製作步驟

| 準備餡料 & 炸漿 |

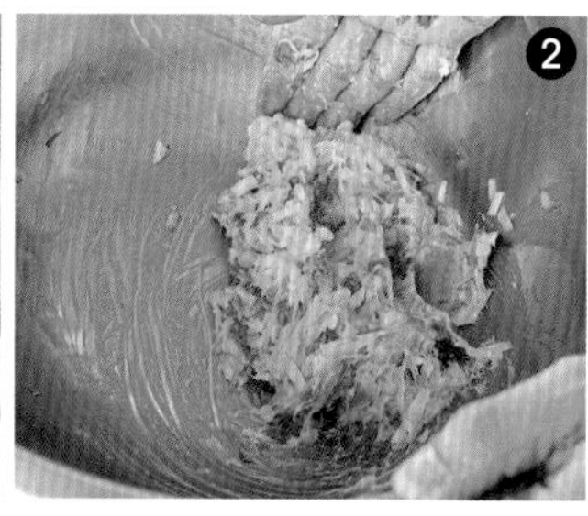

01 取一張完整腐皮，硬邊剪掉，再裁切成 3 等分。

02 香菜洗淨，與馬蹄一起切碎；韭黃洗淨、切段。

03 鋼盆中放入蝦餃餡、香菜、馬蹄、韭黃一起攪拌均勻❶-❷。將中筋麵粉加入水混勻即為麵糊。

04 將低筋麵粉、太白粉、泡打粉、水混勻，最後加入沙拉油拌勻即為炸漿。

| 包餡油炸 |

01 取一張腐皮，將內餡放在三角形腐皮的 1/3 處 ❸-❹，先將左右往內折 ❺-❻，再將下方往上折 ❼-❿，開始翻折，腐皮的最上方可以抹上適量的麵糊，幫助黏合 ⓫，最後包捲成 8cm 的長條 ⓬，其他春捲依序完成。⓭ 一一均勻沾裹炸漿。

02 鍋中放入適量的油燒熱至 150℃，放入春捲油炸至金黃酥脆即可撈出瀝油 ⓮。

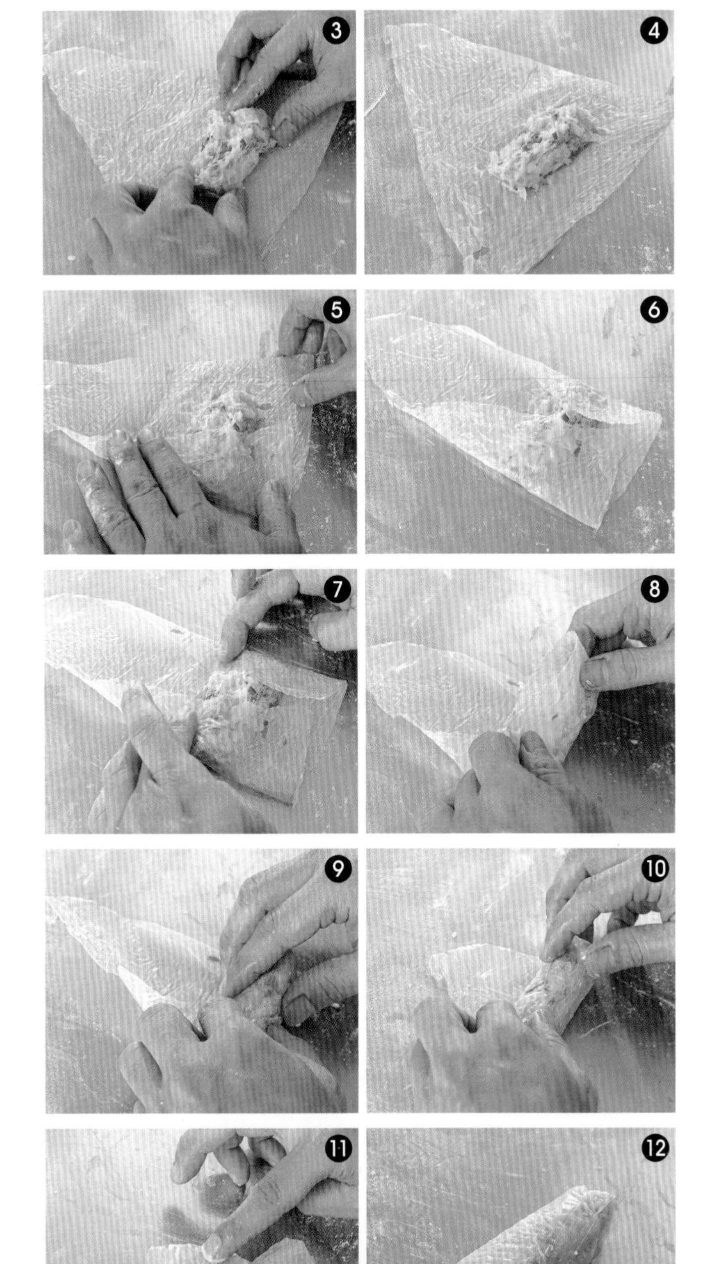

1. 如果油溫過低，很難炸出漂亮的金黃色，而油溫控制不準，就會產生外焦內生的狀況，所以建議新手可以選購一支測溫計，有助掌控好溫度變化。

油炸類

10 杏仁鮮蝦捲

排列整齊的杏片，
加上草蝦與鳳梨的鮮甜微酸滋味
可以一次滿足喜歡多重口感、層次分明的人

份量：2 個
使用器具：深鍋
最佳賞味期：室溫 60 分鐘
冷藏：3 天

材料

草蝦仁 … 4 隻
鳳梨片 … 2 片
（將鳳梨片切 4 等份）
中筋麵粉 … 適量
水 … 適量
威化紙 … 2 張
春捲皮 … 2 張
美乃滋 … 適量
杏片 … 適量

製作步驟

| 準備內餡 |

01 草蝦仁去除腸泥、燙熟後撈出、冰鎮❶-❷，撈出後與鳳梨片一起用餐巾紙吸乾水分。

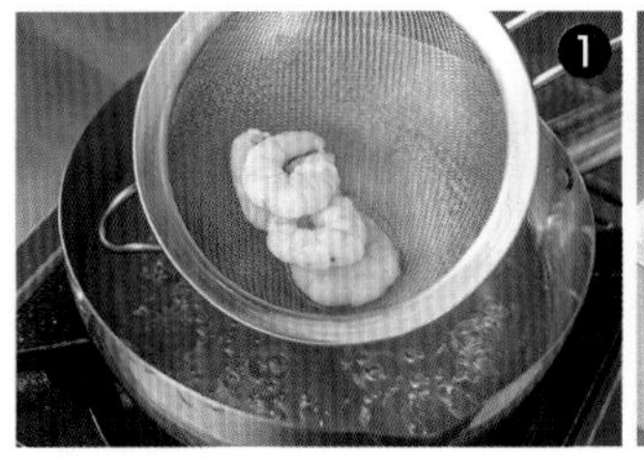

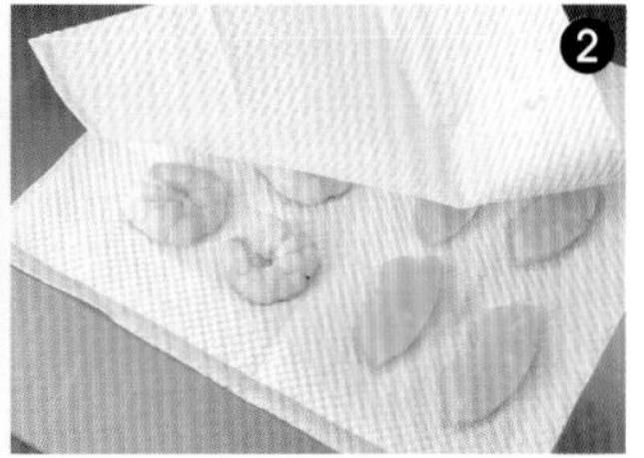

| 調理包餡油炸 |

01 深碗中放入中筋麵粉及水一起攪拌均勻後即為麵糊 ❸。

02 準備好威化紙 ❹，在威化紙上放上一張春捲皮，再放上兩隻草蝦仁、擠上美乃滋後擺上鳳梨片 ❺-❻。

03 先將威化紙的一邊往內折起，再將另一邊也往內折，接著捲折成 3×8cm 的長方形 ❼-❿，到底之前，先沾抹一些麵糊後使其密合 ⓫。

04 在封口那一面塗上麵糊，再沾上杏片。⓬-⓮，其他蝦捲依序完成。

TIPS：沾裹杏片後，用手略微壓實，避免在油炸過程中杏片脫落。⓯

05 鍋中放入適量的油燒熱至 140℃，放入油炸至金黃酥脆撈出瀝油後即完成 ⓰。

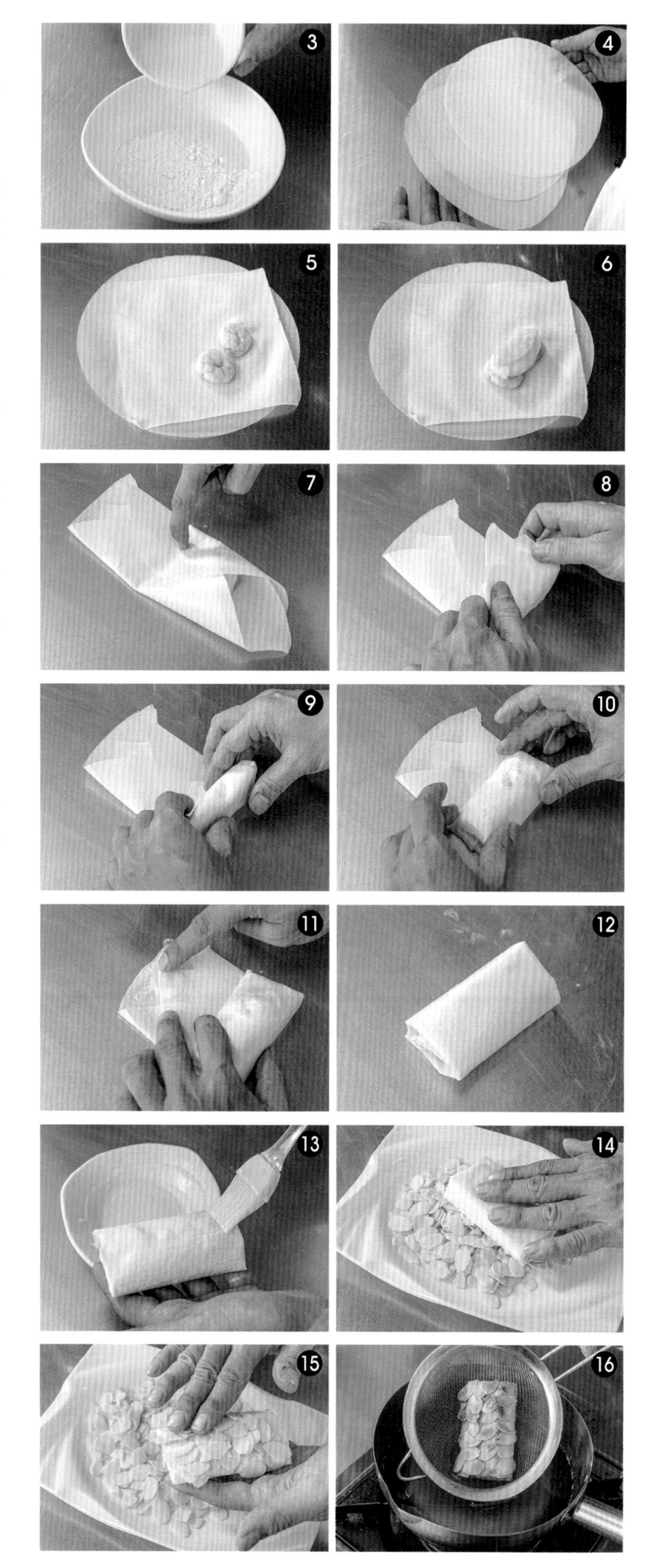

1. 如果油溫過低，很難炸出漂亮的金黃色，而油溫控制不準，就會產生外焦內生的狀況，所以建議新手可以選購一支測溫計，有助掌控好溫度變化。

油炸類

11
炸芝麻蝦筒

每一口都有芝麻香，
以及飽滿鮮美的內餡，
加上酥脆的外皮，
油炸控錯過了可惜

份量：20 個
使用器具：深鍋
最佳賞味期：室溫 60 分鐘
冷藏：3 天
冷凍：15 天

材料

草蝦仁 … 250g
鹽 … 1.5g
胡椒 … 0.3g
太白粉 … 5g
美極 … 1g
糖 … 7g
白表 … 9g
香油 … 3g
豬油 … 25g
中芹 … 60g
紅蘿蔔 … 25g
馬蹄 … 20g
生白芝麻 … 適量
威化紙 … 適量
蛋白 … 適量

製作步驟

| 製作內餡 |

01 草蝦仁去除腸泥，洗淨後將水分擦乾、切碎後放入鋼盆，加入鹽、胡椒、太白粉一起攪勻至起膠質，再繼續加入美極、糖、白表打勻，最後加入香油、豬油拌勻即可。

02 繼續加入中芹、紅蘿蔔、馬蹄碎，一起攪拌成內餡 ❶-❸。

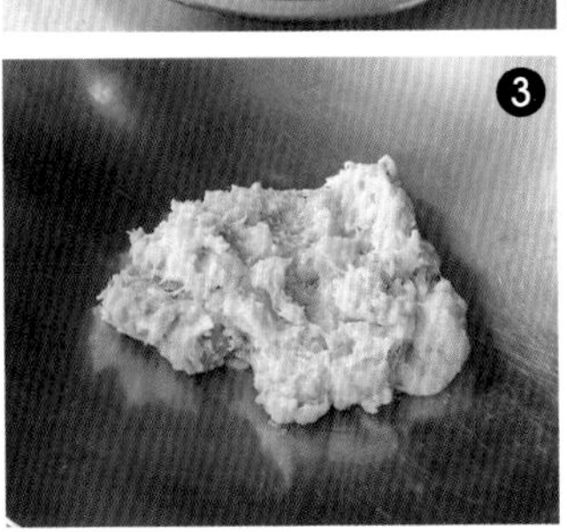

｜包裹油炸｜

01 威化紙對折一半❹，放上20克的內餡❺-❻，再放到另一張威化紙上，先將一邊往內折起，再將另一邊也往內折起❼，接著捲折到底之前，沾抹一些水後使其密合❽-⓬，均勻刷上一層蛋白⓭，再沾裹白芝麻，其他也依序完成⓮-⓯。

02 鍋中放入適量的油燒熱至140℃，放入芝麻蝦筒，油炸至金黃酥脆撈出後把油瀝乾淨即完成。

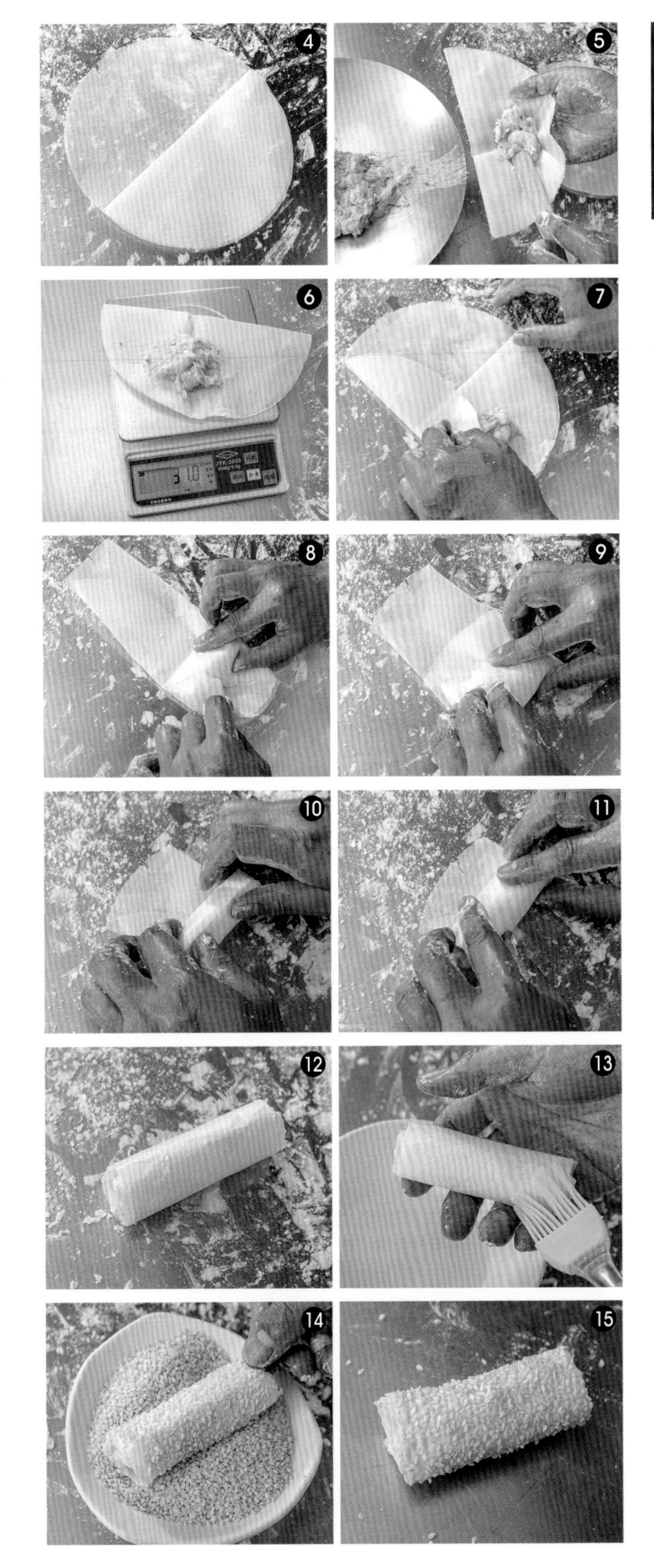

1. 如果油溫過低，很難炸出漂亮的金黃色，而油溫控制不準，就會產生外焦內生的狀況，所以建議新手可以選購一支測溫計，有助掌控好溫度變化。

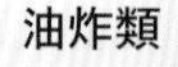

油炸類

12
炸芝士蝦餅

對於喜歡多重口感的人來說
軟嫩的內餡加上酥脆的外皮，
絕對可以一次滿足

材料

冷凍花枝肉 … 109g
（花枝退冰切條，擦乾水後用調理機絞細）
草蝦仁【51/60】163g
（洗淨、去腸泥後用調理機絞細）
白胡椒粉 … 0.2g
日本太白粉 … 0.2g
澄粉 … 1g
白表 … 65g
精鹽 … 0.5g
細砂糖 … 33.75g
芝麻香油 … 2g
胡麻油 … 1g
起司片 … 2 片
麵包粉 … 適量
蛋黃液 … 適量

份量：7 份
使用器具：深鍋
最佳賞味期：室溫 60 分鐘
冷藏：3 天
冷凍：30 天

製作步驟

| 製作內餡油炸 |

01 將花枝肉、蝦仁加入胡椒粉、太白粉、澄粉打至出膠，再加入精鹽、細砂糖一起拌勻，加入白表、香油、胡麻油攪打均勻即可；將一片起司片分成 4 等分

02 將內餡分為一個約 50 克，搓成圓形，略微壓扁後，包入一小片起司片 ❷-❸，收口、滾圓並稍微壓扁 ❹-❻。

02 沾裹蛋黃液、麵包粉 ❼-❽，再次沾裹蛋黃液、麵包粉 ❾-❿，其他也依序完成。

03 鍋中放入適量的油燒熱至 140℃，放入芝士蝦餅油炸至金黃酥脆，撈出、瀝油後即完成。

油炸類

13
羅漢腐皮捲

餡料非常豐富的羅漢腐皮捲
加上脆口的外皮，
滿足每一張挑剔的嘴

份量：10 條
使用器具：平底鍋
最佳賞味期：室溫半天
冷藏：3 天
冷凍：21 天

材料

芋頭 … 50g
乾香菇 … 40g
乾木耳 … 40g
青江菜 … 40g
玉米筍 … 40g
鹽 … 2g
糖 … 4g
胡椒 … 1g
醬油 … 10g
水 … 300g
太白粉水 … 適量
香油 … 適量
腐皮 … 5 張
中筋麵粉 … 適量
水 … 適量

製作步驟

|製作工作|

01 芋頭削皮、切成細絲，放入鍋中，油炸至金黃上色❶，取出40g備用。

02 將乾木耳、香菇泡開後洗乾淨、切絲；青江菜、玉米筍洗乾淨、切丁。

03 腐皮剪成一半，並且把旁邊硬皮剪掉；中筋麵粉、水一起混匀後即為麵糊。

|調理包餡油煎|

01 鍋中倒入適量的水燒熱，將木耳、香菇絲、青江菜、玉米筍丁放入、汆燙後瀝乾備用❷。

02 鍋中放入適量的油燒熱，爆香香菇絲，放入木耳、芋頭絲、青江菜、玉米筍丁一起拌炒❸，加入鹽、糖、胡椒、醬油❹，再倒入300g的水煮滾❺。

03 淋入太白粉水勾芡❻-❼，再以適量的香油拌匀後放涼。

04 取半張的腐皮，再包入50g的內餡❽，先將一側往中間折，再將另一邊往中間折，接著從下往上折捲到底，收口沾麵糊黏起即完成❾-⓫，其他則依序完成⓬。

05 鍋中放入適量的油燒熱至150℃，再放入腐皮捲油炸至金黃酥脆即可盛出。

油炸類

14 炸脆奶

外皮酥脆，裡面滑嫩順口
加上作法上不容易失敗，
建議新手一定要試試

材料

玉米粉 … 55g
全脂鮮奶 … 300g
糖 … 30g
奶油 … 10g
香草精 … 適量
白色四方春捲皮 … 10 張
中筋麵粉 … 適量
水 … 適量

份量：3-4 人份
使用器具：深鍋
最佳賞味期：室溫 30 分鐘
冷藏：3 天
冷凍：30 天

製作步驟

|處理內餡|

01 玉米粉加入 150g 全脂鮮奶調開備用❶。

02 另外 150g 的全脂鮮奶加入砂糖及奶油煮滾❷-❸，轉成中小火後倒入添加玉米粉的鮮奶及香草精持續攪拌到濃稠狀❹-❺。

TIPS：在執行這個動作的時候，一定要持續的攪拌，以免燒焦。

03 倒入已經塗上一層沙拉油的容器中❻，冷卻後，放入冰箱冷藏一個晚上。

|包餡油炸|

01 將冰好的鮮奶內餡取出，切成長條狀。

02 取一張春捲皮，放入一條內餡❼，先將一側的春捲皮往內折，再將另一邊的春捲皮往內折❽-⓬，再將下方往上折，開始翻折，春捲皮的最上方可以抹上適量的麵糊⓭，幫助黏合，最後包捲成 8cm 的長條⓮，其他春捲依序完成。

03 鍋中放入適量的油燒熱至 140℃，放入將其炸至金黃酥脆即可撈出瀝油。

甜品類

15 八寶芋泥

這是一道非常傳統的台式甜點
倒扣後兼具了視覺與味覺上的雙重享受

份量：5-6 人份
使用器具：蒸籠
最佳賞味期：室溫半天
冷藏：3 天
冷凍：21 天

材料

去皮芋頭 … 500g
糖 … 70g
豬油 … 37.5g
市售烏豆沙 … 250g
熟蓮子 … 7 個
（去籽紅棗切片 8-10 片）
罐頭櫻桃、水蜜桃片 … 各適量
桂花蜜 … 適量
太白粉水 … 適量

製作步驟

| 處理內餡 |

01 芋頭去皮後、切片，放入蒸籠，以大火蒸熟 ❶-❷。

02 趁熱壓碎並且拌入砂糖、鹽及豬油 ❸-❺ 後完全擣爛成泥狀，過篩 ❻。

| 包餡蒸煮倒扣 |

01 將芋泥捏成一個碗狀，並且把紅豆餡滾圓 ❼-❽，將紅豆餡包入芋泥中 ❾-❿。

02 慢慢的收口，直到完全密合 ⓫-⓬。

03 在芋球的表面，以櫻桃、蓮子、去籽紅棗切片、水蜜桃片裝飾 ⓭-⓮。

04 將玻璃紙鋪在扣碗中，並且將裝飾完成的芋球放入，將表面以玻璃紙完全覆蓋 ⓯-⓱。

05 放入蒸籠裡 ⓲，以中火蒸約 1 小時，直到蒸透，倒扣於盤中 ⓳，並且撕去玻璃紙。

06 最後以桂花蜜加太白粉水煮滾勾芡淋上去即完成。

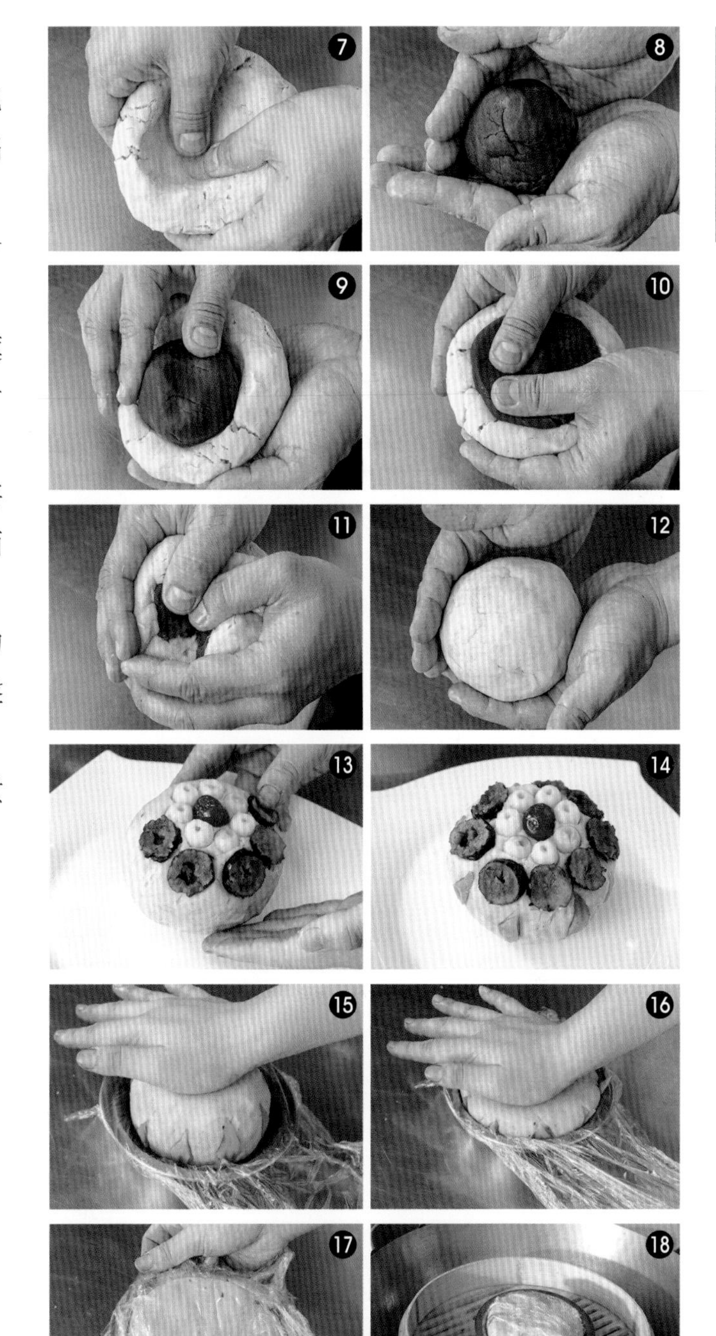

1. 如果不確認是否蒸熟，可以切開看看，如果沒有熟透，可以再包覆好，放回蒸籠蒸熟 ⓴。

甜品類

16 奶酪

份量：9 份
使用器具：深鍋
最佳賞味期：室溫半天
冷藏：3 天
冷凍：21 天

材料

鮮奶 … 936g
動物性鮮奶油 … 190g
明膠粉 … 13g
糖 … 60g
桂花蜜 … 適量

製作步驟

01 將鮮奶蒸 5 分鐘，取出。

02 加入糖、明膠一起打勻後，以大火蒸約 10 分鐘。放涼後加入鮮奶油一起攪勻 ❶-❷ 即可裝入容器裡，一杯約 125g，最後淋上適量的桂花蜜即可。

份量：7-8 人份
使用器具：深鍋
最佳賞味期：室溫半天
冷藏：3 天
冷凍：21 天

材料

糖 … 500g
水 … 175g
小番茄 … 7-8 串

製作步驟

| 製作糖漿 |

01 鍋中放入 500 g 的糖，加入 175g 的水 ❶-❷，以最小火加熱，用溫度計測量一下煮到整體溫度到達 140 ℃ ❸-❹，即為糖漿，過程中不要去攪拌。

| 沾裹調理 |

01 將小番茄清洗乾淨，去除蒂頭。將小番茄串起來，再均勻淋上糖漿 ❺-❼，放涼後即可 ❽。

零失敗筆記

1. 煮糖漿的時候要以小火慢慢熬、慢慢煮，千萬不要去攪拌，以免造成反砂現象，也就是原本已經融化的砂糖再次結晶成固體。
2. 其次，煮糖漿時溫度一定要到達 140℃，否則做不出脆口的口感。

甜品類

17 糖葫蘆

不論串著小番茄還是草莓
裹著清澈糖衣的糖葫蘆
薄脆、不黏牙的口感最優！

甜品類

18 焦糖布丁

布丁的香醇氣息，外表看起來樸實，
而獨特的濃郁風味，會在口中緩緩飄散開來

材料

| 焦糖 |

糖 … 60g
水 … 15g
熱水 … 30g
鹽 … 2g

| 布丁 |

牛奶 … 1200g
蛋 … 5 顆
蛋黃 … 150g
糖 … 140g
香草精 … 適量

份量：10 份
使用器具：深鍋、烤箱
最佳賞味期：室溫半天
冷藏：3 天

製作步驟

| 製作焦糖 |

01 先把糖平均鋪入鍋底，加入水❶，開中火煮至糖融化❷-❸，在煮的過程中不能攪拌，以免產生結晶。

02 用溫度計測量一下，整體溫度到達 150℃產生焦化作用且已經上色❹，加入鹽後再加入熱水，並將焦糖均分為 10 份鋪底❺。

| 製作布丁液 |

01 將蛋、糖一起拌勻❻-❼，再加入蛋黃、牛奶❽-❿，拌勻後加入香草精再次攪拌均勻過濾即可⓫-⓭

| 組合烘烤 |

01 每一杯均勻倒入布丁液⓮，隔水以上火 180℃，下火 150℃烘烤 30 分鐘，取出轉向後繼續烤 10 分鐘。

TIPS：可以拿牙籤戳一下，確定不會流汁即可。

要做出好吃又漂亮的焦糖布丁，烤盤中的隔水蒸烤熱水溫度最好在 70℃左右，因為隔水蒸煮的用意是在分散烤模熱源，如果水過熱會使接觸烤模四周的蛋汁受熱過快而產生孔洞。

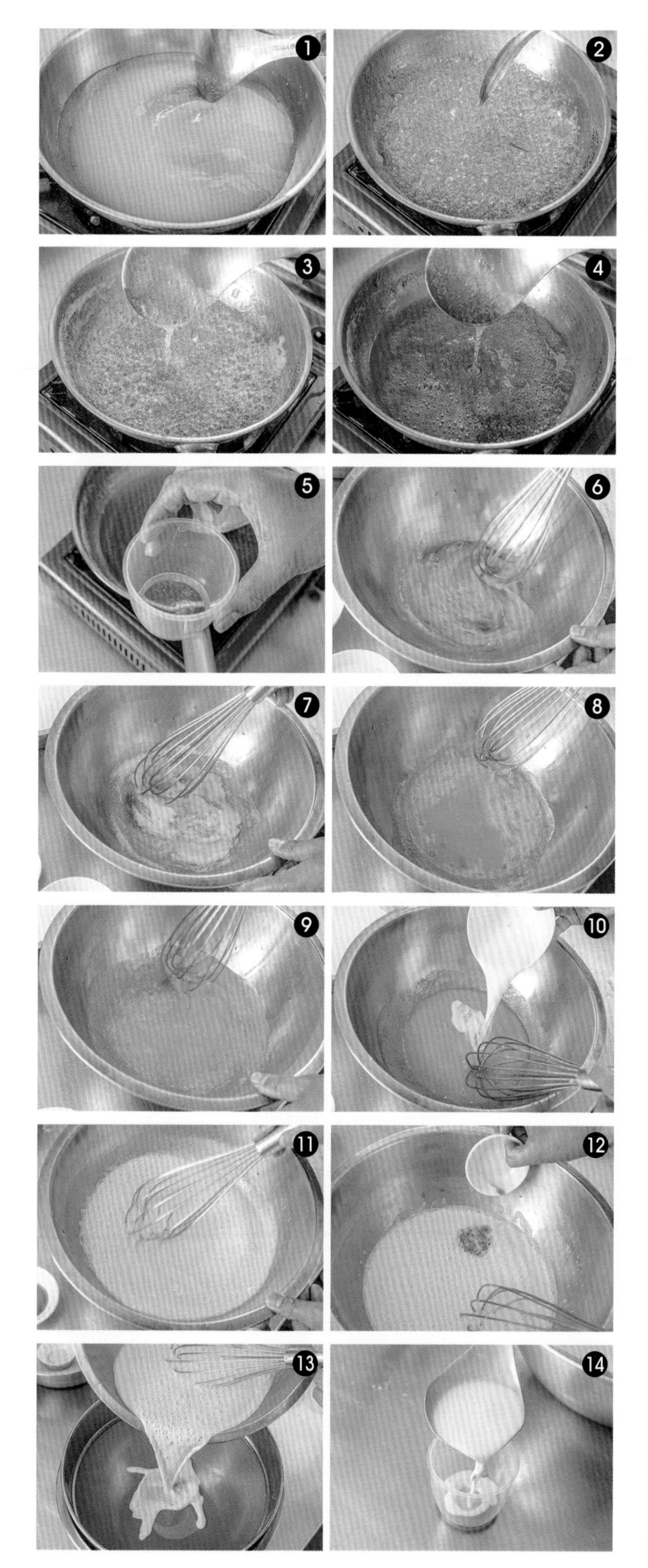

份量：3 個
使用器具：5.5 吋蒸籠及蒸籠紙
最佳賞味期：室溫 2 天
冷藏：3 天

甜品類

19 紅豆鬆糕

紅豆鬆糕是許多人念念不忘的古早味美食
麵香足，內餡柔軟甜美，吃再多也不膩口

材料

糯米粉 … 150g
在來米粉 … 450g
糖粉 … 150g
水 … 170g
市售烏豆沙 … 300g
（搓成 100g 長條狀後）
乾燥桂花 … 適量

製作步驟

| 製作粉團 |

01 鋼盆中放入糯米粉、在來米粉、糖粉以及水，一起攪拌均勻 ❶-❹。

02 將拌勻的粉團，放入篩網中過篩 ❺。

03 先在蒸籠內鋪上一層烘焙紙，再將過篩後的粉用湯匙舀入，均勻的鋪上，大約 100g 的厚度時，將 100g 烏豆沙長條圍一個圈後放入，再繼續鋪上 200g 的粉，過程中稍微搖晃一下蒸籠，把中間的空氣打出，再繼續直到填滿。

04 將表面以刮板抹平，最後撒上乾燥桂花。

| 蒸製調理 |

01 鍋中放入適量的水煮滾，再放入蒸籠，以大火蒸 30 分鐘後取出放涼即可。

TIPS：可以觀察表面是否呈現濕軟且四周的粉團與蒸籠之間是不是有出現些微空隙，或者用竹籤插入，如果取出時沒有沾黏，表示熟透就可以熄火了。

1. 在把粉填入蒸籠時，不能用手去把它壓平，以免影響口感。
2. 糯米粉的澱粉成分高，可以增加黏度，讓整體口感更綿密。

甜品類

20
西米焗布丁

份量：8-10 碗
使用器具：烤箱
最佳賞味期：室溫半天
冷藏：3 天
冷凍：21 天

對於喜歡焗烤風味的心控來說
這一道絕對是口感豐富錯過可惜的絕妙滋味。

材料

西谷米 … 37.5g
（西谷米先浸泡約 30 分鐘）
吉士粉 … 37.5g
低筋麵粉 … 49g
細砂糖 … 225g
蛋 … 3 顆
酥油 … 113g
水 … 900g
市售白蓮蓉餡 … 30g

製作步驟

|製作西米布丁液|

01 鍋中放入適量的水煮滾，放入西谷米煮到幾乎成為透明❶。

02 鋼盆中放入吉士粉、低筋麵粉及 100 g 的水一起攪拌均勻。

03 鍋中放入剩下的水以及西谷米❷，再倒入攪拌均勻的吉士粉、麵粉水拌勻後，加入細砂糖煮到糖融化❸。

04 繼續加入全蛋攪勻❹，最後把酥油加入後拌勻後即可撈出❺-❿。

|組合焗烤|

01 將白蓮蓉餡分成一個約 30 g 的小團⓫，滾圓後壓扁⓬。

02 把煮好的布丁分裝到容器約一半的高度，鋪上 30g 白蓮蓉餡，再將剩下的布丁平均分裝完放涼⓭-⓮。

03 隔水以上火 230 ℃，下火 150℃烘烤 30 分鐘至表面金黃即可取出，可放上自己喜歡的香草來裝飾表面。

材料

綠豆仁 … 600g
（綠豆仁泡一個晚上）
市售綠豆沙餡 … 900g
糖粉 … 45g
沙拉油 … 138g
安佳無鹽奶油 60g

份量：20 個
使用器具：手壓式月餅模
最佳賞味期：室溫半天
冷藏：3 天

甜品類

21 綠豆糕

五彩繽紛的顏色，
搭配入口時的酥脆
與豆沙甜甜的滋味互搭，
口感滿分！

製作步驟

| 製作糕皮 |

01 把泡好的綠豆仁取出、瀝乾水分，乾蒸約 45 分鐘，直到一摸就碎的程度。

02 將將綠豆仁放入攪拌盆中，加入糖粉，以中速打勻 ❶-❷。

03 再加入綠豆沙餡攪打均勻後 ❸-❹，加入沙拉油、無鹽奶油 ❺-❻，再次攪打均勻成團即可 ❼-❽。

04 將餅皮均分成每個 35g 的小團 ❾，用手壓式月餅模在表面壓出花紋，其他的麵團一一完成 ❿-⓭，冷凍變硬即可。

TIPS：可用些糕粉防止沾黏。

甜湯類

22 薑汁芋圓

不用再到深坑老街，
只要準備好芋頭、老薑、粉料
在家也能完美複製出深秋裡的溫暖滋味

材料

芋頭 … 80g
樹薯粉 … 8g
糖 … 10g
細地瓜粉 … 20g

份量：3-4 碗
使用器具：深鍋
最佳賞味期：室溫半天
冷藏：3 天

配料

老薑 … 50g
水 … 500g
黑糖 … 適量

製作步驟

| 調理作法 |

01 芋頭去皮切片，放入蒸籠中蒸軟，取出、壓成泥後加入糖。

02 將細地瓜粉、樹薯粉倒入芋泥上 ❶-❷，一起揉均勻成團狀 ❸。

03 切分成一顆一顆 ❹，再放入滾水中煮滾至熟 ❺，撈出備用。

04 將老薑、水、黑糖煮至薑味出來 ❻，再放入芋圓煮至入味 ❼ 即可盛出。

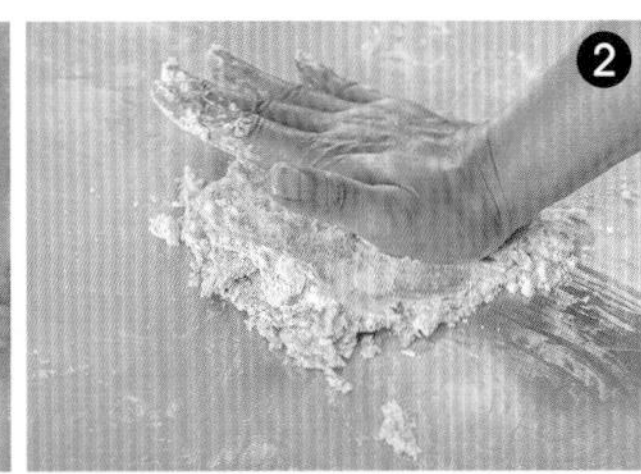

甜湯類

23 杏仁奶露

作法不難，所以對於喜歡喝到香濃口感的人
千萬不要錯過，在家試做看看

份量：5-6 人份
使用器具：果汁機、深鍋
最佳賞味期：室溫半天
冷藏：3 天
冷凍：21 天

材料

生花生 … 37.5g
（事先洗淨後浸泡一晚）
南杏 … 37.5g
（事先洗淨後浸泡一晚）
北杏 … 37.5g
（事先洗淨後浸泡一晚）
水 … 600g
牛奶 … 936g
糖 … 100g

製作步驟

| 製作杏仁露 |

01 將浸泡一晚的南杏、北杏、花生撈出後瀝乾水分，放入果汁機中，再加入水一起攪打❶。

02 將攪打完成的杏仁露以篩網過濾掉渣滓❷-❸。

03 將過濾完成的杏仁露倒入鋼盆中，再加入牛奶，以隔水加熱的方式煮滾，加糖後拌勻即可❹-❻。

甜湯類

24 楊枝甘露

外面賣的小小一碗，又貴又不過癮
自己做來吃，是夏天最對味的甜湯之一

零失敗筆記

1. 芒果糖漿可以在網路上或者烘焙材料行購得。
2. 罐頭柚子吃起來的口感比較沒有苦味，喜歡新鮮現剝的柚子也可以，但苦味較重。

份量：15 人份
使用器具：深鍋
最佳賞味期：室溫半天
冷藏：3 天
冷凍：21 天

材料

芒果糖漿 … 1000g
無糖芒果泥 … 1 條
動物性鮮奶油 … 300g
生飲水 … 1500g
柚子肉 … 1 罐
冷凍芒果丁 … 600g
（切成小丁）
西谷米 … 110g
（西谷米先浸泡約 30 分鐘）

製作步驟

01 鍋中放入適量的水煮滾，放入西谷米煮到幾乎成為透明，大約煮 8 分鐘燜 5 分鐘，撈出後放入冰水中浸泡至完全冷卻，取出，瀝乾水分。

02 鋼盆中倒入芒果糖漿，再分次加入鮮奶油，一起攪拌均匀 ❶。

03 再加入無糖芒果泥後拌勻再加入生飲水拌勻 ❷-❹。

04 最後將罐頭柚子、冷凍芒果丁加入拌勻 ❺-❻，食用前再加入西谷米。

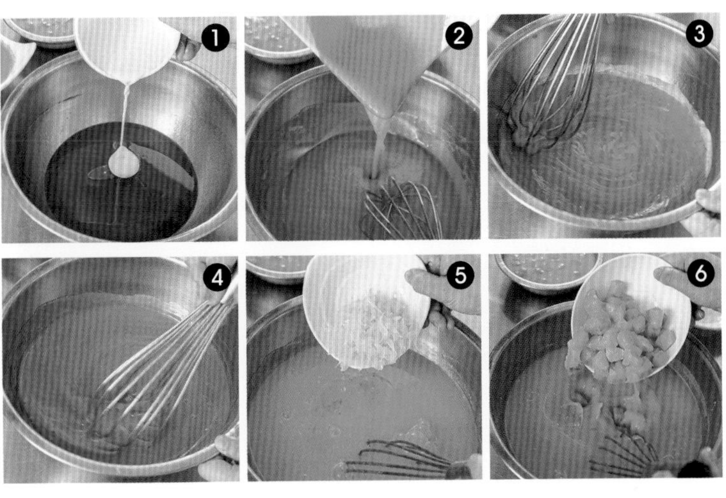

甜湯類

25 桃膠燉銀耳

這可說是一道養顏聖品
滿滿的膠原蛋白，
自己做價格親民許多

材料

白木耳 … 60g
桃膠 … 60g
紅棗 … 25 顆
龍眼肉 … 80g
水 … 5400g
糖 … 700g

份量：25-30 碗
使用器具：深鍋
最佳賞味期：室溫半天
冷藏：3 天
冷凍：21 天

製作步驟

|調理作法|

01 白木耳、桃膠事先泡一個晚上，撈出後瀝乾水分❶。白木耳放入蒸籠中蒸 2 小時後取出。桃膠用水過濾清洗乾淨。

02 紅棗、龍眼肉洗淨❷，紅棗去籽剪成條狀。

03 將水煮滾後加糖攪到融化，再倒入紅棗和龍眼肉煮 20 分鐘，關火放涼。

04 每一碗均裝入桃膠 30g，銀耳 50g，糖水 150，及適量的棗即可。

1. 白木耳也可以放入電鍋中，外鍋加 2 杯水將其蒸熟。

台灣廣廈 國際出版集團
Taiwan Mansion International Group

國家圖書館出版品預行編目（CIP）資料

最強技法！職人級中式點心全圖解：史上第一本最強營業版配方！在家接單、小吃創業打造百萬商機 / 開平青年發展基金會著. -- 初版. -- 新北市：台灣廣廈, 2020.12
面； 公分.
ISBN 978-986-130-474-8
1.飲食 2.食譜 3.中式點心

427.16　　109016484

最強技法！職人級中式點心全圖解

史上第一本最強營業版配方！在家接單、小吃創業打造百萬商機

作　　者／開平青年發展基金會
攝　　影／Hand in Hand Photodesign
璞真奕睿影像

編輯中心編輯長／張秀環
執行編輯／張秀環
封面設計／曾詩涵・**內頁排版**／菩薩蠻數位文化有限公司
製版・印刷・裝訂／東豪・弼聖・明和

行企研發中心總監／陳冠蒨
媒體公關組／陳柔彣
綜合業務組／何欣穎

線上學習中心總監／陳冠蒨
產品企製組／黃雅鈴

發 行 人／江媛珍
法 律 顧 問／第一國際法律事務所 余淑杏律師・北辰著作權事務所 蕭雄淋律師
出　　版／台灣廣廈
發　　行／台灣廣廈有聲圖書有限公司
地址：新北市235中和區中山路二段359巷7號2樓
電話：（886）2-2225-5777・傳真：（886）2-2225-8052

代理印務・全球總經銷／知遠文化事業有限公司
地址：新北市222深坑區北深路三段155巷25號5樓
電話：（886）2-2664-8800・傳真：（886）2-2664-8801
郵 政 劃 撥／劃撥帳號：18836722
劃撥戶名：知遠文化事業有限公司（※單次購書金額未達1000元，請另付70元郵資。）

■出版日期：2020年12月
ISBN：978-986-130-474-8

■初版3刷：2022年3月